Flugzeuge der Welt 2008

Coverfoto: Dassault Falcon 2000
Dreiseitenrisse: Aeromedia Anton E. Wettstein

Lizenzausgabe für die Schweiz NZZ Libro, Zürich.

ISBN 978-3-613-02847-0
www.motorbuch-verlag.de

2008

CLAUDIO MÜLLER

FLUGZEUGE DER WELT

Motor
buch
Verlag

Seit 48 Jahren erscheint das traditionelle Jahrbuch »Flugzeuge der Welt«. Wie üblich, präsentiere ich jene Typen, die sich derzeit in Produktion befinden oder ältere Modelle, welche einer wesentlichen Modernisierung unterzogen werden. Am interessantesten sind jedoch jeweils die Muster, die voraussichtlich im 2008 ihren Erstflug absolvieren. Auch dieses Jahr kann von einigen attraktiven Neuerscheinungen berichtet werden.

Die Luftfahrtbranche boomt wie auch andere Zweige der Weltwirtschaft. Gewisse Wolken am Horizont sind jedoch erkennbar. Kann das seit mittlerweile vier Jahren andauernde hohe Wachstum weiterhin anhalten oder wird es, nicht zuletzt aufgrund der aktuellen Verwerfungen in einzelnen Finanzplätzen und den stark steigenden Rohstoffpreisen, bald ein Ende haben? Viele Zeichen deuten darauf hin, dass der Höhepunkt deutlich überschritten ist. Gerade die Entwicklung der Rohölpreise muss Sorgen machen. Diese Gefahr verbunden mit den berechtigterweise gestellten Forderungen nach mehr Nachhaltigkeit sind Herausforderungen für die Luftfahrt. Besonders anfällig für die genannte Entwicklung ist dabei die Geschäftsfliegerei. Sobald die Gewinne der Unternehmen zurückgehen, setzt man den Rotstift an. Businessjets, insbesondere im Taxiflug-Bereich, dürften dabei ziemlich zuoberst auf der Streichungsliste stehen. Dies dürfte für das gerade erst aufkeimende Geschäftsfeld Taxiflug, bevor es eigentlich gestartet ist, durchaus eine existenzielle Bedrohung darstellen. Die nächsten Jahre werden zeigen, ob sich dieser neue Markt etablieren kann. Gewisse Zweifel sind angebracht. Da in diesem Segment seit einigen Jahren ein eigentlicher Boom stattfindet und viele neue Modelle entstanden oder noch entstehen, ist der diesjährige Schwerpunkt den Businessflugzeugen und insbesondere den neuen Very Light Jets (VLJ) gewidmet. Namen wie Adam A700, Cessna Mustang, Eclipse 500, Phenom 100, Spectrum 33/40 stehen für die neue Generation von düsengetriebenen, kostengünstigen Modellen. Insgesamt sind mehrere tausend Einheiten bestellt.

Die Verkehrsluftfahrt bewegt sich derzeit in recht stabilen Verhältnissen. Während die Auftragslage noch einige Jahre für gute Auslastung der Werke sorgen dürfte, bereiten verschiedene Neuentwicklungen erhebliche Probleme. Nachdem sich das Sorgenkind Airbus A380 nun im Liniendienst zu bewähren scheint, sind andere Projekte durchaus noch in der Schwebe. Das Erfolgsmodell Boeing 787 Dreamliner legte zwar einen fulminanten Start hin, ist nun aber von rechten Schwierigkeiten betroffen. Rekordverkäufe können die Hersteller bei bewährten und gut eingeführten Verkehrsflugzeugtypen melden, allen voran Airbus und Boeing, aber auch EMBRAER. Das Spitzenjahr 2005 wurde sogar überboten. Boeing wie Airbus verkauften 2007 je rund 1400 Maschinen. Für 2008 dürften die Erwartungen deutlich tiefer ausfallen. In den letzten Jahren haben neue Hersteller versucht, in den Zivilluftfahrt-Markt einzudringen. Stellvertretend dafür sind Konstruktionen wie die Suchoj Superjet 100 oder die chinesische ACAD AJR 21 zu nennen. Nach langer Durststrecke zeichnen sich nun endlich Anfangserfolge ab.

Die Fluggesellschaften konnten 2007 seit längerer Zeit endlich wieder Gewinne einfliegen. Doch sind die Erträge im Verhältnis zum Umsatz zu

klein, um nachhaltig zu wirken und insbesondere bei den US-Gesellschaften eine dringend erforderliche Erneuerung der Flugzeugflotten zu finanzieren. Noch immer fliegen namhafte Gesellschaften mit einer Flotte, deren Durchschnittsalter oftmals doppelt so hoch ist wie jene von europäischen oder asiatischen Konkurrenten. Dies dürfte aus wirtschaftlich-ökologischen Gründen bald einmal eine große Gefahr darstellen.
Bei den Hubschraubern zeigt sich ein rosiges Bild. Auch hier sorgen Rekordverkäufe für zufriedene Hersteller. Die Lieferzeiten nehmen laufend zu. Die neuen Typen zeichnen sich nebst den besseren Leistungen hauptsächlich durch wirtschaftlicheren Betrieb aus. Daher ist es nicht verwunderlich, dass nebst der Befriedung des Wachstums auch der Ersatz von älteren Typen nun vorangetrieben wird. Aber der technische Durchbruch, beispielsweise Hubschrauber mit Flächenflugzeugen entsprechenden Betriebskosten, ist noch in weiter Ferne. Mit der Agusta Westland BA608 versucht der Hersteller, diese Brücke zu schaffen. Noch scheinen aber technisch-wirtschaftliche Schwierigkeiten zu bestehen.
Angesichts der immer noch tiefen Verteidigungsbudgets bewegt sich in der Militärluftfahrt wenig. Um neue Modelle in ausreichender Zahl zu beschaffen, fehlt das Geld. Mit diesen knappen Mitteln müssen auch überall in der Welt Truppeneinsätze bezahlt werden. Kein Wunder, dass außer für Transportflugzeuge die Mittel zur Beschaffung von Kampfflugzeugen in ausreichender Zahl fehlen. Eine Folge davon ist, dass die Stückzahlpreise beispielsweise der F-35, des Eurofighters usw. mittlerweile astronomische Dimensionen erreichen. Da helfen immer neue Modelle von Dronen, die Kostenspirale zu reduzieren.
Drei Teilmärkte heben sich in den letzten Jahren als zukünftige große Player hervor: Russland, die Volksrepublik China und Japan. Nach langen Jahren einer eigentlichen Agonie zeichnet sich die Wiedergeburt der russischen Luftfahrt in gestärkter Verfassung ab. Begonnen hat dieser Neustart primär mit militärischen Mustern wie Suchoj Su-27/30, Mikojan MiG-29 und dem Bestseller Mil Mi-8/17. Nun ist die Zivilluftfahrt an der Reihe. Mit der Tupolew Tu-334 gelang der Neubeginn noch nicht. Die bereits erwähnte Su-100 und insbesondere Projekte zusammen mit westlichen Herstellern (MS-21, Airbus A350FBW) deuten auf gute Perspektiven hin. Nachdem sich die Hersteller neu organisieren und ihre Verkaufsorganisationen heutigen Erfordernissen anpassen, ist mit Russland als große Luftfahrtnation wieder zu rechnen. Gleiches, wenn auch noch auf tieferem Niveau, ist für China zu erwarten. Hier stehen vorläufig noch Kooperationen im Vordergrund bzw. die Weiterentwicklung von ursprünglich russischen Modellen. Auch hier hat sich die Luftfahrtindustrie reorganisiert und ist für den Weltmarkt besser gerüstet denn je. Japan schließlich fällt dieses Jahr durch zwei sehr wichtige Neuerscheinungen, den Modellen XP-1 und C-X aus dem Hause Kawasaki, auf. Ebenso sind in diesem Land Projekte für Zivilflugzeuge weit fortgeschritten.
Alles in allem kann also auch in diesem Jahr über spannende Flugzeugentwicklungen berichtet werden. Der Markt ist in Bewegung, Neues entsteht, Bestehendes wird laufend den aktuellen Bedürfnissen angepasst.

Claudio Müller

FLUGZEUGPROJEKTE VON MORGEN

Ursprungsland: USA.
Kategorie: Überschall-Businessflugzeug.
Triebwerke: Zwei Mantelstromtriebwerke Pratt & Whitney JT8-219 von je 8890 kp (87,18 kN) Standschub.
Leistungen (erste Annahmen): Max. Reisegeschwindigkeit Mach 1,6, Langstreckenreisegeschwindigkeit Mach 1,5; Höchstgeschwindigkeit im Unterschallbereich Mach 0,99; Dienstgipfelhöhe 15540 m; max. Reichweite mit IFR-Reserven mindestens 7400 km.
Gewichte: Leergewicht 20450 kg; max. Startgewicht 40800 kg.
Zuladung: Zwei Piloten und zwischen acht und zwölf Passagieren.
Entwicklungsstand: Ein konkreter Realisierungszeitplan ist noch nicht bekannt. Der Hersteller geht aber davon aus, dass eine Indienststellung ab ca. 2014 denkbar wäre. Bereits sind von möglichen Nutzern Depotzahlungen für 20 Einheiten erfolgt.
Bemerkungen: Stellvertretend für mehrere Projekte von Überschall-Businessjets wird die Aerion SSBJ vorgestellt. Dabei handelt es sich vorerst um eine Konzeptstudie. Dieses Modell soll ein Optimum zwischen erreichbarer Höchstgeschwindigkeit und möglichst minimaler Umweltbelastung erzielen. So wird bewusst auf doppelte Schallgeschwindigkeit verzichtet. Diese Geschwindigkeit genügt jedoch, um beispielsweise die Strecken zwischen der Ostküste der USA und der Westküste Asiens in 9,5 Stunden zurückzulegen. Große Aufmerksamkeit in der Konzeption wird dem möglichst geringen Überschallknall geschenkt. Heutigen Schätzungen zufolge soll der Stückpreis auf rund US$ 80 Mio. zu stehen kommen. Die Entwicklungskosten dürften sich auf rund US$ 2,2 Mrd. belaufen. Suchoj, Dassault und andere Hersteller sind derzeit daran, Konzeptstudien von überschallschnellen Businessflugzeugen zu entwickeln. Welche Modelle – wenn überhaupt – realisiert werden, lässt sich zum heutigen Zeitpunkt noch nicht sagen.
Hersteller: Aerion Corporation, Reno, Nevada, USA.

Abmessungen:
Spannweite 19,56 m
Rumpflänge 45,19 m
Höhe 7,08 m
Flügelfläche 111,50 m²

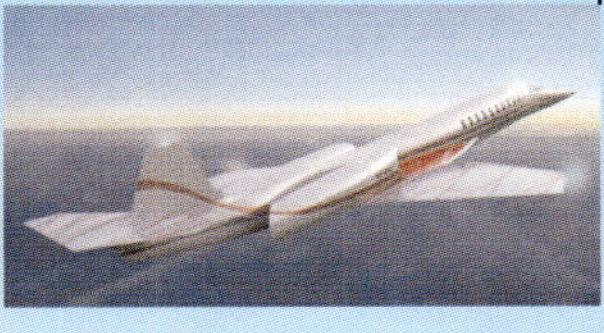

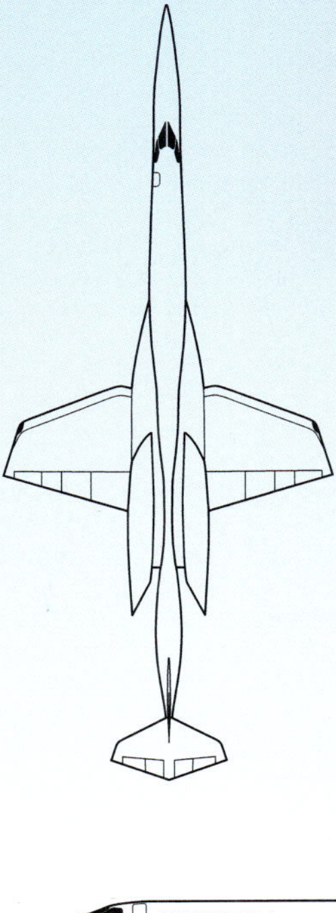

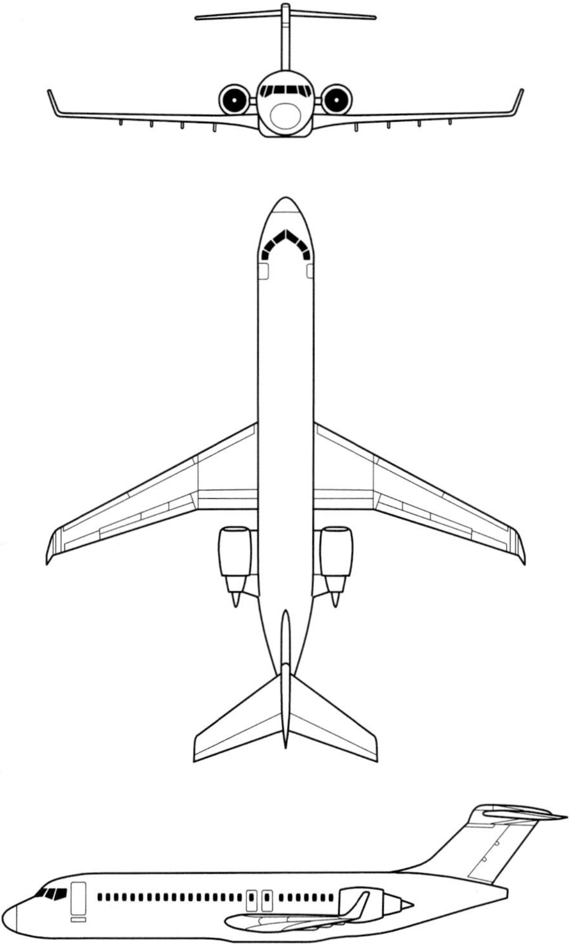

Abmessungen:
Spannweite 27,28 m
Länge (ARJ21-700 bzw. 900) 33,46 bzw. 36,36 m
Höhe 8,44 m
Flügelfläche 79,86 m²

ACAC ARJ 21

Ursprungsland: Volksrepublik China.
Kategorie: Kurz- und Mittelstrecken-Verkehrsflugzeug.
Triebwerke: Zwei Mantelstromtriebwerke General Electric CF34-10A von je (ARJ21-700/900) 6954 kp (68,20 kN) bzw. 7737 kp (75,88 kN) Standschub.
Leistungen (nach Angaben des Herstellers): Max. Reisegeschwindigkeit Mach 0,82; Dienstgipfelhöhe 11900 m; Reichweite (ARJ21-900STD) 2225 km, (ARJ-21-900ER) 3334 km.
Gewichte: Leergewicht (ARJ21-900STD bzw. ER) 26270 bzw. 26770 kg; max. Startgewicht (ARJ21-900STD/ER) 43616 bzw. 47182 kg.
Zuladung: Zwei Mann Cockpitbesatzung und ARJ21-700 zwischen 70 und 80 bzw. ARJ21-900 zwischen 90 und 100 Passagiere in einer klassischen Kabinenaufteilung mit vier bzw. fünf Sitzen pro Reihe. Max. Nutzlast 11246 kg.
Entwicklungsstand: Der Erstflug ist auf Mitte 2008 verschoben worden. Geänderten Plänen zufolge wird mit der Zulassung Anfang 2009 gerechnet, so dass die ersten Jets im gleichen Jahr ausgeliefert werden können. Bisher sind 37 Bestellungen der Version ARJ21-700 von drei Fluggesellschaften und einer Leasinggesellschaft eingegangen.
Bemerkungen: Beim 2002 gestarteten Entwicklungsprogramm ARJ21 Advanced Regional Jet handelt es sich um das erste düsengetriebene Regionalflugzeug, welches vollständig in der Volksrepublik China entwickelt und dort gebaut wird. Von der Kategorie her ist dieses Muster mit der EMBRAER-Reihe 170 bis 195 (siehe Seiten 162 bis 163) und der Suchoj Superjet 100 (siehe Seiten 304/305) vergleichbar. Zwei Passagiervarianten bietet ACAC an: Die Basisausführung ARJ21-700 sowie die verlängerte ARJ21-900. Beide gibt es als Normalvariante STD und für längere Strecken als ER. Später soll eine auf dem Rumpf der ARJ21-700 basierende Frachtversion ARJ21F hinzukommen, die fünf sog. LD7-Container aufnehmen kann. Gedacht wird auch an eine Businessjet-Version mit 20 Sitzplätzen.
Hersteller: ACAC Konsortium bestehend aus Chengdu Aircraft Industry Group, Shanghai Aircraft Company und Shenyang Aircraft Corporation, Volksrepublik China.

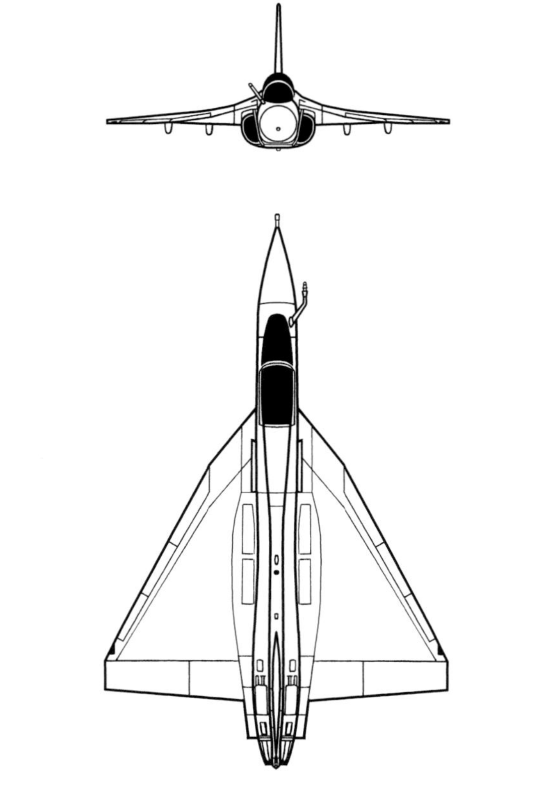

Abmessungen:
Spannweite 8,20 m
Länge 13,20 m
Höhe 4,40 m
Flügelfläche ca. 38,40 m²

ADA (HAL) LCA TEJAS

Ursprungsland: Indien.
Kategorie: Ein- und zweisitziger leichter Mehrzweckjäger.
Triebwerke (Erprobungsträger TD-1/2 + 13 erste Exemplare): Ein Mantelstromtriebwerk General Electric F404-F2J3 mit 8210 kp (80,50 kN) Standschub mit Nachbrenner; (ab 14. Maschine) ein Mantelstromtriebwerk Kaveri GTX-35VS von 5270 kp (52,44 kN) ohne und 8170 kp (80,68 kN) mit Nachbrenner.
Leistungen (geschätzt): Höchstgeschwindigkeit in großen Höhen 1990 km/h (Mach 1,8+); Dienstgipfelhöhe 15950 m; Reichweite mit internem Kraftstoff 2000 km.
Gewichte: Leergewicht TD-1 ca. 5500 kg, PV1 ca. 5000 kg; Startgewicht ohne Außenlasten 8500 kg, mit Außenlasten bis zu 13000 kg.
Bewaffnung: Eine doppelläufige 23 mm-Kanone GSh-23 mit 200 Schuss sowie an sieben Aufhängepunkten Waffenlasten bis zu 4000 kg.
Entwicklungsstand: Der erste von zwei Erprobungsträgern TD-1 nahm die Flugerprobung am 6. Januar 2001 auf, gefolgt vom ersten eigentlichen Prototypen PV1 am 25. November 2003. Im April 2007 hatte auch das erste Serienflugzeug den Erstflug. Ein Doppelsitzer sowie ein Muster in der Marineausführung folgen 2008. Die indischen Streitkräfte wollen als Ersatz der MiG-21 rund 200 Einheiten beschaffen, wobei die Auslieferungen erst ab 2010 erwartet werden. 28 Einheiten sind mittlerweile fest bestellt worden.
Bemerkungen: Das neu als Tejas (Strahler) bezeichnete Muster ist ein kleines, wendiges und kostengünstiges Mehrzweckkampfflugzeug. Dank Verwendung von modernsten Verbundwerkstoffen und Aluminium/Lithium-Verbindungen ist die Tejas auch sehr leicht. Weite Teile der Elektronik sind aus politischen Gründen in Indien entwickelt worden, so auch der Multifunktions-Dopplerradar. Das Projekt leidet nach wie vor wegen der ungenügenden Leistungen des indischen Triebwerks Kaveri und Problemen mit dem digitalen Fly-By-Wire-System unter großen Verzögerungen, welche das Datum der Indienststellung immer weiter hinausschieben. Die Ausführung für die indische Marine soll für Trägereinsätze ausgelegt werden.
Hersteller: ADA Aeronautical Development Agency der Hindustan Aeronautics Ltd., Bangalore, Indien.

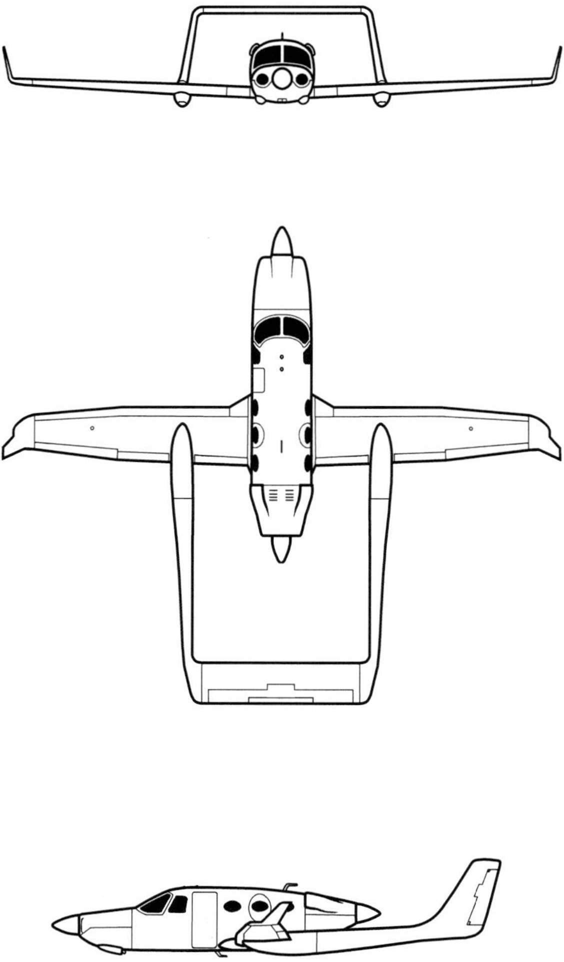

Abmessungen:
Spannweite 13,40 m
Länge 11,43 m
Höhe 2,92 m
Flügelfläche 15,33 m²

ADAM A500

Ursprungsland: USA.
Kategorie: Leichtes Firmenflugzeug.
Triebwerke: Zwei luftgekühlte Sechszylinder-Boxermotoren Teledyne Continental TSIO-550E von je 350 PS (260 kW) Leistung.
Leistungen: Max. Reisegeschwindigkeit 416 km/h; ökonomische Reisegeschwindigkeit bei 60 % Leistung 370 km/h; Anfangssteiggeschwindigkeit 6,95 m/Sek; Dienstgipfelhöhe 7620 m; normale Reichweite mit IFR-Reserven 1652 km, max. bei 45 % Leistung 2381 km.
Gewichte: Rüstgewicht 2340 kg; Abfluggewicht 3182 kg.
Zuladung: Ein Pilot und in der Normalausführung fünf Passagiere; max. Nutzlast 750 kg.
Entwicklungsstand: Ein als M-309 bezeichneter Erprobungsträger flog erstmals am 21. März 2000 (siehe Ausgabe 2002). Der erste von drei überarbeiteten Prototypen begann die Flugerprobung am 11. Juli 2002. Bisher sind Verkäufe für mehr als 80 Einheiten bekannt geworden. Aus technischen Gründen verzögerten sich die Erstauslieferungen auf Ende 2005. Nach der Herstellung von zehn Exemplaren wurde die Produktion vorübergehend eingestellt, nun aber wieder aufgenommen.
Bemerkungen: Nach langer Entwicklungs- und Erprobungszeit erlangt die A500 nun die Serienreife. Dank der Triebwerksanordnung vorne und hinten am Rumpf weist dieser Zweimotorer die Flugeigenschaften eines einmotorigen Flugzeuges auf. Außergewöhnlich ist auch die Konzeption des vollständig aus Karbon bestehenden Flügels. Der als Tiefdecker ausgelegte Hauptflügel besteht aus einem einzigen Teil und ist durch Doppelrümpfe mit dem Höhen-/Seitenleitwerk verbunden. Das Cockpit weist die heute üblichen Flachbildschirme auf. Die Kabine ist im Vergleich zu anderen Flugzeugen dieser Klasse recht voluminös (Innenlänge 4,14 m, Breite 1,33 m, Höhe 1,29 m). Mit einem Kaufpreis von US$ 935'000.– ist die A500 attraktiv. Die US Airborne Surveillance hat eine Überwachungsvariante bestellt, welche Infrarot- und TV-Sensoren unter den Flügeln aufweist. 32 Einheiten sollen beschafft werden.
Hersteller: Adam Aircraft Industries, Denver, Werk Centennial Airport Englewood, Colorado, USA.

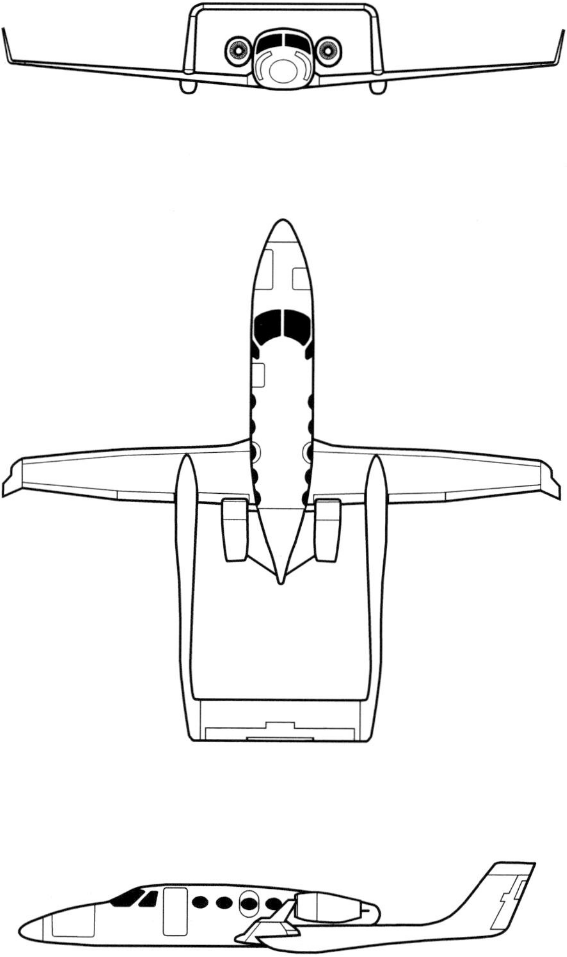

Abmessungen:
Spannweite 13,41 m
Länge 12,38 m
Höhe 2,89 m

ADAM A700

Ursprungsland: USA.
Kategorie: Leichtes Firmenflugzeug.
Triebwerke: Zwei Mantelstromtriebwerke Williams FJ33-4A von je 612 kp (6,01 kN) Standschub.
Leistungen: Höchstgeschwindigkeit 630 km/h auf 11580 m; Dienstgipfelhöhe 12500 m; max. Reichweite mit IFR-Reserven 2037 km, mit VFR-Reserven 2590 km.
Gewichte: Leergewicht 2718 kg, max. Startgewicht 4250 kg.
Zuladung: Sechs bis acht Personen einschließlich zwei Piloten, im Normalfall jedoch vier Passagiere in einer Club-Einrichtung mit Toilette; Nutzlast mit vollen Treibstofftanks 328 kg.
Entwicklungsstand: Am 27. Juli 2003 startete der Prototyp zum Erstflug, das erste Vorserienflugzeug am 2. Februar 2006. Die Auslieferungen begannen nach längeren Verzögerungen Anfangs 2008. Rund 450 A700 sind bisher bestellt worden, darunter von einem Betreiber 101 Einheiten für den Aufbau eines Lufttaxi-Dienstes innerhalb der USA und 96 für die neu gegründete air taxi, Monaco.
Bemerkungen: Abgeleitet von der mit zwei Kolbenmotoren ausgestatteten A500 (siehe Seiten 12/13) will die A700 den wachsenden Markt von kleinen Firmenflugzeugen mit Strahlantrieb abdecken. Gegenüber dem Ausgangsmuster ist sie deutlich größer. Dies kommt der Kabine (Innenmaße: Länge 4,87 m, Breite 1,37 m, Höhe 1,31 m) zugute. Laut dem Hersteller ist sie damit größer als bei allen anderen Mustern in der gleichen Klasse. Um die Beschaffungs- und Betriebskosten möglichst günstig zu halten, wurde eine sehr einfache Konstruktion gewählt. Die Struktur besteht weitgehend aus Karbon. Avionik und Cockpit sind mit den heute üblichen Instrumenten ausgerüstet. Adam gibt als Kaufpreis US$ 2,25 Mio. an.
Hersteller: Adam Aircraft Industries, Denver, Werk Centennial Airport, Englewood, Colorado, USA.

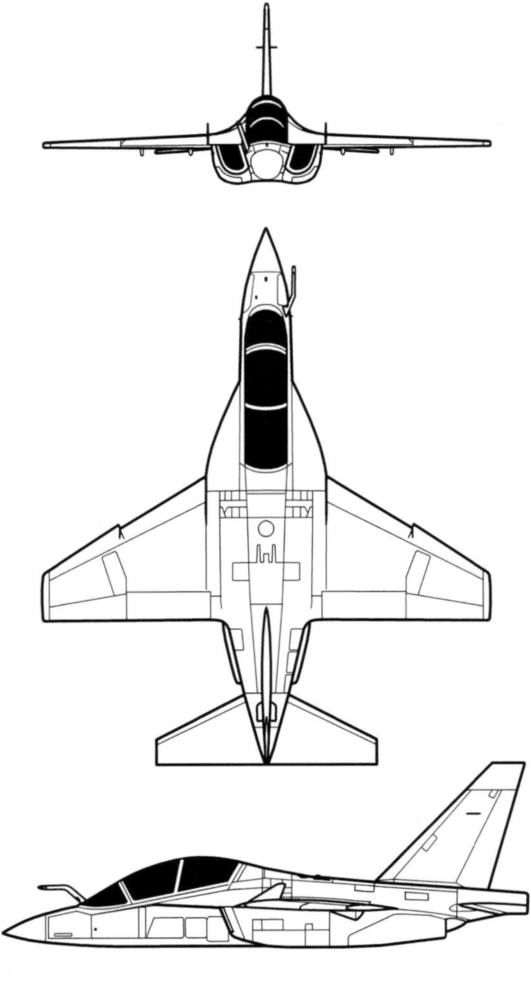

Abmessungen:
Spannweite 9,72 m
Länge 11,49 m
Höhe 4,98 m
Flügelfläche 23,52 m²

AERMACCHI M-346

Ursprungsland: Italien.
Kategorie: Fortgeschrittenentrainer.
Triebwerke: Zwei Mantelstromtriebwerke Honeywell F124-GA-200 von je 2835 kp (27,80 kN) Standschub.
Leistungen: Höchstgeschwindigkeit 1092 km/h (Mach 0,96) auf 1520 m; Anfangssteiggeschwindigkeit 102 m/Sek; Dienstgipfelhöhe 13700 m; Reichweite mit max. internem Kraftstoff 1770 km, mit zwei externen Zusatztanks und 10 % Reserven 2410 km.
Gewichte: Leergewicht 4610 kg; Startgewicht für Trainingseinsätze 6700 kg, mit voller Bewaffnung 9500 kg.
Bewaffnung: Die M-346 kann eine Waffenlast von bis zu 3000 kg mitführen.
Entwicklungsstand: Das erste von drei Erprobungsmustern startete am 15. Juli 2004 zum Erstflug. Der zweite Prototyp folgte am 17. Mai 2005. Als Erstbesteller beschafft die italienische Luftwaffe 14 Maschinen, die ab 2009 geliefert werden.
Bemerkungen: Die M-346 ist eine Ableitung des russisch-italienischen Gemeinschaftsprojekts Yak/AEM-130. Obwohl äußerlich diesem Muster ähnlich, handelt es sich weitgehend um eine Neukonstruktion mit etwas geringeren Abmessungen. Die Struktur besteht überwiegend aus Leichtaluminium, Teile der Flügel sowie Höhen- und Seitenleitwerk sind aus Verbundwerkstoffen. Eine wesentliche Neuerung stellt die von Teleavio/Marconi gelieferte, je nach Einsatz verschieden programmierbare Flugsteuerung dar. Diese kann von manuell bis zur Fly-By-wire-Konfiguration eingestellt werden. Dadurch lässt sich ein optimaler Trainingseffekt erzielen. Die doppelt redundante Avionik-Struktur basiert auf einem MIL-STD-1553B-Databus und umfasst u.a. TACAN, IFF, IN/GPS usw. Dank diesen Vorzügen ist die M-346 eines der zur Zeit weltweit fortschrittlichsten Trainingssysteme für angehende Kampfflieger. Yakowlew führt die Weiterentwicklung des Ausgangsmusters YAK/AEM-130 alleine weiter (siehe Seiten 314/315).
Hersteller: Aermacchi SpA, Varese-Venegono, Italien.

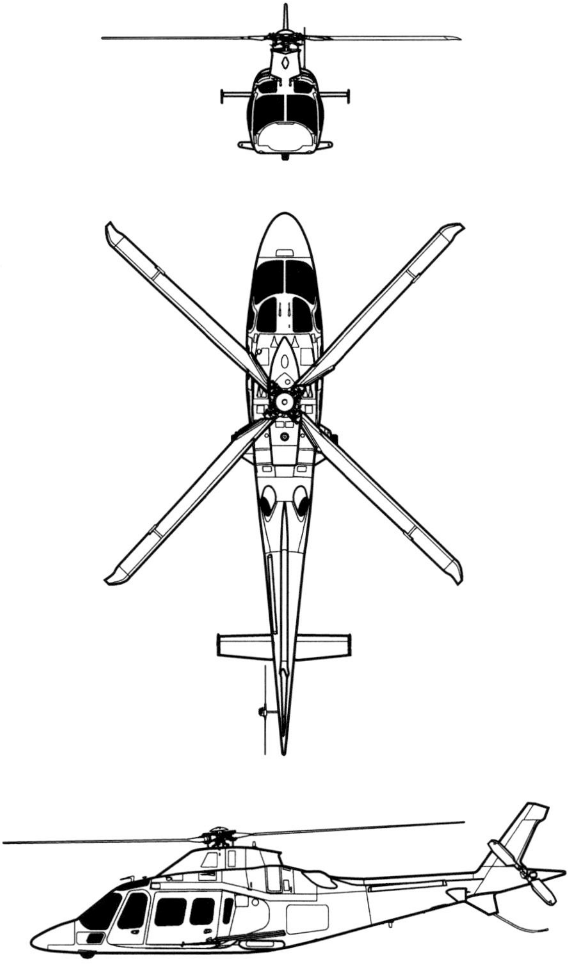

Abmessungen:
Rotordurchmesser 10,83 m
Rumpflänge 11,65 m
Höhe über Rotor 3,08 m, über Heck 3,44 m

AGUSTA WESTLAND A109 GRAND

Ursprungsland: Italien.
Kategorie: Leichter Mehrzweckhubschrauber.
Triebwerke: Zwei Gasturbinen Pratt & Whitney Canada PW207C von je 735 WPS (548 kW) Leistung.
Leistungen: Höchstgeschwindigkeit 311 km/h; max. Reisegeschwindigkeit 288 km/h auf Meereshöhe; max. Schrägsteiggeschwindigkeit 9,30 m/Sek; Dienstgipfelhöhe 4940 m; Schwebehöhe mit Bodeneffekt 4570 m, ohne Bodeneffekt 3050 m; Reichweite 890 km; max. Flugdauer 4 Std. 28 Min.
Gewichte: Leer 1655 kg; max. Startgewicht 3175 kg mit interner Nutzlast bzw. 3200 kg mit externer Nutzlast.
Zuladung: Ein Pilot und sieben Passagiere. Als Ambulanzhubschrauber zwei liegende Patienten und zwei Helfer. Max. Nutzlast (Power) 1130 kg.
Entwicklungsstand: Die neueste Version Grand fliegt seit Anfang 2005. Erste Auslieferungen erfolgten noch im gleichen Jahr, über 160 davon sind bestellt. Acht Grands bestellte die schweizerische REGA für Bergrettungseinsätze.
Bemerkungen: 2004 stellte AgustaWestland als aktuelles Top-Modell eine nochmals vergrößerte und leistungsfähigere Version »Grand Space« vor. Diese um rund 20 cm »gestreckte« A109 bietet einen auf 2,30 m verlängerten Innenraum. Zum erleichterten Einstieg wurden auch die zwei Schiebetüren vergrößert. Damit ist die Grand besonders für Ambulanzeinsätze geeignet. Den Antrieb übernehmen leistungsstärkere PW207C-Triebwerke. Im übrigen ist sie gleich wie die Version Power (siehe Ausgabe 2005) mit der Ausnahme, dass der Heckrotor nun aus Verbundwerkstoff besteht. Power wie Grand weisen einen Hauptrotorkopf mit Titannabe und Elastomerlagern auf, welcher wesentlich wartungsfreundlicher ist. Die Triebwerke sind mit einem elektronischen Triebwerkmanagement FADEC versehen. Das Fahrwerk ist einziehbar. Dank eines 1553 MIL-STD-Databusses kann eine Vielzahl von (Zusatz)Systemen kompatibel gemacht werden. Ganz neu soll eine Version A109N Nexus gebaut werden, welche das Rotorsystem der Grand, die Kabine der A109E sowie die Rumpfnase der A109LUH übernimmt. Sie soll hauptsächlich für die diversen italienischen Teilstreitkräfte und Polizeiabteilungen beschafft werden.
Hersteller: AgustaWestland Ltd., Werk Vergiate, Italien.

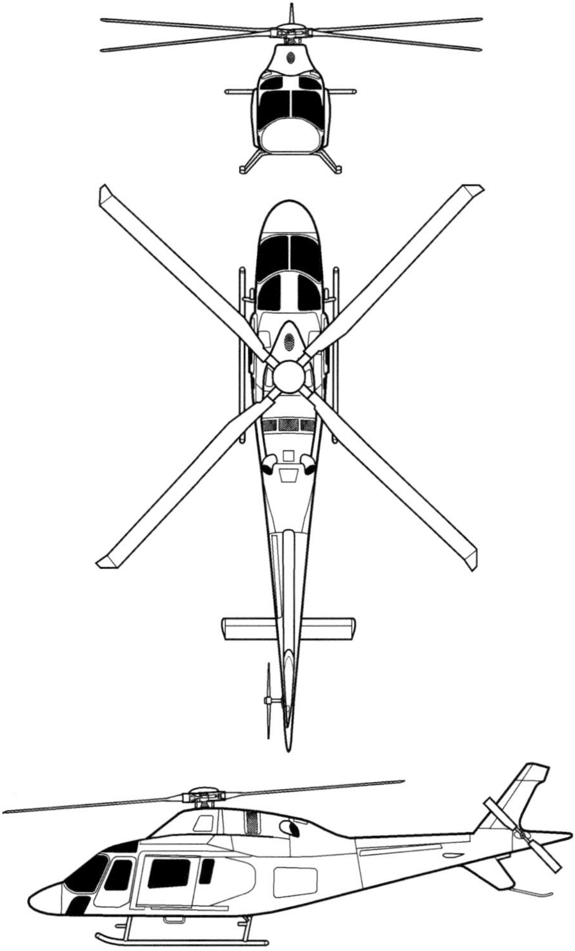

Abmessungen:
Rotordurchmesser 10,83 m
Rumpflänge 11,17 m
Höhe über Heck 3,77 m

AGUSTA WESTLAND A119 KE

Ursprungsland: Italien.
Kategorie: Leichter Mehrzweckhubschrauber.
Triebwerke: Eine Gasturbine Pratt & Whitney Canada PT6B-37A von 1002 WPS (747 kW) Dauerleistung.
Leistungen: Höchstgeschwindigkeit 282 km/h; max. Reisegeschwindigkeit 257 km/h; Dienstgipfelhöhe 4572 m; Schwebehöhe bei einem Gewicht von 2550 kg mit Bodeneffekt 3475 m, ohne Bodeneffekt 2316 m; max. Flugzeit mit Zusatztank im Rumpf 5 Std. 45 Min. bzw. max. Reichweite 1013 km.
Gewichte: Leergewicht 1455 kg; max. Startgewicht 2850 kg.
Zuladung: Pilot und bis zu sieben Passagiere. Max. Nutzlast 1155 kg.
Entwicklungsstand: Der erste von zwei Prototypen fliegt seit April 1995. Nach der verspäteten Zulassung Mitte 1999 folgten die ersten Auslieferungen an Kunden Ende 1999. Bisher sind über 100 Einheiten bestellt worden, darunter vier für die New York City Police und fünf von der Regierung Mexicos. Bei Denel in Südafrika wurde eine zweite Montagestraße errichtet. Die neueste Ausführung A119 Ke fliegt seit Februar 2007 und wird erstmals 2009 an Kunden geliefert.
Bemerkungen: Die A119 Koala stellt das günstigere Einstiegsmodell der A109 dar. Sie ist zu einem Kaufpreis von bereits US$ 1,78 Mio. erhältlich. Von der A109 sind die Zelle sowie der Rotor weitgehend übernommen. Was das Kabinenvolumen angeht, ist die A119 der derzeit größte einmotorige Hubschrauber. In ihr finden acht Personen bzw. als Ambulanzhubschrauber bis zu zwei Bahren für liegende Patienten Platz. Zudem verfügt sie über einen voluminösen Gepäckraum von 0,95 m3. In der ganzen Auslegung wurde auf Wirtschaftlichkeit und Robustheit Wert gelegt. Die A119 Ke (e = enhanced) bietet dank besserer Aerodynamik der Rotorblätter aus Kunststoff und höherer Rotordrehzahl ein höheres Abfluggewicht an. Diese Version eignet sich u.a. auch als Löschhubschrauber und kann einen Wasserbehälter von 1200 l mitführen.
Hersteller: AgustaWestland Ltd., Werk Vergiate, Italien.

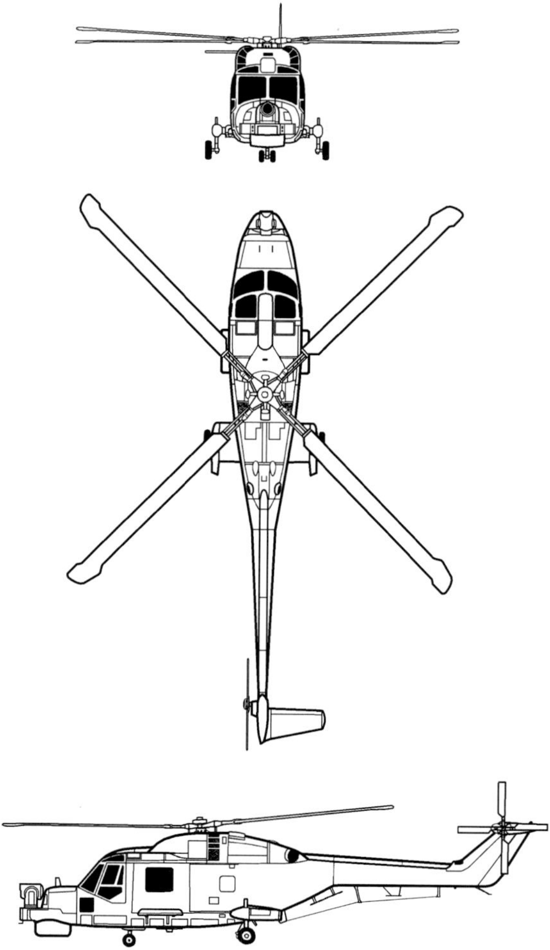

Abmessungen:
Rotordurchmesser 12,80 m
Rumpflänge 13,33 m
Höhe inkl. Rotorkopf 3,67 m

AGUSTA WESTLAND SUPER LYNX 300

Ursprungsland: Großbritannien.
Kategorie: Militärischer Mehrzweckhubschrauber für Armee- (Battlefield Lynx) und Marineeinsätze (Super Lynx).
Triebwerke: Zwei Gasturbinen Honeywell LHTEC CTS800-4N von je 1620 WPS (1207 kW) Leistung.
Leistungen: Max. Reisegeschwindigkeit 245 km/h auf Meereshöhe; normale Reisegeschwindigkeit 230 km/h; Schrägsteiggeschwindigkeit 10 m/Sek; Schwebehöhe mit Bodeneffekt 2103 m, ohne Bodeneffekt 1448 m; Reichweite bei taktischem Einsatz 685 km, max. 1000 km; max. Flugdauer mit Zusatztanks 5 Std. 15 Min.
Gewichte: Rüstgewicht 3943 kg; max. Startgewicht 5800 kg.
Zuladung: Ein bis zwei Piloten und je nach Einsatzzweck bis zu 12 Personen. Als Rettungshubschrauber drei bis acht Patienten samt Sanitäter; Rettungswinde von 272 kg Tragkraft.
Bewaffnung: Als Panzerabwehrhubschrauber an bis zu acht Aufhängepunkten TOW-, HOT- oder Hellfire-Lenkwaffen; als Schiffsabwehr-Hubschrauber bis zu vier Lenkwaffen Sea Skua, AS12TT oder zwei Penguin.
Entwicklungsstand: Die aktuell produzierte Variante der Lynx fliegt seit 2001, der erste Serienhubschrauber für die Marine von Malaysia seit Mai 2002. Oman erhält 16, Thailand 2 Super Lynx 300. Von allen Ausführungen wurden bisher über 430 Einheiten an 16 Luftwaffen bzw. Marinen geliefert. Die Royal Army beschafft 40 Future Lynx, die Royal Navy 30 (+ fünf Optionen) Super Lynx. Neuester Besteller: Algerien vier. Das erste Muster wird 2009 fliegen, die Ablieferungen beginnen 2011.
Bemerkungen: Die 2005 angekündigten Ausführungen Future bzw. Super Lynx der britischen Streitkräfte werden mit CTS800-Triebwerken ausgestattet. Die Landversion erhält verbesserte Navigations- und Kommunikationssysteme sowie u.a. ein Laser-Zieldarstellungsgerät und wird besser geeignet sein, die Unterstützungsfunktion für die englischen AH-64D (siehe Seiten 88/89) zu erfüllen. Die Marineversion Super Lynx soll voraussichtlich ein 360°-Seaspray-Radar im Rumpfbug aufweisen und zusätzlich mit Night-Vision-Goggles (NVG), Glascockpit, digitaler Avionik und doppelt redundantem Databus MIL-STD-1553D ausgerüstet sein.
Hersteller: AgustaWestland Ltd., Werk Yeovil, Somerset, GB.

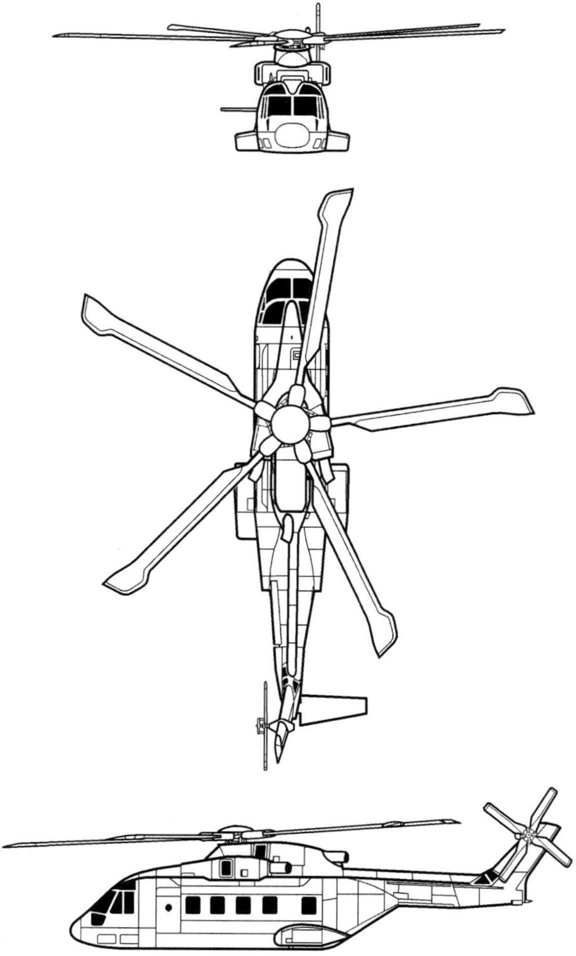

Abmessungen:
Rotordurchmesser 18,59 m
Rumpflänge 19,51 m
Höhe inkl. Rotorkopf 5,21 m

AGUSTA WESTLAND AW101

Ursprungsland: Großbritannien und Italien.
Kategorie: Militärischer und ziviler Mehrzweck- und Transporthubschrauber.
Triebwerke: Drei Gasturbinen (RN) Rolls-Royce-Turboméca RTM 322 von je 2241 WPS (1671 kW) oder (italienische Marine) General Electric CT7-6A1 von je 2040 WPS (1521 kW) Leistung.
Leistungen (CT7-6): Max. Fluggeschwindigkeit 308 km/h; ökonom. Reisegeschwindigkeit 267 km/h; Schwebehöhe mit Bodeneffekt 2745 m, ohne Bodeneffekt 1675 m; max. Flughöhe 4600 m; Reichweite mit 30 Passagieren 926 km; Überführungsreichweite mit Zusatztanks 1760 km.
Gewichte: Rüstgewichte ASW-Ausführung 9275 kg, Mehrzweckversion 9000 kg, Zivilausführung 8993 kg; max. Startgewicht ASW-Ausführung 13530 kg, übrige 14288 kg.
Zuladung: Zwei Piloten und 30 Passagiere; max. Nutzlast 6700 kg.
Bewaffnung (HM Mk.1): Vier Leichtgewichttorpedos Stingray oder Antischiffslenkwaffen der Exocet-Harpoon-Klasse.
Entwicklungsstand: Die erste Entwicklungsmaschine flog erstmals am 9. Oktober 1987. Bisher sind 156 Bestellungen für die verschiedenen Ausführungen eingegangen: Algerien 6, Dänemark 18, Großbritannien 72, Italien 24, Kanada 15, Portugal 12 (+ 2 Optionen), Polizei von Tokyo 1, japanische Marine 14. Rund 130 davon sind bereits abgeliefert. Neueste Bestellung: 23 als VH-71A bezeichnete Hubschrauber für den US Presidential Service; Erstflug am 3. Juli 2007.
Bemerkungen: Die früher als EH 101 bezeichnete AW101 wird in verschiedenen Ausführungen gebaut: ASW (U-Boot-Jäger), Minensucher, SAR/Rettungsaufgaben, taktischer Transporter, AEW sowie Zivilversion. Die VH-71A (siehe Foto) wird in Zusammenarbeit mit Lockheed Martin gebaut. Diese ist für die gesamte Systemausstattung verantwortlich. Angetrieben wird sie von CT7-8E-Triebwerken mit einer Leistung von 2467 WPS (1840 kW). Die Merlins der Royal Navy werden bereits einer intensiven Modernisierung unterzogen, welche u.a. ein Fly-By-Wire-System, neue Avionik- und Kommunikationssysteme umfasst.
Hersteller: AgustaWestland (ex. EH Industries Ltd.), London, GB.

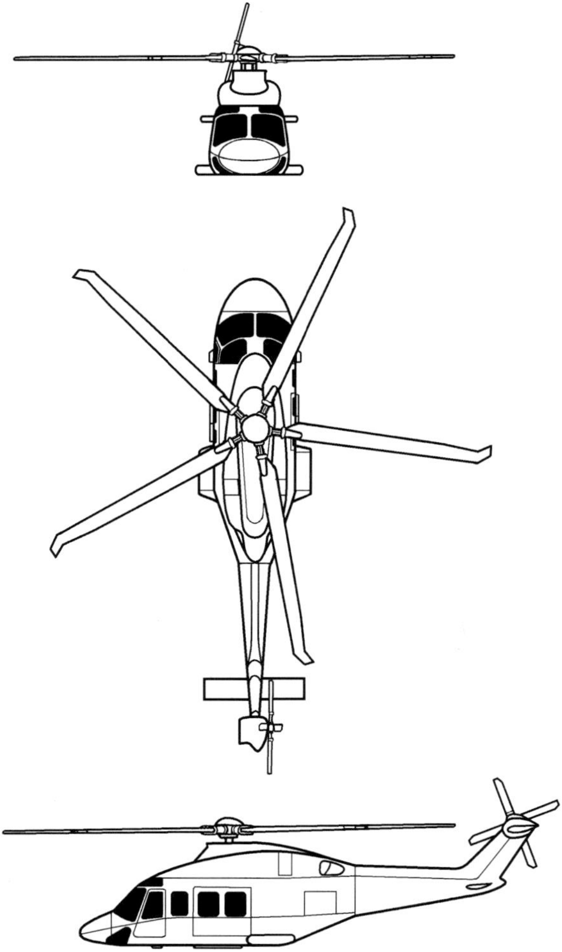

Abmessungen:
Rotordurchmesser 13,80 m
Rumpflänge bei drehendem Rotor 16,65 m, ohne Rotor 13,53 m
Höhe über Heckleitwerk 4,95 m

AGUSTA WESTLAND BELL AB139

Ursprungsland: Italien und USA.
Kategorie: Mittelschwerer Mehrzweckhubschrauber.
Triebwerke: Zwei Gasturbinen Pratt & Whitney Canada PT6C-67C von je 1679 WPS (1250 kW) Leistung.
Leistungen: Höchstgeschwindigkeit 310 km/h; max. Reisegeschwindigkeit 306 km/h; Schrägsteiggeschwindigkeit 10 m/Sek; Schwebehöhe mit Bodeneffekt 3600 m, ohne Bodeneffekt 2920 m; Dienstgipfelhöhe 5914 m; max. Flugdauer 5,12 Std; Reichweite mit 10 Passagieren 650, max. 1061 km.
Gewichte: Rüstgewicht je nach Ausführung 3800 kg, max. Startgewicht 6400 kg.
Zuladung: Ein bis zwei Piloten und zwischen 12 und 15 Passagiere oder für Rettungseinsätze sechs liegende Verletzte und vier Sanitäter; max. Nutzlast intern 2500 kg, extern 2778 kg.
Entwicklungsstand: Der Prototyp nahm am 3. Februar 2001 die Flugerprobung auf, gefolgt vom ersten Serienmuster am 24. Juni 2002. Nach Erhalt der Zulassung Mitte 2003, begann man Ende des gleichen Jahres mit den Auslieferungen. Der Auftragsbestand stieg zwischenzeitlich auf rund 300 Einheiten (über 100 davon abgeliefert), darunter 20 für Seacor Holding, 31 für CHC und acht für die Luftwaffe der Vereinigten Arabischen Emirate. Sechs verschiedene Küstenwachen beschaffen die AB139.
Bemerkungen: Die AB139 ist ein Gemeinschaftsprojekt von Agusta (75%) und Bell (25%), wobei die erstgenannte Firma den Lead beim Vorhaben innehat. An der Herstellung sind u.a. auch GKN Westland (Heck), PZL Swidnik (Rumpfkomponenten), Honeywell (Primus Epic Avionik) beteiligt. Als eigentlicher Nachfolger der erfolgreichen Bell 205 - 412-Familie wird das neue Muster auf beiden Seiten des Atlantiks parallel hergestellt. Als Haupteinsatzgebiete der AB139 sind vorgesehen: Transport von Geschäfts-/VIP-Personen, Überwachungsaufgaben, EMS-Transporte und Versorgung von Ölbohrplattformen. Auch bewaffnete Ausführungen für Militäreinsätze sind geplant. Die AB139 zeichnet sich durch eine für ihre Klasse sehr voluminöse Kabine aus. Die elektronische Ausrüstung entspricht dem heutigen Standard.
Hersteller: AgustaWestland Ltd., Werk Vergiate, Italien und Bell Helicopter Textron, USA.

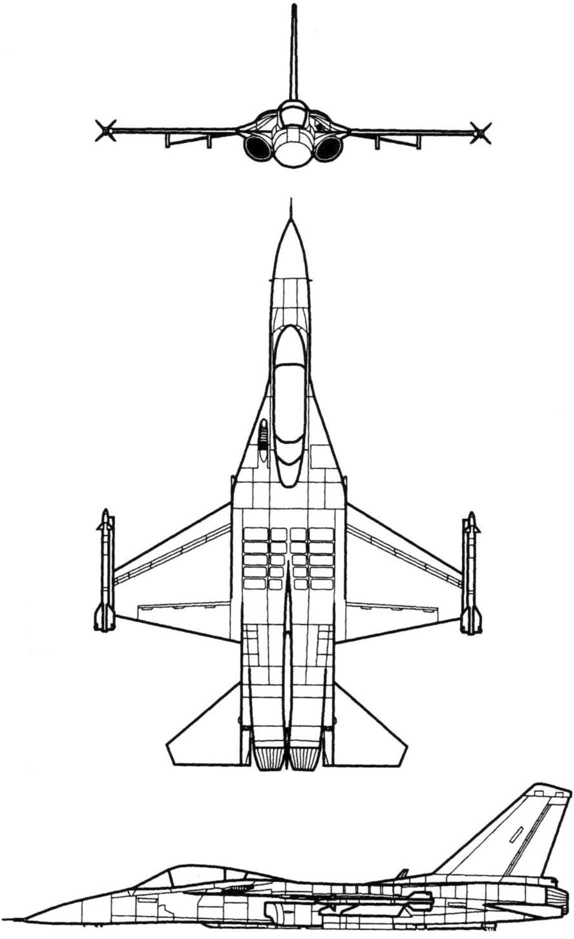

Abmessungen:
Spannweite ohne Lenkwaffen an den Flügelenden 8,53 m, mit 9,46 m
Länge mit Sonde 14,21 m
Höhe 4,42 m
Flügelfläche 24,20 m²

AIDC F-CK-1 C/D HSUNG YING

Ursprungsland: Taiwan.
Kategorie: Einsitziger Luftüberlegenheitsjäger und zweisitziger Einsatztrainer und Marinekampfflugzeug.
Triebwerke: Zwei Mantelstromtriebwerke ITEC TFE1042-70 (ex. Garrett AIDS F125) von je 2750 kp (26,9 kN) ohne und je 4310 kp (42,2 kN) mit Nachbrenner.
Leistungen: Höchstgeschwindigkeit 1800 km/h (Mach 1,7) auf 10975 m, 1275 km/h (Mach 1,05) auf Meereshöhe; max. Anfangssteiggeschwindigkeit 254 m/Sek; Dienstgipfelhöhe 16760 m; Aktionsradius 1100 km.
Gewichte: Rüstgewicht 6500 kg; normales Abfluggewicht 9525 kg, max. 12247 kg.
Bewaffnung: Eine 20mm-Revolverkanone M61Al Vulcan intern und als Abfangjäger vier Kurzstrecken-Luft-Luft-Lenkwaffen Sky Sword I und zwei Mittelstrecken-Luft-Luft-Lenkwaffen Sky Sword II, bei Marineeinsätzen zwei Antischiffs-Lenkwaffen Hsiung Feng II. Max. Außenlasten unter zwei Rumpfstationen, vier Stationen unter den Flügeln und zwei an den Flügelenden 3900 kg.
Entwicklungsstand: Der erste von vier Prototypen (drei Einsitzer und ein Doppelsitzer) flog am 28. Mai 1989. Bis 1999 erhielt die taiwanesische Luftwaffe insgesamt 130 Einheiten. Die modernisierte Version F-CK-1C Hsung Ying nahm die Flugerprobung am 9. Oktober 2006 auf. Rund 75 Einheiten sollen in diese Ausführung umgebaut werden. Geplant ist auch, neue Maschinen herzustellen.
Bemerkungen: Die Ching-Kuo wurde in enger Zusammenarbeit mit der früheren General Dynamics entwickelt. Daher weist sie eine gewisse Ähnlichkeit zur F-16 auf. Die Herstellung des Triebwerks von Turbo Engine Company erfolgte in Taiwan in Lizenz. Die Elektronik ist hoch entwickelt und umfasst u.a. ein Mehrzweck-Dopplerradar Kam Lung GD-53 mit sog. »look-down-Fähigkeit« sowie ein dreifach redundantes Fly-By-Wire-System. Das Modernisierungsprogramm umfasst u.a. eine größere Treibstoffkapazität dank Satteltanks oberhalb des Rumpfes, ein verstärktes Fahrwerk, aufdatierte Elektronik inkl. verbessertem Radar sowie Einrichtungen, um neue Waffensysteme mitführen zu können.
Hersteller: Aero Industry Development Center, Taichung, Taiwan.

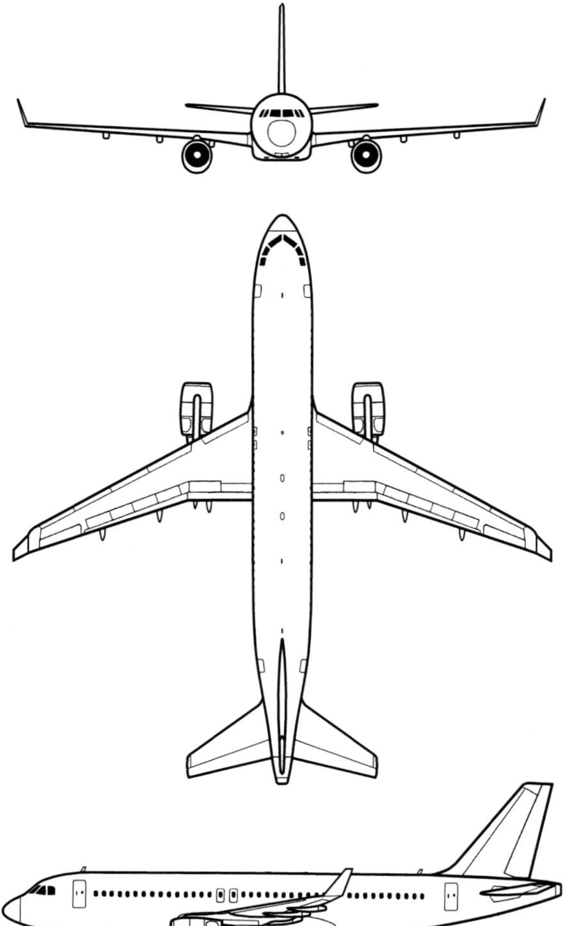

Abmessungen:
Spannweite 34,10 m
Länge (A320) 37,57 m, (A321) 44,51 m, (A319) 33,84 m
Höhe 11,76 m
Flügelfläche 122,40 m²

AIRBUS A320-200 »ENHANCED«

Ursprungsland: Europäisches Konsortium.
Kategorie: Kurz- und Mittelstrecken-Verkehrsflugzeug.
Triebwerke: Zwei Mantelstromtriebwerke CFM International CFM56-5B4 bzw. IAE V2500-A1 von je 12020 kp (117,90 kN) Standschub.
Leistungen: Max. Reisegeschwindigkeit Mach 0,82, ökonom. Reisegeschwindigkeit 845 km/h; Dienstgipfelhöhe 11890 m; Reichweite mit max. Passagierzahl inkl. Reserven 5030 km.
Gewichte: Rüstgewicht 41800 kg; max. Startgewicht 77020 kg.
Zuladung: Zwei Mann Cockpitbesatzung und Mehrklassenbestuhlung für normalerweise 150 Passagiere. Einheitsklassen-Innenausstattung für max. 179 Passagiere; max. Nutzlast 21600 kg.
Entwicklungsstand: Der Prototyp der A320 nahm am 22. Februar 1987 die Flugerprobung auf; erste Auslieferungen im März 1988. Die »Enhanced« folgt 2008. Von den Modellen A318/319/320/321 waren bis Dezember 2007 zusammen rund 5900 bestellt, darunter 3600 A320, 670 A321 und 1590 A319. Das 3000. Exemplar der A320-Modellreihe wurde Anfang 2007 abgeliefert, davon alleine von der A320 1773 Maschinen. Airbus stellt seit 2007 monatlich mindestens 32 Einheiten her. Ab 2008 wird bei Tianjin Zhongtian in der VR China eine weitere Produktionsstraße errichtet.
Bemerkungen: Die A320 ist das Ausgangsmuster der »Schmalrumpf-Familie« von Airbus. Die A321 und die A319 sind in früheren Ausgaben beschrieben, die A318 siehe Seiten 32/33. Nach einer langen und erfolgreichen Produktionszeit wird das Muster einer Verjüngungskur unterzogen (siehe Dreiseitenriss). Mit Ausnahme der Winglets an den Flügelenden sind die meisten Modifikationen kaum sichtbar. Zur weiteren Verbesserung der Aerodynamik und Verringerung des Luftwiderstandes gestaltet Airbus den Flügel-Rumpf-Übergang sowie die Entlüftungsventile neu. Ebenfalls optimiert wird die Triebwerksaufhängung. Alle diese Maßnahmen sollen zu einer Reduktion der direkten Betriebskosten von 15 % beitragen. Schließlich erfährt auch die Passagierkabine eine Überarbeitung mit beispielsweise größeren Gepäckfächern.
Hersteller: Airbus Industrie, Blagnac, Frankreich, Werke (A320) Toulouse-Blagnac, (A321/A319) Hamburg-Finkenwerder, Deutschland, Teil der EADS (European Aeronautic Defence and Space Company).

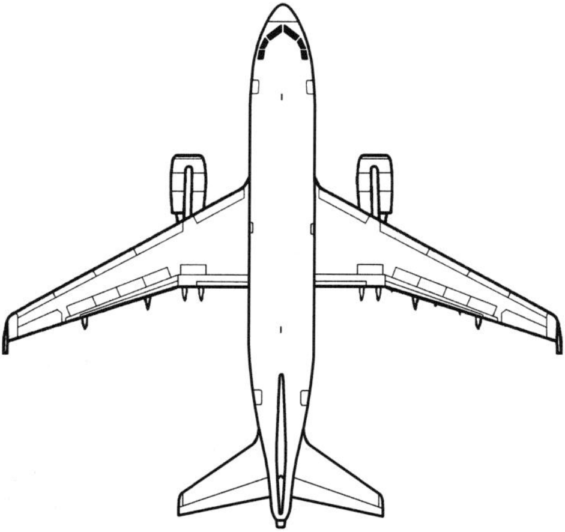

Abmessungen:
Spannweite 34,10 m
Länge 31,44 m
Höhe 12,56 m
Flügelfläche 122,40 m²

AIRBUS A318

Ursprungsland: Europäisches Konsortium.
Kategorie: Kurz- bis Mittelstrecken-Verkehrsflugzeug.
Triebwerke: Zwei Mantelstromtriebwerke CFM International CFM56-5B bzw. Pratt & Whitney PW6000 von je zwischen 9070 und 10886 kp (89,0 und 106,0 kN) Standschub.
Leistungen: Max. Reisegeschwindigkeit Mach 0,82; Reichweite mit max. Nutzlast 2800 km, als Option max. Reichweite 5300 km.
Gewichte: Rüstgewicht 38400 kg; Startgewicht 59000 kg, max. Startgewicht als Option 66000 kg.
Zuladung: Zwei Mann Cockpitbesatzung und je nach Innenausstattung normalerweise 107 Passagiere in zwei Klassen oder 117 Passagiere in einer Klasse; max. Nutzlast 14000 kg.
Entwicklungsstand: Die A318 mit PW6000-Triebwerken absolvierte ihren Erstflug am 15. Januar 2002, das erste mit CFM-56-Triebwerken ausgerüstete Muster folgte am 29. August 2002. Letztere Ausführung erhielt Mitte 2003 die Zulassung. Angesichts aufgetretener Schwierigkeiten mit dem PW6000-Triebwerk verzögerte sich die Auslieferung dieser Ausführung bis 2007. Ende 2007 belief sich der Auftragsbestand auf 103 Einheiten. Rund 52 davon sind ausgeliefert worden.
Bemerkungen: Als neueste und kleinste Version der A320-Familie deckt sie vorwiegend die Bedürfnisse des Kurzstreckenverkehrs ab. Außer gegenüber der A319 einem nochmals um 2,40 m verkürzten Rumpf, leistungsreduzierten Triebwerken und geringeren Gewichten fügt sie sich nahtlos in das modulare Konstruktionsprinzip von A319, A320 und A321 ein. Aus Gründen der Richtungsstabilität ist das Seitenleitwerk etwas größer gestaltet. Zurzeit werden zwei Ausführungen mit unterschiedlichem Abfluggewicht und Reichweitenleistungen angeboten. Seit 2005 ist auch eine Geschäftsreiseversion A318 Elite in zwei Ausführungen mit 14 bzw. 18 Sitzplätzen erhältlich. Bisher sind 26 Exemplare bestellt worden. Auch von der A319 gibt es eine Businessversion A319 CJ (Aufträge für ca. 45 Einheiten erteilt), welche häufig auch als Staatsflugzeuge eingesetzt wird. Zwei davon beschafft die Bundesrepublik Deutschland für die Flugbereitschaft des Verteidigungsministeriums.
Hersteller: Airbus Industrie, Blagnac, Frankreich, Werk Hamburg-Finkenwerder, Deutschland, Teil der EADS (European Aeronautic Defence and Space Company).

Abmessungen:
Spannweite inkl. Winglets 60,30 m
Länge ohne Luftbetankungsausleger 58,98 m
Höhe 17,89 m
Flügelfläche 363,10 m²

AIRBUS A330-200 MRTT/A330-200F

Ursprungsland: Europäisches Konsortium.
Kategorie: Militärischer Transporter, Tanker und Frachter.
Triebwerke: Zwei Mantelstromtriebwerke Rolls-Royce Trent 772, General Electric CF6-80E1 oder Pratt & Whitney PW4168 von zwischen 29600 und 31000 kp (302 und 316 kN) Standschub.
Leistungen: Max. Reisegeschwindigkeit 900 km/h; ökonom. Reisegeschwindigkeit 880 km/h; Dienstgipfelhöhe 12000 m; Reichweite als Frachter mit Nutzlasten von 62000 kg bzw. 50000 kg 7780 /9815 km, max. Reichweite 13520 km; als Tanker Aktionsradius von 2590 km mit 40000 kg.
Gewichte: Rüstgewicht 120000 kg; max. Startgewicht 230000 kg.
Zuladung: Zwei Mann Cockpitbesatzung und auf dem Hauptdeck 380 Soldaten oder 26 Paletten für Fracht; max. Nutzlast als Frachter 62000 kg, (A330-200F) 64000 kg, als Tanker eine Zuladung von 140000 kg.
Entwicklungsstand: Die erste für militärische Einsätze vorgesehene A330-200 MRTT begann die Flugerprobung noch ohne Tankerausrüstung am 24. Juni 2006. Bisher sind folgende Aufträge eingegangen: Australien (5), Großbritannien (14), Saudi Arabien (3), UAE (3). Die zivile Ursprungsausführung 330-200 flog erstmals am 13. August 1997. Die A330-200F folgt 2008. Von der A330-Reihe liegen bisher Aufträge für 880 Maschinen vor, aufgeteilt in 479 A330-200, 72 A330-200F und 329 A330-300. Rund 500 Maschinen hat Airbus bis Ende 2007 ausgeliefert.
Bemerkungen: Airbus entwickelte aus der A330-Familie eine militärische Variante MRTT als Luftbetanker, die bis zu 140000 l Treibstoff mitführen kann. Die Tanks befinden sich in den Flügeln sowie im Frachtraum. So bleibt das Hauptdeck frei für Passagiere und Fracht. Die Treibstoffabgabe erfolgt entweder über zwei Stationen unter den Flügeln oder mittels einem Ausleger am Heck, der auf zwischen 11,6 und 17,8 m ausgefahren werden kann. Die Bedienung erfolgt an einer Konsole im Cockpitbereich. Unter der Bezeichnung KC-45A beschafft auch die USAF eine MRTT-Ausführung. Neu wird auch eine zivile Frachtversion A330-200F angeboten, Auslieferungen ab Ende 2009 vorgesehen.
Hersteller: Airbus Industrie, Blagnac, Frankreich, Werk Toulouse, Teil der EADS (European Aeronautic Defence and Space Company).

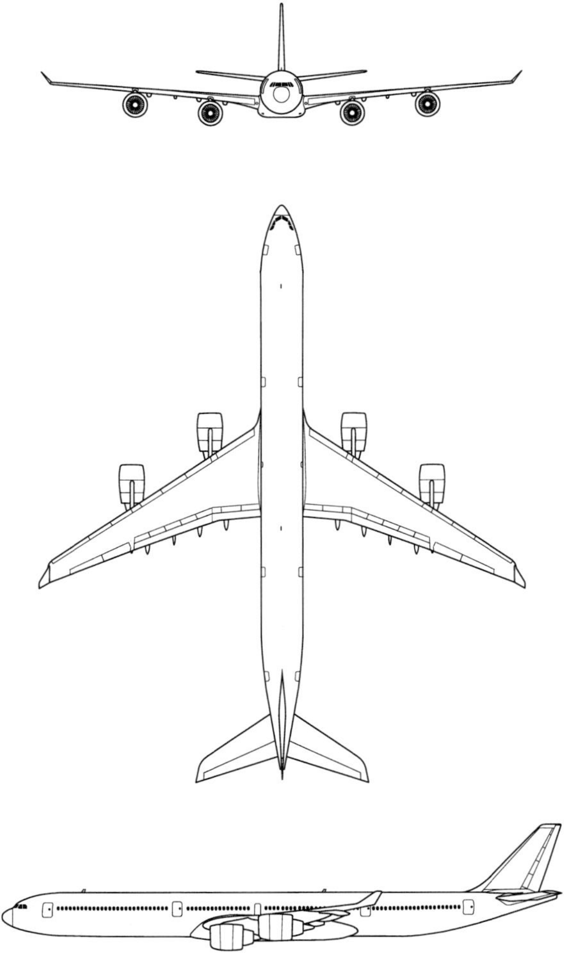

Abmessungen:
Spannweite inkl. Winglets 63,45 m
Länge (-600) 75,30 m, (-500) 67,90 m
Höhe 17,29 m
Flügelfläche 439,40 m²

AIRBUS A340-600/-500

Ursprungsland: Europäisches Konsortium.
Kategorie: Langstrecken-Verkehrsflugzeug.
Triebwerke: Vier Mantelstromtriebwerke Rolls-Royce (-600) Trent 556 von je 25400 kp (249 kN) oder (-500) Trent 553 von je 24050 kp (236 kN) Standschub.
Leistungen: Max. Reisegeschwindigkeit 910 km/h (Mach 0,86); ökonom. Reisegeschwindigkeit 890 km/h (Mach 0,83); Dienstgipfelhöhe 12500 m; Reichweite (-600/-500) mit normaler Passagierzahl 14140/16020 km bzw. A340-600HGW 14600 km.
Gewichte (-600/-500): Leergewicht 177000/170400 kg; max. Startgewicht 368000 kg, als Option 372000/380000 kg.
Zuladung: Zwei Mann Cockpitbesatzung und in einer Dreiklassenbestuhlung (-600/-500) 12 Erstklasse-, 54/42 Businessklasse- und 314/259 Touristenklassepassagiere, insgesamt also 380 bzw. 313 Passagiere; bei Einklassenbestuhlung in Neunerreihen 485/440, max. Nutzlast (-600) 67200 kg, (-500) 54100 kg.
Entwicklungsstand: Als aktuellste Ausführung hat die A340-600 ab 23. April 2001 die Flugerprobung aufgenommen, gefolgt von der ersten A340-500 am 11. Februar 2002 und der A340-600HGW am 18. November 2005. Die Auslieferung der -600 begann Mitte 2002, die -500 folgte Anfang 2003. Von beiden Ausführungen waren bis Ende 2007 143 Maschinen von 15 Gesellschaften bestellt (38 -500, 105 -600, darunter eine als VIP-Ausführung) und deren 104 abgeliefert.
Bemerkungen: Mit den Ausführungen A340-600 (siehe Dreiseitenriss und Foto) bzw. -500 erfuhr die A340-Familie eine wesentliche Weiterentwicklung. Die -500 setzt, bei nur wenig größerer Rumpflänge als die A340-300, auf große Reichweitenleistungen. Beide Modelle sind mit einem neuen Flügel sowie wesentlich leistungsfähigeren Triebwerken ausgestattet. Das Höhenleitwerk ist neu komplett aus Kohlefaser gefertigt. Im übrigen sind weite Teile von Struktur und Systemen mit der A330 identisch. Eine Ausführung der -600HGW mit auf 376000 kg erhöhtem Startgewicht ist seit 2006 erhältlich. Nebst leistungsfähigeren Triebwerken verstärkt man einzelne Teile des Rumpfes und des Fahrwerks. Von der -500 fliegt seit Oktober 2006 eine neue Variante mit 380000 kg Abfluggewicht und höherer Reichweite von 16670 km (bisher sechs bestellt).
Hersteller: Airbus Industrie, Blagnac, Frankreich, Werk Toulouse, Teil der EADS (European Aeronautic Defence and Space Company).

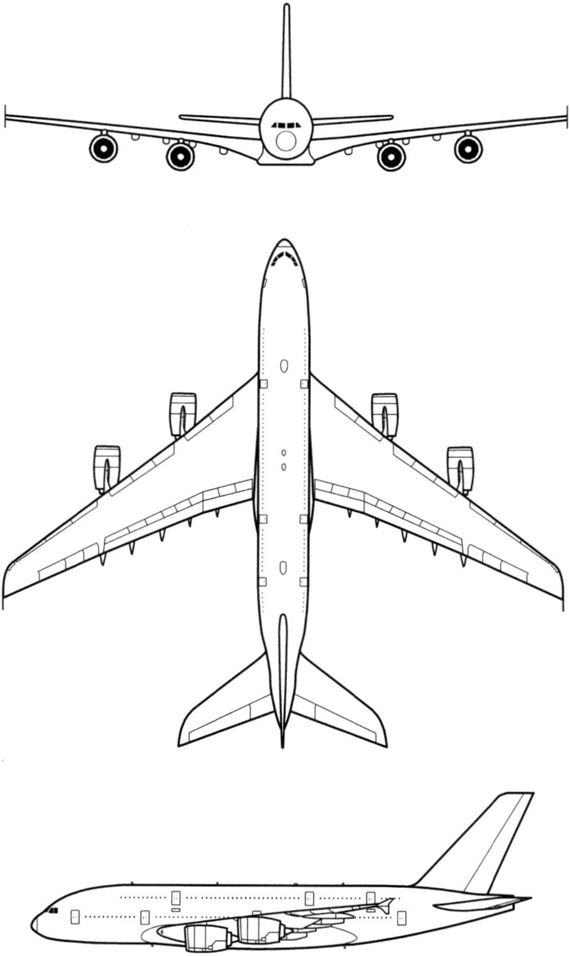

Abmessungen:
Spannweite inkl. Winglets 79,80 m
Länge 73,00 m
Höhe 24,10 m
Flügelfläche 845 m²

AIRBUS A380-800

Ursprungsland: Europäisches Konsortium.
Kategorie: Langstrecken-Verkehrsflugzeug.
Triebwerke: Vier Mantelstromtriebwerke Rolls Royce Trent 900 bzw. General Electric/Pratt & Whitney Engine Alliance GP7200 von je 31750 kp (312 kN) Standschub.
Leistungen (nach Angaben des Herstellers): Max. Reisegeschwindigkeit Mach 0,89; ökonom. Reisegeschwindigkeit Mach 0,85; Dienstgipfelhöhe 13100 m; Reichweite mit normaler Passagierzahl 15000 km.
Gewichte: Rüstgewicht (-800) 276000 kg; max. Startgewicht (-800) 560000 kg, als Option 569000 kg.
Zuladung: Zwei Mann Cockpitbesatzung und in typischer Dreiklassenbestuhlung 555 Passagiere, mit Einheitsklasse bis zu 853 Passagiere.
Entwicklungsstand: Das erste von vier Erprobungsmustern startete am 27. April 2005 zum Erstflug, gefolgt vom zweiten am 18. Oktober und vom dritten am 4. November 2005. Nach technisch bedingten Verzögerungen konnte der Erstkunde SIA die A380 erst im Oktober 2007 in Dienst nehmen. Daher ist es zu Annullierungen gekommen, so dass der Bestellungsstand Ende 2007 noch 189 (davon 2 abgeliefert) von 15 Gesellschaften beträgt; neueste Besteller BA (12), Grupo Marsans (4). Die geplante Frachtausführung wird nicht mehr angeboten.
Bemerkungen: Mit der A380 dringt die Zivilluftfahrt in eine neue Dimension vor, was Größe aber auch Kabinenkomfort angeht. Das weltgrößte Verkehrsflugzeug wird vorerst in zwei Versionen angeboten: Die Passagiervariante A380-800 sowie eine VIP-Ausführung. Später sind noch Varianten mit verlängertem Rumpf geplant. Der Rumpf umfasst zwei Etagen durchgehend für Passagiere sowie einen Gepäck- und Frachtraum. Im Querschnitt ist dieser gegenüber der Boeing 747 (siehe Seiten 70/71) im unteren Passagierraum um rund 0,50 m und im oberen um 1,85 m breiter. Die ganze Konstruktion der A380 ist auf große Wirtschaftlichkeit ausgelegt. Es wurden die neuesten Technologien angewendet, um die Betriebskosten tief zu halten. So bestehen beispielsweise große Teile des Rumpfes aus Verbundwerkstoffen.
Hersteller: Airbus Industrie, Blagnac, Frankreich, Werk Toulouse, Teil der EADS (European Aeronautic Defence and Space Company).

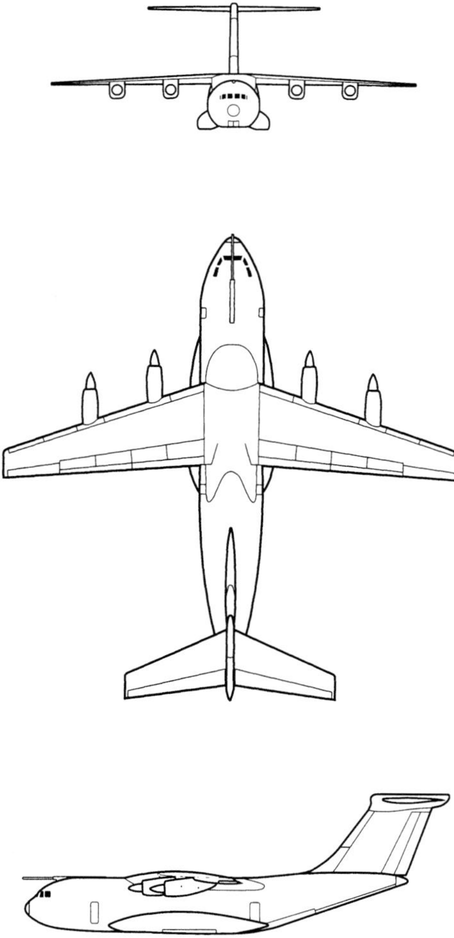

Abmessungen:
Spannweite 42,36 m
Länge 45,10 m
Höhe 14,70 m
Flügelfläche 221,50 m^2

AIRBUS A400M

Ursprungsland: Europäisches Konsortium
Kategorie: Taktischer und strategischer Militärtransporter.
Triebwerke: Vier Propellerturbinen EuroProp International (EPI) TP400-D6 von je 13000 WPS, reduziert auf 11000 WPS (8200 kW) Leistung.
Leistungen: Max. Reisegeschwindigkeit zwischen Mach 0,68 und 0,72, auf niedriger Höhe 555 km/h; Dienstgipfelhöhe 11300 m; Reichweite mit einer Nutzlast von 20 t 6389 km, mit 30 t 4440 km; Überführungsreichweite 8790 km.
Gewichte: Leergewicht 66500 kg; max. Startgewicht 136500 kg.
Zuladung: Zwei Mann Cockpitbesatzung und z.B. zwei Tiger-Kampfhubschrauber, ein Roland-SAM-System oder ein 12 m-Standard-Container; max. Nutzlast 31500 kg, mit Überlast 37000 kg.
Entwicklungsstand: Nach technisch bedingten Verspätungen soll der erste Prototyp die Flugerprobung Mitte 2008 aufnehmen. Die Ablieferungen beginnen 2010. Reservationen für vorläufig 192 Exemplare sind von folgenden Luftwaffen erfolgt: Belgien (7), Deutschland (60), Frankreich (50), Großbritannien (25), Luxemburg (1), Malaysia (4), Spanien (27), Südafrika (8), Türkei (10).
Bemerkungen: Die Entwicklungsgeschichte des Militärtransporters A400M dauert nun schon einige Jahre. Nach langer Unsicherheit ist 2003 der Entscheid zur definitiven Entwicklung endlich gefallen. Erstmals werden für einen Militärtransporter sowohl im Entwicklungs- wie auch im Fertigungsprozess kommerzielle Praktiken angewendet. Viele Elemente stammen von zivilen Modellen ab, so z.B. das Cockpit, welches weitgehend jenem der heutigen Airbus-Verkehrsflugzeuge entspricht. Die A400M soll vorab die C-160 Transall sowie die C-130 Hercules ablösen. Gegenüber diesen Mustern weist sie bei weitgehend gleich hohen Betriebskosten eine doppelte Nutzlast-/Volumenkapazität auf. Der Frachtraum wird 17,71 m lang (inkl. Rampe 23,11 m), 4,00 m breit sowie 3,85 m hoch sein. Nebst der Transportausführung ist auch eine Tankervariante geplant. Zudem soll die A400M dank im Frachtraum zu platzierenden modularen Ausrüstungselementen als Plattform für eine Vielzahl weiterer Aufgaben dienen.
Hersteller: Airbus Military, Teil der EADS (European Aeronautic Defence and Space Company), Werk (Endmontage) San Pablo, Sevilla, Spanien.

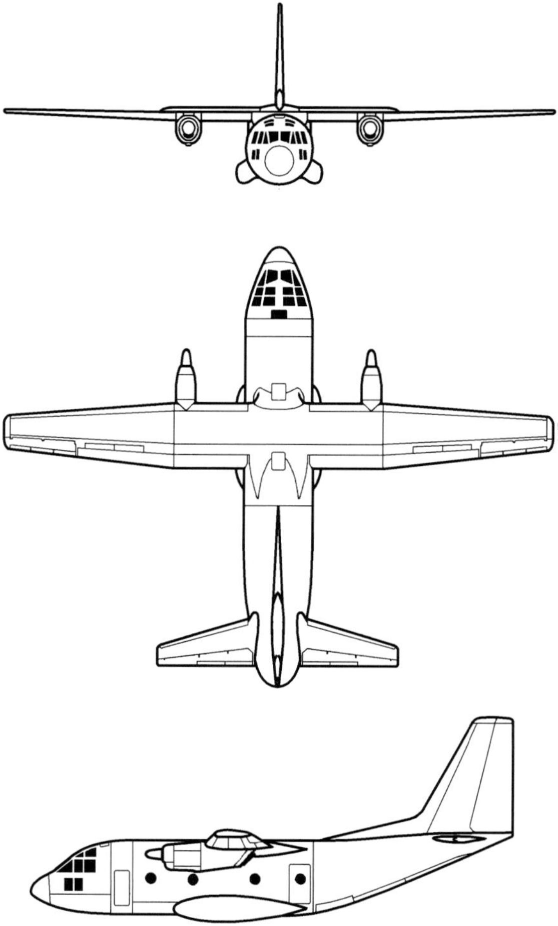

Abmessungen:
Spannweite 28,70 m
Länge 22,70 m
Höhe 9,64 m
Flügelfläche 82,00 m²

ALENIA C-27J SPARTAN

Ursprungsland: Italien und USA.
Kategorie: Militärischer Mehrzweck- und STOL-Transporter.
Triebwerke: Zwei Propellerturbinen Allison AE2100-D2 von je 4637 WPS (3460 kW) Leistung.
Leistungen: Max. Reisegeschwindigkeit 602 km/h, Langstrecken-Reisegeschwindigkeit 500 km/h auf 6000 m; Anfangssteiggeschwindigkeit 10+ m/Sek; Dienstgipfelhöhe 9150 m; Reichweite mit einer Nutzlast von 10000 kg 1852 km, mit 6000 kg 4260 km; Überführungsreichweite 5926 km.
Gewichte: Leergewicht 16500 kg; max. Startgewicht 31800 kg.
Zuladung: Zwei Mann Cockpitbesatzung und als Truppentransporter 53 voll ausgerüstete Soldaten, 46 Fallschirmjäger oder 36 Verwundete bzw. bis zu 11500 kg Fracht.
Entwicklungsstand: Der erste Prototyp der C-27J fliegt seit 25. September 1999, gefolgt vom ersten Serienmuster am 12. Mai 2000. Folgende Bestellungen sind bisher eingegangen: Bulgarien 5 (+ 3 Optionen), Griechenland 12, Italienische Luftwaffe 12, Litauen 3, Rumänien 7. Ende 2007 befanden sich 18 Maschinen im Einsatz. USAF und US Army erhalten voraussichtlich bis zu 145 Exemplare, 78 davon sind mittlerweile bestellt. Die meisten werden voraussichtlich in den USA endmontiert.
Bemerkungen: Die C-27J ist eine wesentlich weiterentwickelte Ausführung des Ursprungmodells G.222 (siehe Ausgabe 1995). In einem Joint-Venture von 50 : 50 mit Lockheed Martin entwickelt, weist sie viele Gemeinsamkeiten mit dem mittelschweren Transporter C-130J Hercules II auf (siehe Seiten 234/235). So sind Triebwerk, Sechsblattpropeller und Avionik weitgehend identisch. Damit verspricht man sich bei einem gemeinsamen Beschaffen beider Muster einen wesentlich wirtschaftlicheren Betrieb. Die C-27J wurde nach zivilen Grundsätzen im Juni 2001 zugelassen. Erste Auslieferungen erfolgten ab 2003. Eine AEW-Version mit einem APS-145-Radar befindet sich ebenfalls in Entwicklung.
Hersteller: Alenia, Rom, Italien und Lockheed Martin Marietta Corp., Marietta, Georgia, USA.

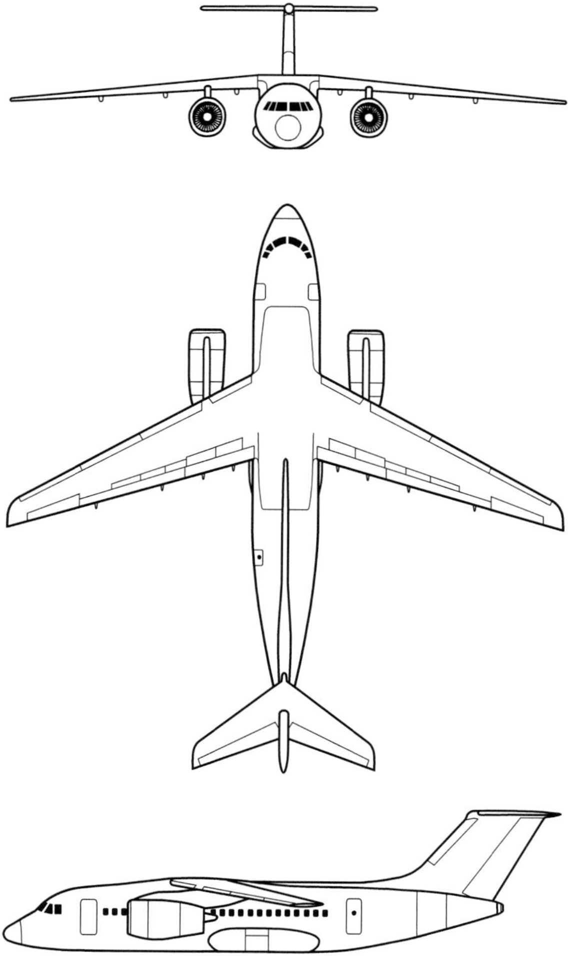

Abmessungen:
Spannweite 28,91 m
Länge 29,13 m
Höhe 8,02 m
Flügelfläche 87,30 m²

ANTONOW AN-148-100

Ursprungsland: Ukraine.
Kategorie: Ziviler Transporter für Kurz- bis Mittelstrecken.
Triebwerke: Zwei Mantelstromtriebwerke Progress D-436-148 von je 6920 kp (67,8 kN) Standschub.
Leistungen (nach Angaben des Herstellers): Max. Reisegeschwindigkeit 870 km/h; Dienstgipfelhöhe 12500 m; max. Reichweite 5100 km.
Gewichte: Leergewicht 22490 kg; max. Startgewicht 42600 kg.
Zuladung: Zwei Mann Besatzung im Cockpit und bei Einheitsbestuhlung in Fünferreihen bis zu 80 Passagiere; max. Nutzlast 9000 kg.
Entwicklungsstand: Nach einigen Verzögerungen hat der erste Prototyp am 17. Dezember 2004 die Flugerprobung begonnen. Der zweite folgte im ersten Quartal 2005. Mit den Ablieferungen an Kunden soll 2008 begonnen werden. Rund 80 Einheiten sind bereits bestellt, 20 davon beschafft die russische Polet, 18 die Pulkovo, 14 die Ilyushin-Finance. Für weitere Maschinen bestehen Letter of Intents. Zwei An-148 in VIP-Ausführung hat die Regierung von Kazakhstan bestellt.
Bemerkungen: Die An-148 ist eine konsequente Weiterentwicklung der An-74 (siehe Ausgabe 2007). Der Rumpf wurde von ihr übernommen, jedoch verlängert. Dagegen sind die Flügel völlig neu konstruiert. Die Steuerung erfolgt mittels Fly-by-Wire-System. Mit diesem Typ will man vorab die im russischen Binnenverkehr eingesetzten, völlig veralteten Typen wie die An-26 und Yak-40 ablösen. Die An-148 soll sich durch hohe Wirtschaftlichkeit und leichte Wartbarkeit auszeichnen. Später soll eine verlängerte Ausführung An-148-200 für 100 Passagiere gebaut werden, ausgerüstet mit westlicher Avionik und CF-34-Triebwerken von General Electric. Auch eine Geschäftsreiseversion ist vorgesehen. Antonow plant schließlich auch eine Frachtversion An-148TD für Militäreinsätze mit einer Heckladerampe und einer Nutzlast von rund 20000 kg.
Hersteller: Antonow Aeronautical Scientific Complex, Kiew, u.a. Werk Aviant, Kiew, Ukraine.

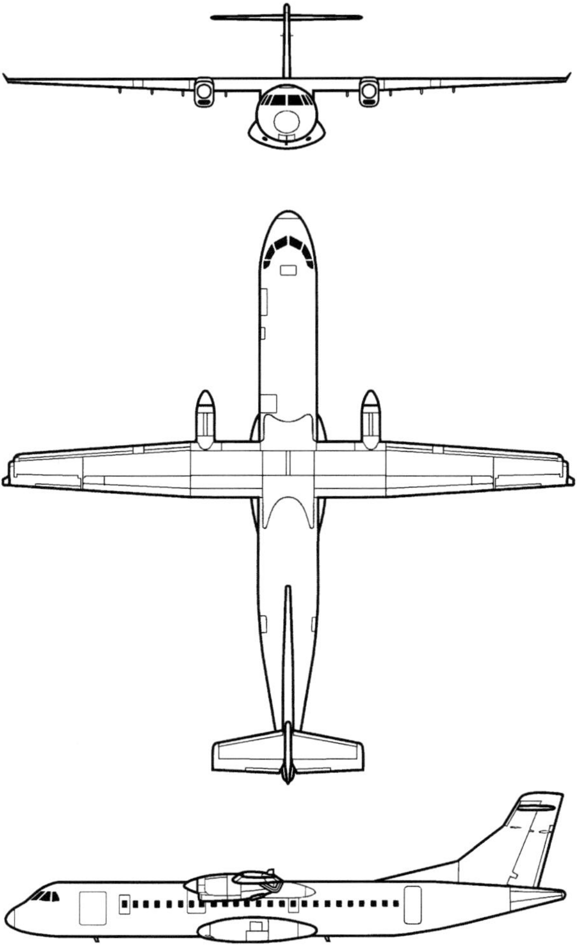

Abmessungen (ATR 42-500/ATR 72-500):
Spannweite 24,57/27,05 m
Länge 22,67/27,17 m
Höhe 7,59/7,65 m
Flügelfläche 54,50/61,00 m²

ATR 42-500/ATR 72-500

Ursprungsland: Frankreich und Italien.
Kategorie: Regionalverkehrsflugzeug.
Triebwerke (ATR 42-500/ATR 72-500): Zwei Propellerturbinen Pratt & Whitney Canada PW127E von je 2400 WPS (1790 kW) bzw. PW127F von je 2750 WPS (2050 kW) Leistung.
Leistungen (ATR 42-500/ATR 72-500): Max. Reisegeschwindigkeit 555/511 km/h auf 7620 m; ökonom. Reisegeschwindigkeit 450 km/h auf 7620 m; Reichweite mit 48/68 Passagieren und max. Gepäckzuladung 1550/1650 km und ohne Nutzlast über 4000 km.
Gewichte (ATR 42-500/ATR 72-500): Rüstgewicht 11250/12950 kg; max. Startgewicht 18600/22500 kg.
Zuladung: Zwei Mann Cockpitbesatzung und verschiedene Innenausstattungen für (ATR 42-500) max. 48 bzw. (ATR 72-500) 64 bis 74 Passagiere in Viererreihen mit Mittelgang; Nutzlast (ATR 42-500) 5450 kg, als Frachter 5800 kg bzw. (ATR 72-500) 7350 kg.
Entwicklungsstand: Erstflug der neuesten Ausführung ATR 42-500 am 16. September 1994. Von allen Varianten waren bis Ende 2007 929 Einheiten (ATR-42 416, ATR-72 513) bestellt und rund 750 davon ausgeliefert. Angesichts der steigenden Nachfrage erhöht man die Jahresproduktion 2008 auf gegen 65 Einheiten.
Bemerkungen: Die ATR-Familie wurde durch die ATR 42/72-500 bereichert. Bei gleichen Abmessungen wie die früheren ATR-42-Versionen, stellt sie eine leistungsstärkere Variante mit Sechsblatt-Propeller dar. Um den Lärmpegel weiter zu verringern, wurde das Kabineninterieur überarbeitet und mit einem »Active-Noise-Control-System« ausgerüstet. Bis auf Länge, Höhe und Flügelspannweite ist die ATR 72-500 genau gleich wie die ATR 42-500. Unter der Bezeichnung ATR 42-400MP bzw. ATR-72-400MP existiert eine Seeüberwachungsversion der ATR, versehen mit einem Raytheon SV2022-Radar unter dem Rumpf, FLIR und ESM-Ausrüstung. Ganz neu kündigte der Hersteller die ATR 42/72-600 mit stärkeren PW127 M-Triebwerken, neuer Avionik und höherem Startgewicht an. Sie wird ab 2010 abgeliefert.
Hersteller: Avions de Transport Regional (ATR): Aérospatiale Matra, Toulouse-Blagnac, Frankreich und Alenia, Neapel, Italien.

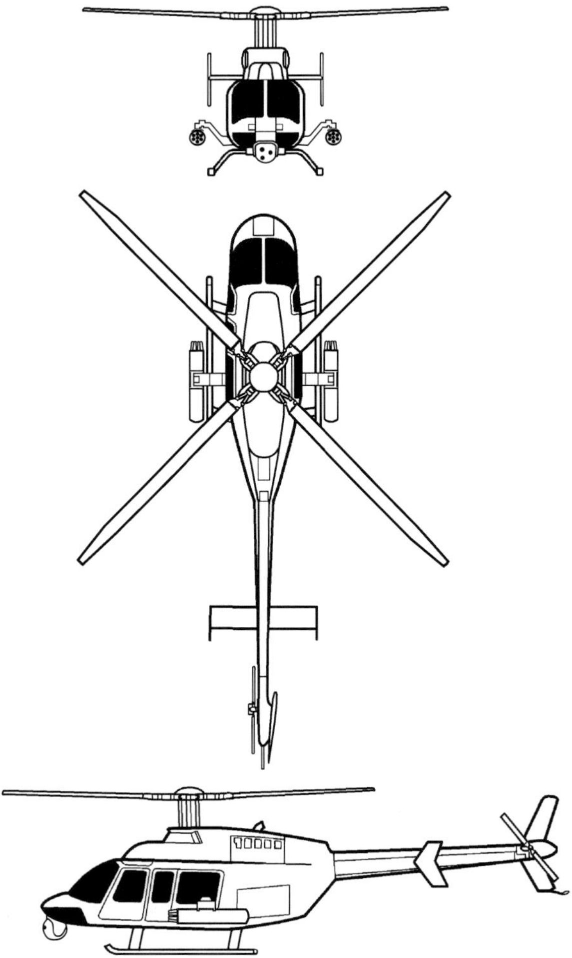

Abmessungen:
Rotordurchmesser 10,66 m
Rumpflänge 10,57 m
Höhe inkl. Rotorkopf 3,32 m

BELL ARH-70A

Ursprungsland: USA (Kanada).
Kategorie: Bewaffneter Aufklärungshubschrauber.
Triebwerke: Eine Gasturbine Honeywell HTS900 von 970 WPS (723 kW) Leistung.
Leistungen: Höchstgeschwindigkeit 260 km/h, bei max. Nutzlast 240 km/h; max. Schrägsteiggeschwindigkeit 6,4 m/Sek; Dienstgipfelhöhe 4115 m; Schwebehöhe mit Bodeneffekt 3900 m, ohne Bodeneffekt 3200 m; Reichweite ohne Reserven 580 km.
Gewichte (407 mit Allison 250-C47): Standard-Leergewicht 1178 kg; max. Startgewicht 2381 kg, mit externer Nutzlast 2722 kg.
Zuladung: Pilot und sechs Passagiere; max. Nutzlast 847 kg.
Bewaffnung: An seitlichen Pylonen am Rumpf Maschinengewehre GAU-17 oder -19, Behälter für ungelenkte Raketen oder AGM-114 Hellfire-Panzerabwehrraketen.
Entwicklungsstand: Die Bell ARH-70A (zeitweise auch als RAH-70A bezeichnet), wovon ein Erprobungsträger 407 ARH am 2. Juni 2005 erstmals flog, soll ab 2009 in bis zu 512 Exemplaren an die US Army geliefert werden. Das erste der Serienausführung entsprechende Modell nahm die Flugerprobung am 20. Juli 2007 auf. Das Ausgangsmuster Bell 407 wird weiterhin gebaut, jedoch ist die Weiterentwicklung Bell 417 noch im Projektstadium eingestellt worden.
Bemerkungen: Die einmotorige ARH-70A basiert auf dem zivilen Muster Bell 407 (siehe Ausgabe 2006). Dabei handelt es sich um einen leicht bewaffneten Aufklärungshubschrauber. Mit diesem Muster ersetzt die US Army die seit vielen Jahren im Einsatz stehende Bell OH-58D Kiowa Warrior (siehe Ausgabe 1992). Zum Erfüllen des militärischen Auftrags ist die ARH-70A mit einer Vielzahl von Zusatzsystemen ausgerüstet, u.a. diversen Warngeräten, FLIR, Laser-Zielsucher, umfassende Navigations- und Kommunikationseinrichtung für das Gefechtsfeld usw. Die aktuelle Entwicklung ist aber von technischen Schwierigkeiten und massiven Kostenüberschreitungen geplagt.
Hersteller: Bell Helicopter Textron Inc., Werk Arlington, Fort Worth, Texas, USA.

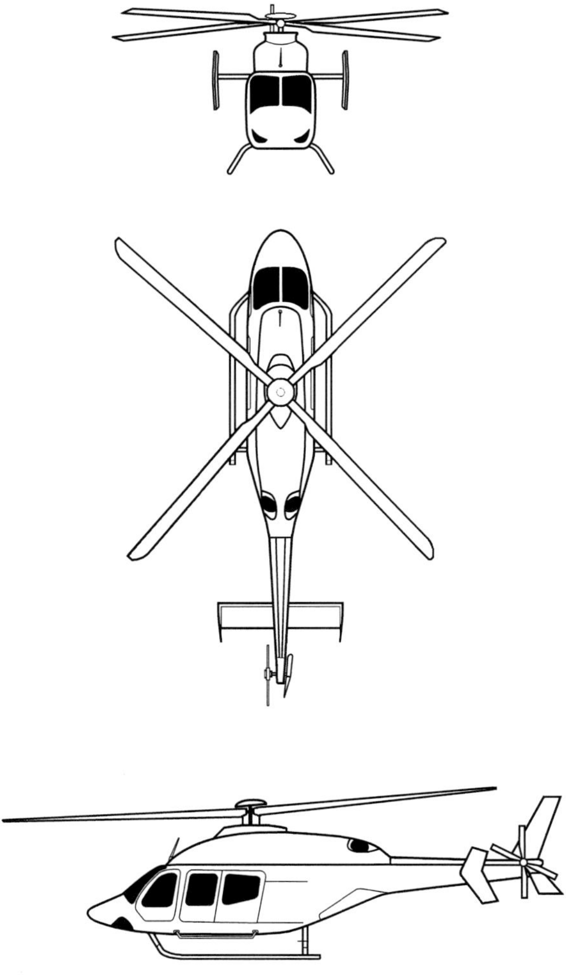

Abmessungen:
Rotordurchmesser 11,28 m
Rumpflänge 12,17 m
Höhe über Rotor 4,04 m

BELL 429 GLOBAL RANGER

Ursprungsland: USA (Kanada, Südkorea).
Kategorie: Leichter Mehrzweckhubschrauber.
Triebwerke: Zwei Gasturbinen Pratt & Whitney PW207D von je 710 WPS (529 kW) Leistung.
Leistungen: Max. Reisegeschwindigkeit 264 km/h; Schwebehöhe ohne Bodeneffekt 2835 m, mit Bodeneffekt 3658 m; Reichweite 648 km, max. Flugzeit 2,25 Std.
Gewichte: Leergewicht 1950 kg; max. Startgewicht 3175 kg.
Zuladung: Pilot und bis zu acht Passagiere oder Frachtzuladung intern von 1225 kg, als Außenlast 1271 kg. Als Ambulanzhubschrauber zwei liegende Verletzte.
Entwicklungsstand: Der erste von zwei 429-Prototypen fliegt seit 27. Februar 2007, gefolgt vom zweiten am 27. August 2007. Bisher sind über 260 Exemplare bestellt, mit den Auslieferungen will Bell Ende 2008 beginnen. Nach einer gewissen Anlaufzeit sollen jährlich 80 Exemplare hergestellt werden.
Bemerkungen: Die neue Bell 429 basiert auf der 427 bzw. 427VFR (siehe Ausgabe 2007). Sie weist aber verschiedene Verbesserungen auf. Die Kabine ist um rund 70 % größer mit durchgehend flachem Boden. Sie lässt sich für verschiedenste Zwecke umgestalten. Die großen Türen (auf Wunsch als Schiebetüren) erleichtern dabei den Ein- und Auslad von Fracht. Im Cockpit wurde die BasiX-Avionik integriert. Dadurch kann die 429 durch einen Piloten alleine bedient werden. Das dynamische System (Rotorkopf, Getriebe und Rotoren) stammt von der 407, die Rotorblätter sind aber rund 40 cm länger und 25 mm breiter. Der Heckrotor ist X-förmig angeordnet. Sämtliche Sitze sind »crash-resistent« konstruiert. Korea Aerospace stellt die Kabine und den Heckteil aller 429 her, während das Rotorsystem durch Bell, Fort Worth, beigesteuert wird. Die ganze Konstruktion hat man auf Kostengünstigkeit und wirtschaftlichen Betrieb hin optimiert. Mit der sog. MAPL-Technologie (Module Affordable Product Line) wurde erreicht, dass diverse Module auch für zukünftige Modelle verwendet werden können. Bell gibt für die Basisausführung einen Preis von US$ 4,86 Mio. an.
Hersteller: Bell Helicopter Textron Inc., Canadian Division, Werke Mirabel, Montreal, Kanada und Korea Aerospace, Sachon, Süd-Korea.

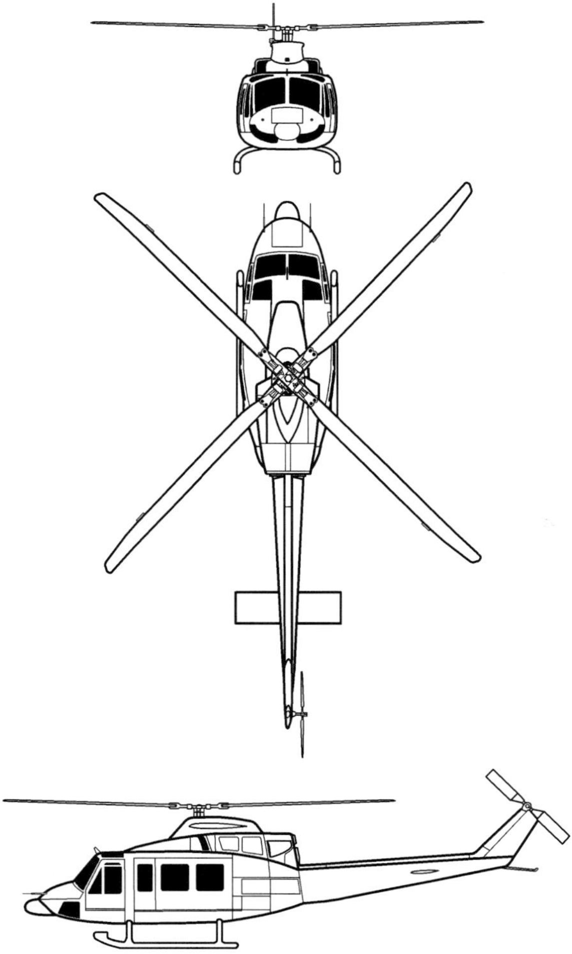

Abmessungen:
Rotordurchmesser (412) 14,02 m, (UH-1Y) 14,63 m
Rumpflänge inkl. drehendem Heckrotor (412) 14,15 m, (UH-1Y) 14,73 m
Höhe inkl. drehendem Heckrotor (412) 4,54 m (UH-1Y) 4,45 m

BELL 412EP/UH-1Y

Ursprungsland: USA (Kanada).
Kategorie: Mehrzweck- und Transporthubschrauber.
Triebwerke (412EP): Eine Gasturbine Pratt & Whitney Canada PT6T-3D-Turbo Twin Pac von 1800 WPS (1342 kW) Leistung.
Leistungen (UH-1Y): Höchstgeschwindigkeit 293 km/h; Reisegeschwindigkeit 250 km/h; max. Schrägsteiggeschwindigkeit 12,8 m/Sek; Dienstgipfelhöhe 6100 m; Schwebehöhe mit Bodeneffekt 3110 m bei 4762 kg, ohne Bodeneffekt 1585 m; max. Reichweite ohne Zusatztanks auf 1525 m 745 km.
Gewichte (UH-1Y): Rüstgewicht 5369 kg; max. Startgewicht 8390 kg.
Zuladung (412EP/UH-1Y): Ein bis zwei Piloten und 13 bis 14 Passagiere bzw. zehn voll ausgerüstete Soldaten; max. Nutzlast 2086 bzw. 1460 kg.
Entwicklungsstand: Die derzeit produzierte Ausführung -EP erhielt die Zulassung im Februar 1991. Militärische Ausführungen der 412 von Bell bzw. Agusta haben 24 Länder erhalten. Darüber hinaus sind zivile 412 hergestellt worden, zusammen rund 540. Jährlich werden 30 Einheiten hergestellt. Neuester größerer Besteller: Luftwaffe Chiles 12. Die erste umgebaute UH-1Y nahm die Flugerprobung am 20. Dezember 2001 auf. 100 (25 davon bestellt) als UH-1Y bezeichnete Hubschrauber erhält das USMC ab Anfang 2008. Bei neun handelt es sich um Umbauten früherer UH-1N, alle übrigen sind Neubauten.
Bemerkungen: Die Bell 412EP (siehe Dreiseitenriss) ist die derzeit produzierte Ausführung des Modells 412 und verfügt über stärkere Triebwerke mit entsprechend angepasster Transmission und ein erhöhtes Abfluggewicht. Sie wird, abgesehen vom Bell-Werk in Mirabel, auch bei AgustaWestland, Italien, gebaut. Die UH-1Y des USMC weisen folgende Verbesserungen auf: Zwei GE T700-GE-401C-Triebwerke von je 1828 WPS (1363 kW) Leistung, neuer Flexbeam-Rotorkopf mit lagerloser Befestigung und vierblättrigen Kunststoffrotoren, um ca. 50 cm verlängerter Rumpf, längerer Heckausleger mit neuem Vierblatt-Heckrotor usw. Sie kann auch mit leichten Waffen an Trägern seitlich am Rumpf ausgerüstet werden.
Hersteller: Bell Helicopter Textron Inc., Canadian Division, Mirabel, Montreal, Kanada.

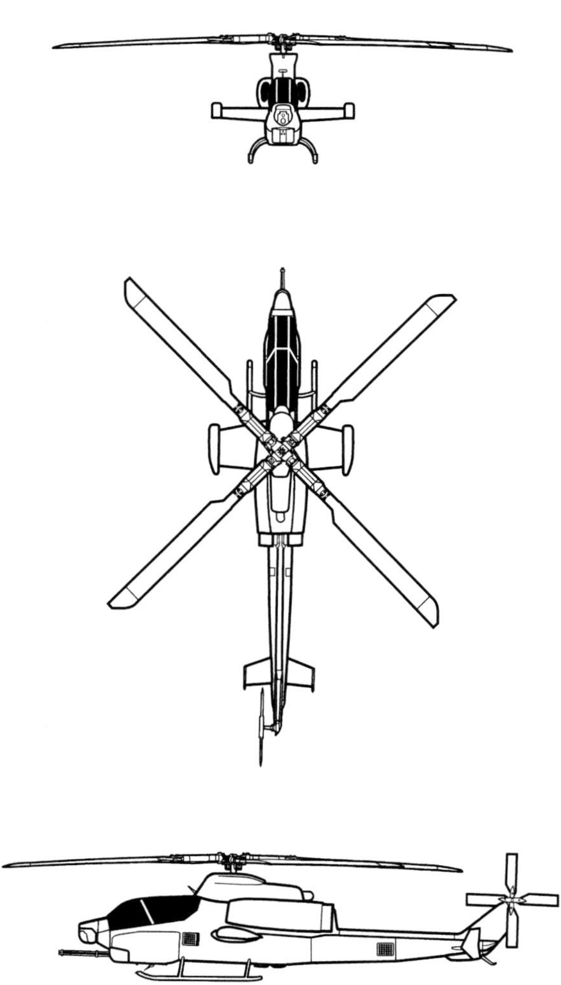

Abmessungen:
Rotordurchmesser 17,73 m
Rumpflänge 13,87 m,
Höhe über Heckrotor 3,78 m

BELL AH-1Z

Ursprungsland: USA.
Kategorie: Zweisitziger Kampfhubschrauber.
Triebwerke: Zwei Gasturbinen General Electric T700-401 von je 1773 WPS (1285 kW) Leistung.
Leistungen: Höchstgeschwindigkeit 298 km/h; typische Einsatzgeschwindigkeit bei 265 km/h; Aktionsradius mit einer Bewaffnung von 1134 kg 234 km; Reichweite mit max. interner Treibstoffzuladung und Bewaffnung 705 km, max. Flugdauer 3,7 Std.
Gewichte: Leergewicht 5580 kg; max. Startgewicht 8391 kg.
Bewaffnung: Eine dreiläufige 20-mm-Kanone General Electric M197 und an den Flügelstummeln z.B. vier Behälter für ungelenkte Raketen, acht bis sechzehn Panzerabwehrlenkwaffen AGM-114 Hellfire oder zwei Luft-Luft-Lenkwaffen AIM-9L Sidewinder.
Entwicklungsstand: Erstflug des Prototyps (eine umgebaute AH-1W) am 7. Dezember 2000. Mittlerweile fliegen drei Erprobungsträger sowie das erste Serienflugzeug. Das USMC soll insgesamt 180 (acht davon fest bestellt) Exemplare erhalten und zwar in jährlichen Tranchen von 12 bis 36 Einheiten. Neuesten Informationen zufolge, dürfte die Einsatzbereitschaft 2008 erfolgen.
Bemerkungen: Gegenüber der AH-1W ist die AH-1Z in wesentlichen Punkten völlig neu und deutlich leistungsfähiger. Beispielsweise erhält diese Ausführung einen gelenklosen Rotorkopf mit einem vierblättrigen Rotor aus Verbundwerkstoffen. Nebst einem Glas-Cockpit gelangt ein völlig neues integriertes Navigationssystem von Northrop Grumman/Litton zum Einbau. Die AH-1Z ist zudem mit einem multifunktionellen Zielakquisitions-System Hawkeye in der Rumpfspitze ausgerüstet, welches u.a. FLIR-, TV- und Laser-Zielbezeichnungs-Funktionen umfasst. Sie ist in der Lage, wesentlich mehr Waffen als die AH-1W mitzuführen. Ob neue Hubschrauber hergestellt oder bisherige AH-1W umgebaut werden, ist derzeit noch nicht entschieden.
Hersteller: Bell Helicopter Textron Inc., Fort Worth, Texas, USA.

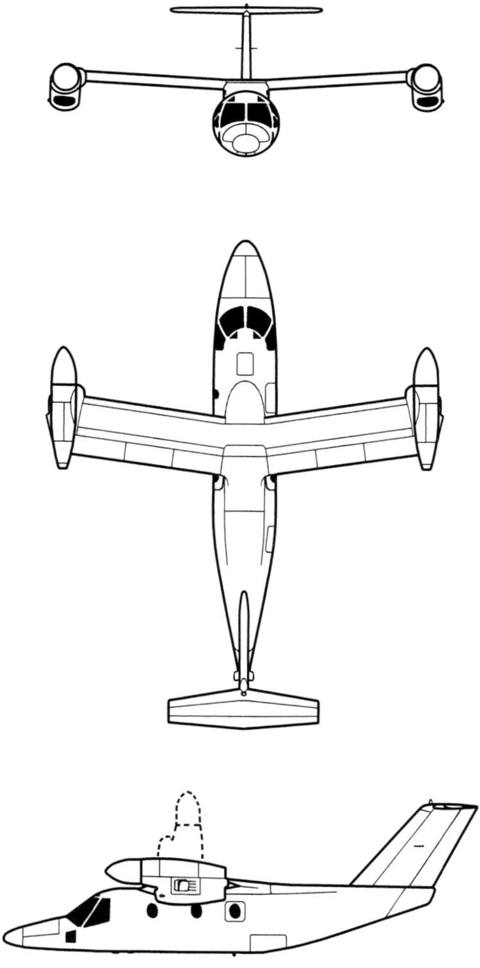

Abmessungen:
Spannweite inkl. drehende Rotoren 18,29 m
Flügelspannweite 10,00 m
Rotorendurchmesser 7,93 m
Länge 13,31 m
Höhe über Seitenleitwerk 4,50 m

BELL/AGUSTA WESTLAND BA 609

Ursprungsland: USA und Italien.
Kategorie: Ziviles Mehrzweck-Kipprotorflugzeug.
Triebwerke: Zwei Propellerturbinen Pratt & Whitney Canada PT6C-67A von je 1940 WPS (1447 kW) Leistung.
Leistungen: Max. Reisegeschwindigkeit 510 km/h; Langstrecken-Reisegeschwindigkeit 465 km/h; max. Steigrate 7,6 m/Sek; Dienstgipfelhöhe 7625 m; Schwebehöhe ohne Bodeneffekt 1525 m; Reichweite 1390 km, mit Zusatztanks 1880 km.
Gewichte: Rüstgewicht 4770 kg; max. Abfluggewicht 7260 kg.
Zuladung: Ein bis zwei Piloten und in einer Exekutivausführung sechs Passagiere, in engerer Bestuhlung bis zu neun Personen; bei SAR-Aufgaben zwei liegende Verletzte und drei Hilfspersonen; max. Nutzlast 2300 kg.
Entwicklungsstand: Der erste von vier Prototypen hat nach einigen technisch bedingten Verzögerungen die Flugerprobung am 7. März 2003 aufgenommen, der zweite folgte am 9. November 2006. Neuesten Informationen zufolge verspätet sich die Erstablieferung auf 2011. Bisher sind Aufträge für rund 60 BA 609 eingegangen. Sie wird vorerst bei Bell, später aber auch bei Agusta hergestellt.
Bemerkungen: Die BA 609 ist das erste zivile Kipprotorflugzeug, welches in kommerziellen Betrieb geht. Dabei wird Technologie angewendet, welche von der V-22 Osprey (siehe Seiten 58/59) stammt. Von ihr hingegen nicht übernommen werden die nach hinten an den Rumpf klappbaren Flügel mit faltbaren Rotoren. Nebst der zivilen Nutzung als Verbindungs- und VIP-Transporter sind auch Einsätze als Versorger für Ölbohrplattformen und Überwachungs- und Rettungsaufgaben für Küstenwachen vorgesehen. Die Arbeitsaufteilung zwischen Bell und Agusta beträgt 75 zu 25. Die BA 609 verfügt über eine Aluminium-Struktur, die mit Verbundwerkstoffen verkleidet ist, während der Flügel vollständig aus Kunststoffen besteht. Die Cockpitinstrumente ProLine 21 und das Flight Management System stammen von Rockwell Collins. Das USMC prüft die Beschaffung einer bewaffneten Variante der BA 609.
Hersteller: Bell Helicopter Textron Inc., Fort Worth, Texas, Werk Amarillo, USA und AgustaWestland, Cascina Costa, Gallarate, Italien.

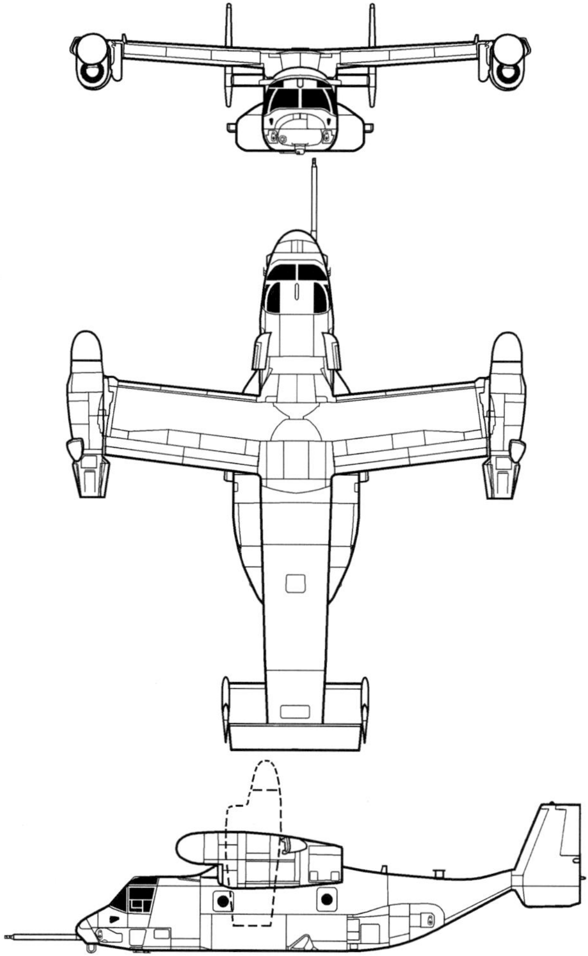

Abmessungen:
Spannweite inkl. Rotoren 25,77 m, ohne 15,52 m
Länge mit gefalteten Rotoren 19,20 m, ohne 17,47 m
Höhe über alles 6,73 m

BELL-BOEING V-22B OSPREY

Ursprungsland: USA.
Kategorie: Schwenkrotorflugzeug (MV-22B) als Kampfzonentransporter und (CV-22B) für militärische Spezialeinsätze.
Triebwerke: Zwei Propellerturbinen Rolls Royce AE1107C von je 6150 WPS (4590 kW) Leistung.
Leistungen: Max. Reisegeschwindigkeit als Flächenflugzeug 550 km/h auf optimaler Höhe, in Helikopterkonfiguration 185 km/h auf Meereshöhe; max. Geschwindigkeit mit einer Außenlast von 6804 kg 370 km/h; max. Schrägsteiggeschwindigkeit 5,53 m/Sek; Dienstgipfelhöhe 7925 m; Reichweite bei Senkrechtstart und einer Nutzlast von 5443 kg 2224 km, bei Kurzstart und einer Nutzlast von 9072 kg 3336 km; Überführungsreichweite 3892 km.
Gewichte (CV-22B): Rüstgewicht 15032 kg; normales Startgewicht unter VTO-Bedingungen 23855 kg, max. unter STO-Bedingungen 27442 kg.
Zuladung: Drei Mann Besatzung und bis zu 24 ausgerüstete Soldaten oder 12 Tragen für Verletzte plus Sanitäter, max. Nutzlast 9072 kg.
Entwicklungsstand: Der erste von sechs V-22-Prototypen nahm die Flugerprobung am 9. März 1989 auf. Vier weitere, weitgehend dem Serienstandard entsprechende Ospreys folgten ab Ende 1996. Bis Ende 2007 sind über 90 Einheiten hergestellt worden. Die US-Streitkräfte beschaffen voraussichtlich 458 V-22: USMC 360 MV-22B, USN 48 MV-22B, USAF 50 CV-22B für Spezialmissionen. Momentan werden jährlich 16 MV/CV-22 hergestellt. Die erste Einsatzstaffel des USMC mit der definitiven Ausführung wurde Mitte 2006 gebildet.
Bemerkungen: Die Osprey gibt es vorerst in zwei Ausführungen, den Kampfzonentransporter MV-22B sowie die für Spezialeinsätze vorgesehene CV-22B (siehe Dreiseitenriss). Von der CV-22 (siehe Foto) unterscheidet sie sich hauptsächlich durch zusätzliche Avionik und Kommunikationssysteme. So wurde neu das Terrainfolgeradar Raytheon APQ-186 sowie ein Elektronikabwehrsystem ITT ALQ-211 eingebaut. Zur Erhöhung des Aktionsradius auf 925 km sind in den Flügeln acht zusätzliche Tanks und seitlich am Rumpf zwei Treibstoffbehälter vorhanden. Bell prüft derzeit eine Ausführung als Seeüberwacher mit einem Searchwater-Radar.
Hersteller: Bell Helicopter Textron Inc., Fort Worth, Texas, USA, und Boeing Helicopter Company, Philadelphia, USA, Werk Amarillo, Texas, USA.

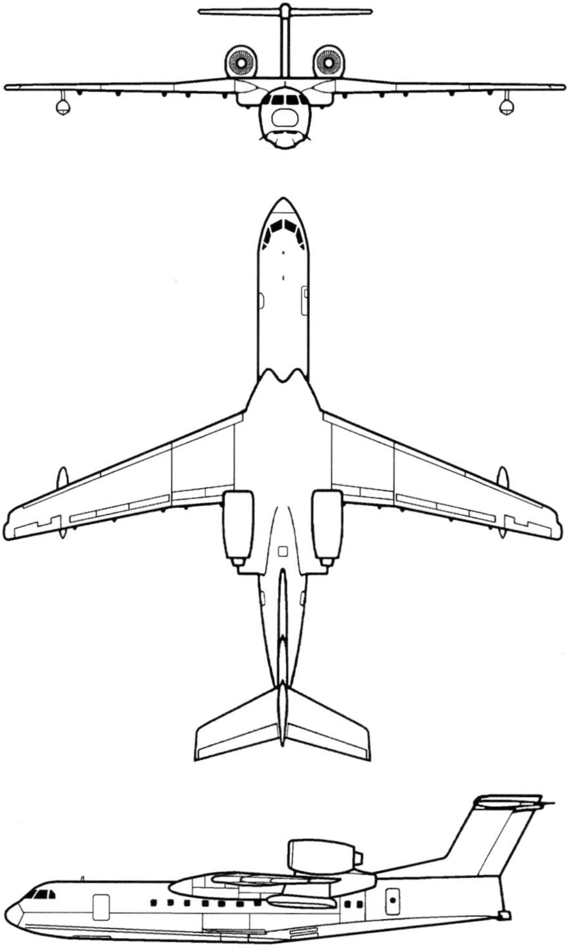

Abmessungen:
Spannweite 32,78 m
Länge 31,43 m
Höhe 8,90 m
Flügelfläche 117,44 m²

BERIEW BE-200

Ursprungsland: Russland.
Kategorie: Mehrzweck-Amphibienflugzeug und Löschflugzeug.
Triebwerke: Zwei Mantelstromtriebwerke ZMKB Progress D-436TP von je 7500 kp (73,60 kN) Standschub.
Leistungen: Höchstgeschwindigkeit auf 7000 m 710 km/h; ökonomische Reisegeschwindigkeit auf 8000 m 600 km/h; Anfangssteiggeschwindigkeit 14 m/Sek; Dienstgipfelhöhe 11000 m; Reichweite mit einer Nutzlast von 3000 kg 2500 km, max. 3850 km.
Gewichte: Rüstgewicht 25120 kg; max. Startgewicht 36000 kg bzw. für Löscheinsätze bis zu 43000 kg.
Zuladung: Zwei Piloten und bis zu 72 Passagiere in der Touristenklasse oder bis 7500 kg Nutzlast als Frachter.
Entwicklungsstand: Der erste Prototyp nahm die Flugerprobung am 24. September 1998 auf, der zweite folgte am 27. August 2002. Mitte 2002 erhielt die Be-200 die russische Zulassung. Bisher ist die Bestellung von sieben Exemplaren (+ 8 Optionen) für das russische Zivilschutz-Ministerium für Rettungs- und Waldbrandeinsätze bekannt gegeben worden; Auslieferung seit 2004. Mindestens fünf Maschinen beschafft die französische Sécurité Civile, zwei Kroatien. Weitere Bestellungen werden von Griechenland (6 + 6 Optionen), Italien (2), Portugal (4 + 6) und VR China (15) erwartet.
Bemerkungen: Mehrere Ausführungen werden angeboten: Eine Feuerwehrversion mit einer abwerfbaren Wasserlast von 12000 kg, Varianten als reiner Passagiertransporter oder Frachter sowie eine Version für Such-, Rettungs- und Evakuationseinsätze. Als Frachter verfügt die Be-200 über einen Laderaum von 17,00 m Länge, 2,60 m Breite und 1,90 m Höhe, der durch ein seitlich angebrachtes Frachttor beladen werden kann. Für eine Exportausführung Be-200RR prüft man, Triebwerke vom Typ BMW Rolls-Royce BR715 anzubieten. EADS und NPK sind in Verhandlungen für die gemeinsame Vermarktung dieser Version. Unter der Bezeichnung Be-310 erwägt Beriew derzeit die Entwicklung einer Landversion der Be-200.
Hersteller: OKB Georgi Beriew, Werk Tavia, Taganrog, Russland.

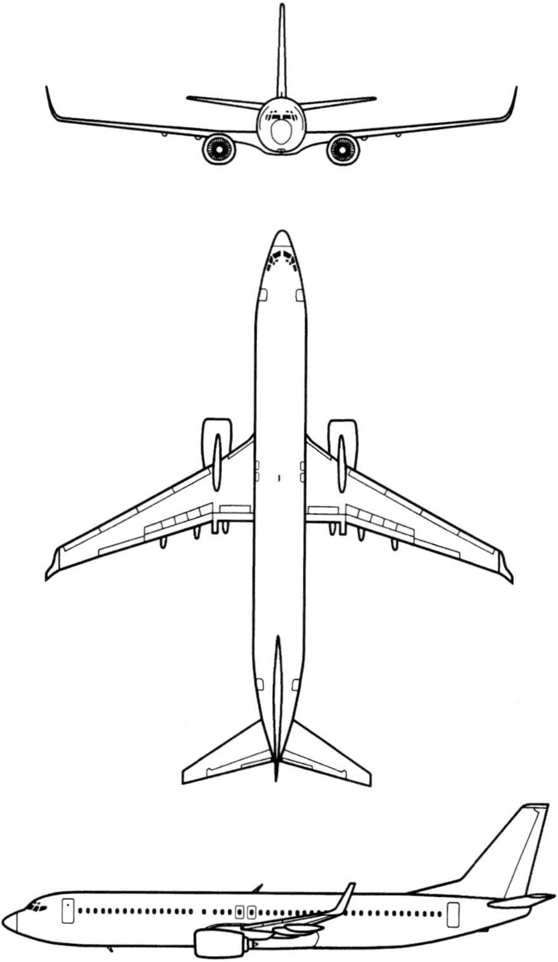

Abmessungen:
Spannweite mit Winglets 35,70 m
Länge 42,10 m
Höhe 12,50 m
Flügelfläche 124,60 m²

BOEING 737-900ER

Ursprungsland: USA.
Kategorie: Mittelstrecken-Verkehrsflugzeug.
Triebwerke: Zwei Mantelstromtriebwerke CFM International CFM56-7B von 12380 kp (121,40 kN) Standschub.
Leistungen: Max. Reisegeschwindigkeit 911 km/h (Mach 0,82), norm. Reisegeschwindigkeit 835 km/h auf 11880 m (Mach 0,79); Dienstgipfelhöhe 12500 m; Reichweite 5925 km.
Gewichte: Rüstgewicht 41410 kg; max. Startgewicht 85130 kg.
Zuladung: Zwei Mann Cockpitbesatzung und verschiedene Kabinenausstattungen für normalerweise 180 Passagiere; maximale Passagierzahl in Einheitsklasse 215.
Entwicklungsstand: Als vorläufig letzte Ausführung dieser Folgegeneration lanciert Boeing die 737-900ER. Sie flog erstmals am 1. September 2006 und ist Mitte 2007 in Einsatz gelangt. 169 Bestellungen sind bisher eingegangen, u.a. von Continental 27, Lion Air 100, Sky Airlines 3, Travel Service 2. Ende 2007 belief sich der Auftragsbestand der Versionen -600/-700/-800/-900/-900ER auf rund 4540 Einheiten (+ Optionen) von 110 Operators, über 2500 davon waren abgeliefert. Mitte 2007 erhielt Boeing den Auftrag für die 7000. Einheit aller bisherigen B737-Versionen!
Bemerkungen: Von den Dimensionen her ist die 737-900ER genau gleich groß wie die 737-900 (siehe Ausgabe 2005). Mit ihr will man die durch die Produktionseinstellung der 757 entstandene Angebotslücke weitgehend schließen und ein Konkurrenzprodukt zur Airbus A321 stellen. Bei gleicher Kabinenlänge können nun aber dank zweier zusätzlicher Notausgänge hinter den Flügeln bis zu 215 Passagiere mitgeführt werden. Das hintere Druckschott ist nun völlig flach und vergrößert dadurch das Schrankvolumen der hinteren Küche. Dank zweier zusätzlicher Tanks und dem erhöhten Startgewicht sind längere Strecken möglich. Schließlich sind leistungsfähigere Triebwerke eingebaut, welche die kommende Stage-4-Grenze einhalten. Die kürzlich auch bei anderen Modellen der 737NG-Familie vorgenommenen Verbesserungen an der Aerodynamik sind auch bei der 737-900ER vorhanden. Ausgehend von der -900ER bietet Boeing neuerdings eine Business Version BBJ3 an.
Hersteller: The Boeing Company, Commercial Airplane Group, Seattle, Werk Renton, Washington, USA.

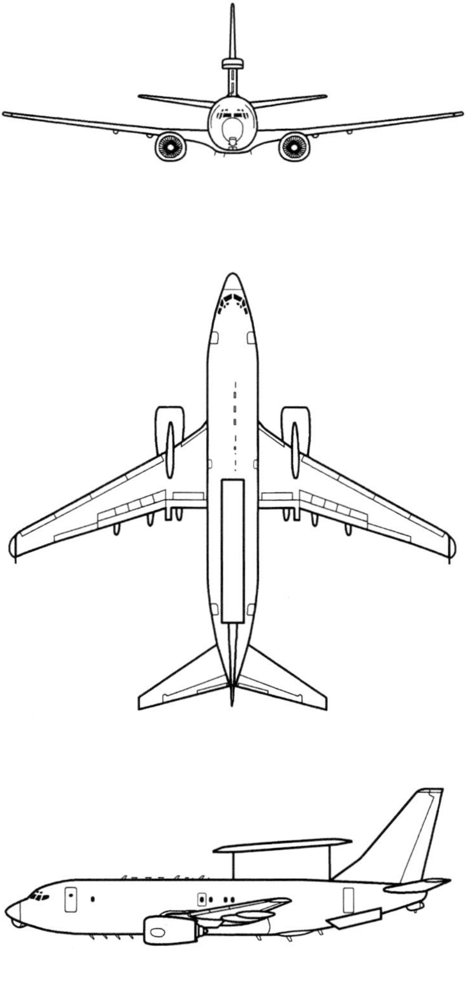

Abmessungen:
Spannweite 34,31 m
Länge 33,63 m
Höhe 12,55 m
Flügelfläche 124,60 m²

BOEING 737AEW&C WEDGETAIL

Ursprungsland: USA.
Kategorie: Radarfrühwarn- und Überwachungsflugzeug.
Triebwerke: Zwei Mantelstromtriebwerke CFM International CFM56-7B24 von je 10886 kp (106,75 kN) Standschub.
Leistungen (geschätzt): Max. Reisegeschwindigkeit Mach 0,78, Dienstgipfelhöhe 12500 m; max. Reichweite 6000 km+, Patrouillierzeit 550 km vom Stützpunkt entfernt 8 Std.
Gewichte: Max. Startgewicht 77110 kg.
Zuladung: Zwei Mann Cockpitbesatzung und je nach Einsatz zwischen sechs und zehn Systemoperateure.
Entwicklungsstand: Das erste Erprobungsmuster fliegt seit dem 20. Mai 2004. Nach Einbau und Tests der gesamten Ausrüstung begannen die Auslieferungen Ende 2007. Folgende Aufträge sind bisher eingegangen: Australien 6 (+ 1 Option), Südkorea 4, Türkei 6. Vom Militärtransporter (siehe Ausgabe 2001) hat die USN bisher 9 C-40A/S, die USAF 8 C-40B Einheiten bestellt. Die P-8 Poseidon soll erstmals 2009 fliegen. Nebst den Prototypen plant die USN die Beschaffung von bis zu 105 Einheiten.
Bemerkungen: Diese Ausführung basiert auf der Boeing 737-700IGW. Zur Erfüllung ihrer Hauptaufgabe ist sie primär mit einem 2950 kg schweren 3600-Mehrzweck-Scanner-Radar von Northrop Grumman ausgerüstet, deren sichtbarer Teil aus einer rund 10,70 m langen Antenne hinten über dem Rumpf besteht. Dieses Radar kann gleichzeitig Luft- wie auch Seeziele bis zu einer Reichweite von 400 km erkennen. Hinzu kommen diverse weitere Passiv-Suchsysteme, u.a. ein Freund-Feind-Erkennungsgerät. Die ganze Avionik ist mit einer offenen System-Architektur verbunden. Die Boeing 737 wird zunehmend für militärische Aufgaben weiterentwickelt. Nebst dem Transporter C-40 baut Boeing die neue Seeüberwachungs- und Angriffsvariante Boeing 737MMA (= **M**ulti-Mission **M**aritime **A**ircraft). Diese basiert auf der 737-800ERX und wird die Bezeichnung P-8A führen. Auch eine SIGINT-Variante ist angekündigt.
Hersteller: The Boeing Company, Defence & Space Group, St. Louis, Werk Renton, Washington, USA.

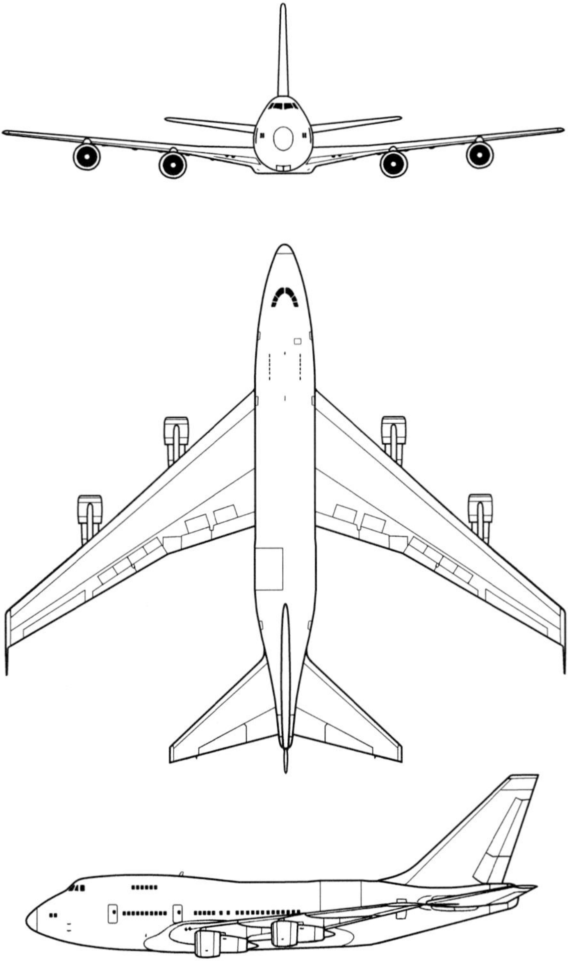

Abmessungen:
Spannweite 59,64 m
Länge 56,31 m
Höhe 19,94 m
Flügelfläche 528,20 m²

BOEING 747SP21 SOFIA

Ursprungsland: USA.
Kategorie: Forschungsflugzeug als fliegendes Teleskop.
Triebwerke: Vier Mantelstromtriebwerke Pratt & Whitney JT9D-7A von je 21300 kp (208,90kN) Standschub.
Leistungen: Max. Reisegeschwindigkeit 957 km/h auf 10670 m, normale Reisegeschwindigkeit 918 km/h auf 10670 m; Dienstgipfelhöhe 12190 m; max. Reichweite 15400 km.
Gewichte (747SP21): Leergewicht 140878 kg; max. Startgewicht 299370 kg.
Zuladung: Drei Mann Cockpitbesatzung und bis zu 15 Wissenschaftler, Techniker und Beobachter.
Entwicklungsstand: Die umgebaute 747SP SOFIA nahm die Flugerprobung am 26. April 2007 auf. Mit den ersten Forschungseinsätzen wird 2010 gerechnet. Die Ursprungsausführung B747SP flog erstmals am 4. Juli 1975. Bis 1987 wurden nur 45 Einheiten gebaut. Von diesen sind derzeit rund 17 weltweit noch im Einsatz, einige davon als Privatjets.
Bemerkungen: Das neueste fliegende Forschungslabor der NASA, die SOFIA (Stratospheric Observatory for Infrared Astronomy = Stratosphären-Laboratorium für Infrarotastronomie) wurde in Zusammenarbeit mit dem Deutschen Zentrum für Luft- und Raumfahrt (DLR) sowie der texanischen L-3 Communications entwickelt. In der umgebauten 747SP installierte man ein 40412 kg schweres von MAN Technologies AG gebautes Infrarot-Spiegelteleskop mit einem Durchmesser von rund 2,5 m. Es ist im hinteren Rumpfteil platziert und kann durch eine 4,88 m breite Öffnung rechts nach außen sehen. Dank der großen Einsatzhöhe können ohne Einfluss der kontaminierten Atmosphäre qualitativ wesentlich bessere Beobachtungen gemacht werden. So will man primär heute noch wenig erforschte galaktische Phänomene beobachten. Es ist geplant, die SOFIA während rund 20 Jahren im Betrieb zu halten.
Hersteller: The Boeing Company, Commercial Division und L-3 Communications, Werk Waco, Texas, USA.

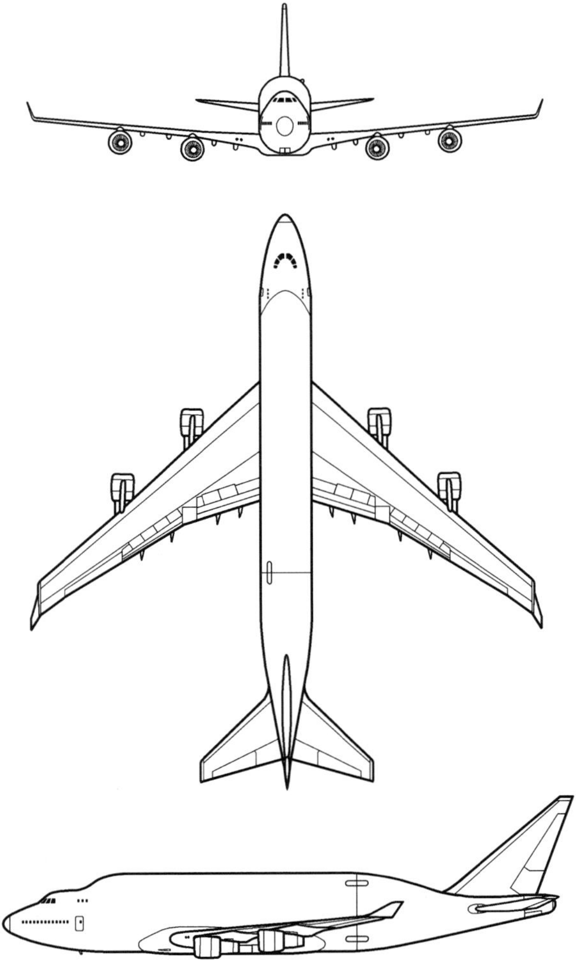

Abmessungen:
Spannweite 64,44 m
Länge 71,68 m
Höhe 21,54 m
Flügelfläche 541,16 m²

BOEING 747LCF DREAMLIFTER

Ursprungsland: USA.
Kategorie: Frachtflugzeug für den Transport von übergroßen Teilen.
Triebwerke: Vier Mantelstromtriebwerke Pratt & Whitney PW4056 von je 25900 kp (254,00 kN) Standschub.
Leistungen: Normale Reisegeschwindigkeit 878 km/h (Mach 0,82); Reichweite mit max. Nutzlast 4200 km.
Gewichte: Leergewicht 180530 kg; max. Startgewicht 364235 kg.
Zuladung: Zwei Mann Cockpitbesatzung.
Entwicklungsstand: Das erste Muster absolvierte den Erstflug am 9. September 2006. Bereits Anfang 2007 fanden die ersten kommerziellen Einsätze statt. Zwei der voraussichtlich drei Einheiten sind bereits umgebaut worden.
Bemerkungen: Die Boeing 747LCF (= Large Cargo Freighter) Dreamlifter basiert auf der 747-400 (siehe Seiten 70/71). Sie transportiert Halbfabrikate, vor allem vorgefertigte Rumpfteile der neuen Boeing 787 (siehe Seiten 76/77) von den Unterlieferanten zum Endmontagewerk in Everett. Hauptflügel, Fahrwerk, Cockpit und Systeme entsprechen weitgehend dem Ausgangsmuster. Dagegen ist der nicht druckbelüftete Rumpf eine völlige Neukonstruktion. Das Transportvolumen im Hauptfrachtdeck beträgt 1845 m3, rund drei Mal so viel wie bei der 747-400. Der neue Rumpf erforderte, das gesamte Heck weitgehend neu zu konstruieren. Zum Ein- und Ausladen der voluminösen Flugzeugteile kann das hintere Viertel um 90° nach links geschwenkt werden. Die Modifikationen erfolgen im Auftrag von Boeing durch die Evergreen Aviation Technologies (EGAT), Taiwan. Betrieben werden die LCF im Auftrag von Boeing durch den US-Firmenteil von Evergreen.
Hersteller: The Boeing Company, Commercial Airplane Group, Seattle, Werk Everett, Washington, USA und Evergreen Aviation Technologies Corp., Taiwan.

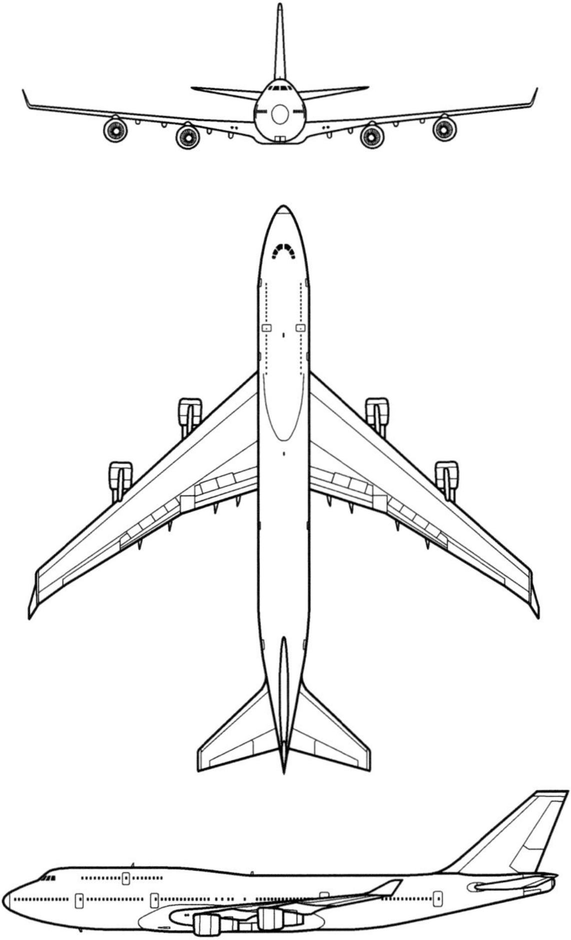

Abmessungen:
Spannweite (-400ER) 64,44 m, (-8) 68,50 m
Länge (-400ER) 70,67 m, (-8/-8F) 76,30 m
Höhe 19,41 m
Flügelfläche (-400ER) 541,16 m²

BOEING 747-400ER/ERF/-8/-8F

Ursprungsland: USA.
Kategorie: Langstrecken-Passagierflugzeug und Frachter.
Triebwerke (-400): Vier Mantelstromtriebwerke beispielsweise von General Electric CF60-80C2B5F von je 28165 kp (276,27 kN) Standschub; (-8/-8F) GEnx2B67 von je 30163 kp (295,80 kN).
Leistungen (-400ER): Langstrecken-Reisegeschwindigkeit 913 km/h auf 10668 m; Reichweite mit max. Nutzlast als Frachter 9200 km; Reichweite mit max. Treibstoffzuladung 14205 km.
Gewichte (-400ERF): Max. Startgewicht 412800 kg.
Zuladung: Zwei Mann Cockpitbesatzung und (-400ER) 450 Passagiere in drei Klassen. Als Frachter -400ERF 112760 -123650 kg, (-8F) 140000 kg Nutzlast.
Entwicklungsstand: Erstflug der Version 747-400ER am 31. Juli 2002. Bisher sind Aufträge für 46 Einheiten eingegangen, Ablieferungen ab Oktober 2002. Von allen 747 wurden bis Dezember 2007 1506 Einheiten bestellt (rund 1400 abgeliefert), davon 448 der Ausführung -400 und 126 Frachter -400F. Derzeit werden ausschließlich Frachter hergestellt. Die erste 747-8 startet im Februar 2009 zum Erstflug.
Bemerkungen: Die neueste Ausführung 747-400ER (siehe Dreiseitenriss und Foto) weist bei gleichen Außenabmessungen der -400 (siehe Ausgabe 2002) einige erhebliche Verbesserungen auf. Sie ist sowohl als Passagier- wie auch als Frachtflieger erhältlich und verfügt über Verstärkungen an den Außenflügeln sowie am Höhen- und Seitenleitwerk. In den Tragflächen ist die Tankkapazität auf 241140 l erhöht. Dadurch und dank einem robusteren Fahrwerk ist das max. Startgewicht deutlich höher als bei der -400. Diese Maßnahmen führen dazu, dass größere Nutzlasten über längere Distanzen transportiert werden können. Zudem wurden das Cockpit sowie der Komfort in der Passagierkabine jenem der Boeing 777 angeglichen. Boeing lancierte im November 2005 die verlängerte Ausführung 747-8 (25 bestellt, 20 davon von Lufthansa) bzw. 747-8F (bisher 78 bestellt). Der Rumpf der -8/-8F wird um 5,09 m länger, das Abfluggewicht um ca. 10000 kg höher sein. Die überarbeiteten Tragflächen erhalten anstatt der Winglets neu geformte Flügelspitzen. Zudem erfolgen Verbesserungen primär durch aerodynamische Verfeinerungen an Flügeln und Triebwerkgondeln mit dem Ziel, den Außenlärm zu reduzieren.
Hersteller: The Boeing Company, Commercial Airplane Group, Seattle, Werk Everett, Washington, USA.

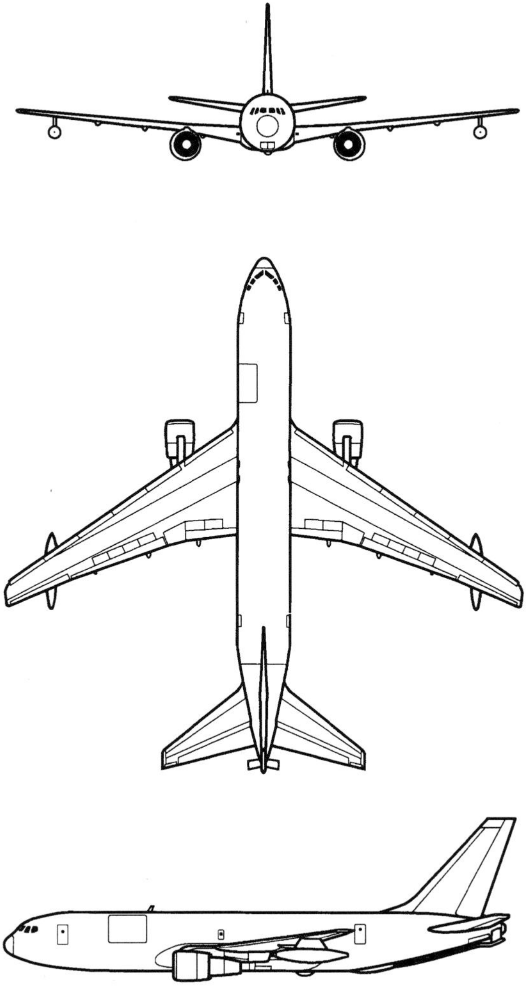

Abmessungen:
Spannweite 47,57 m
Länge 48,51 m
Höhe 15,85 m
Flügelfläche 283,30 m²

BOEING KC-767

Ursprungsland: USA.
Kategorie: Militärischer Transporter, Tanker und Führungsflugzeug.
Triebwerke: Zwei Mantelstromtriebwerke, beispielsweise Pratt & Whitney PW4060 von je 27100 kp (267 kN) oder zwei General Electric CF6-80C2 von je 27830 kp (273 kN) Standschub.
Leistungen (767-200ER): Reisegeschwindigkeit 850 km/h (Mach 0,80); Dienstgipfelhöhe 13145 m; max. Reichweite 10450 km.
Gewichte: Max. Startgewicht 175540 kg.
Zuladung: Zwei Piloten und ein Betankungsoperateur; als Frachter 19 Standardpaletten mit max. 50000 kg, als Tanker eine Zuladung von 124205 l.
Entwicklungsstand: Eine erste E-767T-T/KC-767 noch ohne Tankerausrüstung nahm am 16. Juli 2003 die Flugerprobung auf. Erstbesteller ist die italienische Luftwaffe mit vier + zwei Optionen; Ablieferung ab 2005. Japan beschaffte vorläufig deren vier, später ev. acht. Die zivile 767, insbesondere deren Frachtausführung wird in kleinen Stückzahlen weiterhin gebaut.
Bemerkungen: Die 767 wird zunehmend für eine Mehrzahl von militärischen Aufgaben nachgefragt und entsprechend weiterentwickelt. Im Vordergrund steht dabei der kombinierte Militärtransporter und Tanker E-767T-T bzw. KC-767, der auf der 767-200ER basiert. Er ist mit einem Flying Boom unten am Heck und zwei Betankungspods unter den Flügeln ausgerüstet. Die Kabine kann sowohl für Passagier- als auch Frachteinsätze ausgelegt werden. Vorne links am Rumpf befindet sich eine große Frachttüre. Eine weitere Ausführung ist das Radarfrühwarn- und Kommandoflugzeug E-767T/AWACS (siehe Ausgabe 1997). Die ursprünglich vorgesehene neue E-10A für sog. MC2A-Aufgaben (**M**ulti-sensor **C**ommand and Control **A**ircraft; Bodenüberwachung, Abwehr von Cruise Missiles, Einsatzleitung) wurde annulliert. Dafür prüft nun Boeing die Lancierung einer von der KC-767 abgeleiteten neuen zivilen Frachtausführung 767-200LRF. Bei Abmessungen der -200 würde sie die Cockpitauslegung der 767-400 übernehmen
Hersteller: The Boeing Company, Boeing Integrated Defense Systems, St. Louis, Missouri, Werke Everett und Wichita, USA.

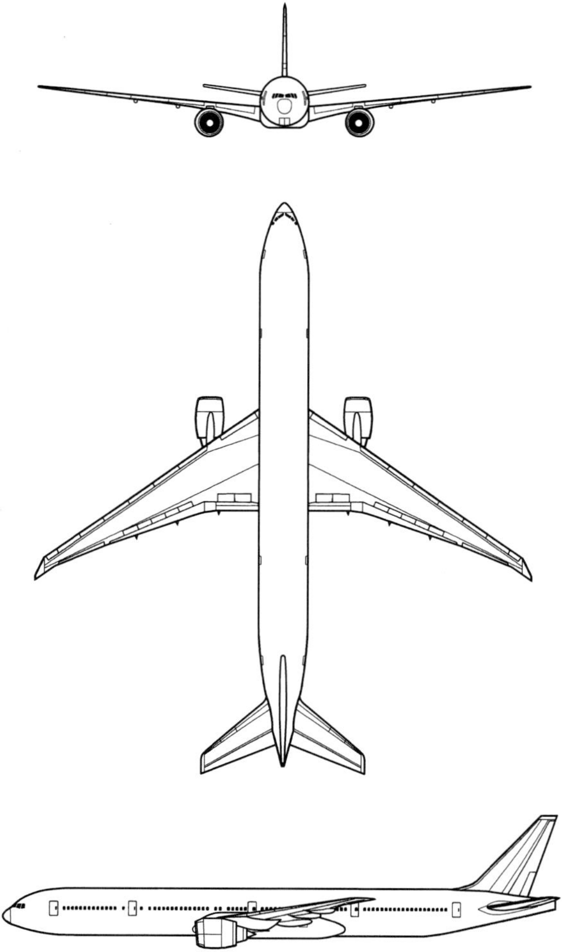

Abmessungen:
Spannweite 64,80 m
Länge (200LR/F) 63,70 m, (300/-ER) 73,90 m
Höhe 18,44 m
Flügelfläche 436,80 m²

BOEING 777-200LR/F

Ursprungsland: USA.
Kategorie: Ultra-Langstecken-Verkehrsflugzeug und Frachter.
Triebwerke: Zwei Mantelstromtriebwerke General Electric GE90-110B1 von je 49865 kp (489,0 kN) Standschub.
Leistungen: Max. Reisegeschwindigkeit 950 km/h (Mach 0,87); Langstrecken-Reisegeschwindigkeit 895 km/h (Mach 0,84); Dienstgipfelhöhe 13106 m; Reichweite mit 301 Passagieren bis zu 17445 km, als Frachter mit voller Nutzlast 9200 km.
Gewichte: Rüstgewicht 155580 kg; max. Startgewicht 322055 kg, als Option 347800 kg.
Zuladung: Zwei Piloten und in normaler Dreiklassenbestuhlung 301, max. mit Economy-Einrichtung 440 Passagiere. Max. Nutzlast (-200LR) 50850 kg, (-200F) 103900 kg.
Entwicklungsstand: Die erste 777-200LR nahm die Flugerprobung am 8. März 2005 auf. Der Frachter 777-200F soll Mitte 2008 erstmals fliegen. Von der -200LR sind bisher 44 Einheiten (+ Optionen) bestellt worden. Der Auftragsbestand aller 777-Versionen belief sich Ende 2007 auf 1030 Maschinen, darunter 60 -300, 326 -300ER (siehe Dreiseitenriss und Foto). Dazu kommen noch 87 777F Freighters, die ab 2008 zur Auslieferung gelangen. Bei einer derzeitigen Monatsproduktion von drei 777 sind bis Ende 2007 rund 680 Einheiten gebaut worden.
Bemerkungen: Die für Ultra-Langstrecken von Boeing konzipierte 777-200LR ist derzeit das Verkehrsflugzeug mit der längsten Reichweitenleistung. Dazu wurden gegenüber der -200ER mehrere Veränderungen vorgenommen: Leistungsstärkere Triebwerke, Verstärkungen an Rumpf, Tragflächen und Heck, zurückgepfeilte Flügelspitzen sowie vergrößerte Treibstoffkapazität durch Zusatztanks in den Flügeln und im Frachtraum. Als Option ist ein Schlafraum für bis zu 40 Personen im Frachtraum und einer für die Besatzung oberhalb des Passagierraumes erhältlich. Neu wird auch eine auf der -200LR basierende Frachtervariante -200F mit seitlicher Frachttüre angeboten. Schließlich prüft Boeing die Lancierung einer gegenüber der -300 nochmals verlängerten Version -400ER.
Hersteller: The Boeing Company, Commercial Airplane Group, Seattle, Werk Everett, Washington, USA.

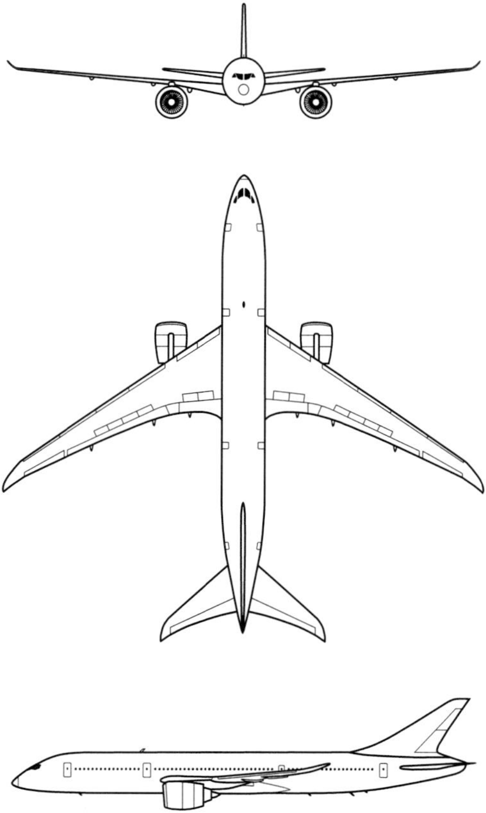

Abmessungen:
Spannweite (787-8) 58,80 m, (787-3) 51,60 m, (787-9) 59,00 m
Länge (787-8/-3) 57,00 m, (787-9) 62,00 m, (787-10X) 68,00 m
Höhe 16,50 m

BOEING 787 DREAMLINER

Ursprungsland: USA.
Kategorie: Kurz- bis Langstrecken-Verkehrsflugzeug.
Triebwerke: Zwei Mantelstromtriebwerke General Electric GEnx oder Rolls-Royce Trent 1000 von je zwischen 25000 kp und 32000 kp (244 bis 311 kN) Leistung.
Leistungen (vorläufige Angaben): Reisegeschwindigkeit Mach 0,85; Reiseflughöhe 13000 m; Reichweite bei voller Zuladung (787-8/-3) 11000/2200 km, max. Reichweite (787-8) 13000 km, (787-3) 6500 km, (787-9) 15400 km.
Gewichte: Max. Startgewicht (787-8) 217700 kg, (787-3) 163500 kg, (787-9) 226800 kg.
Zuladung: Zwei Mann Cockpitbesatzung und (787-8/-3) in Zweiklassenbestuhlung 217/289 Passagiere, bei Einheitsklasse 230/300 Passagiere, (787-9) in Dreiklassenbestuhlung 257 Passagiere.
Entwicklungsstand: Der Prototyp, eine 787-8, verließ am 8. Juli 2007 die Montagehalle. Aufgrund technischer Schwierigkeiten verzögert sich der Erstflug aber auf Mitte 2008. Im ersten Semester 2009 will Boeing mit den Ablieferungen beginnen. Ende 2007 sind Aufträge für 738 Einheiten von 51 Gesellschaften eingegangen.
Bemerkungen: Mit der Familie 787 Dreamliner lanciert Boeing eine neue Generation von Verkehrsflugzeugen. Zwei Neuerungen sind dabei zentral: Der erhöhte Passagierkomfort und die Wirtschaftlichkeit. So will man den Passagierraum besonders attraktiv gestalten. Nebst bequemen Stühlen mit mehr Sitzabstand fallen die großen Fenster auf. Durch ein Bündel von Maßnahmen, vor allem aber durch zukunftsweisende Technologien, sollen bezüglich Wirtschaftlichkeit und Ökologie neue Bestwerte erreicht werden. Erstmals stellt man bei einem so großen Flugzeug den Rumpf vollständig aus Verbundwerkstoffen her. Der große Querschnitt kommt nicht nur den Passagieren zu gute, die 787 kann im Vergleich zu heutigen Verkehrsflugzeugen auch deutlich mehr Paletten im Frachtraum mitführen. Von den neuen Triebwerken verlangt Boeing vor allem hohen Wirkungsgrad, einfache Wartung und geringen Lärm. Bei einer typischen Auslastung soll der Treibstoffverbrauch pro Person, gemessen an der zurückgelegten Distanz, drei Mal geringer als bei einem Personenwagen sein. Vorerst sind vorgesehen: Die Basisausführung 787-8, danach die Kurzstreckenversion 787-3. Mittelfristig folgen die verlängerte 787-9, ev. eine 787-10X.
Hersteller: The Boeing Company, Commercial Airplane Group, Seattle/Chicago, Werk Everett, Washington, USA.

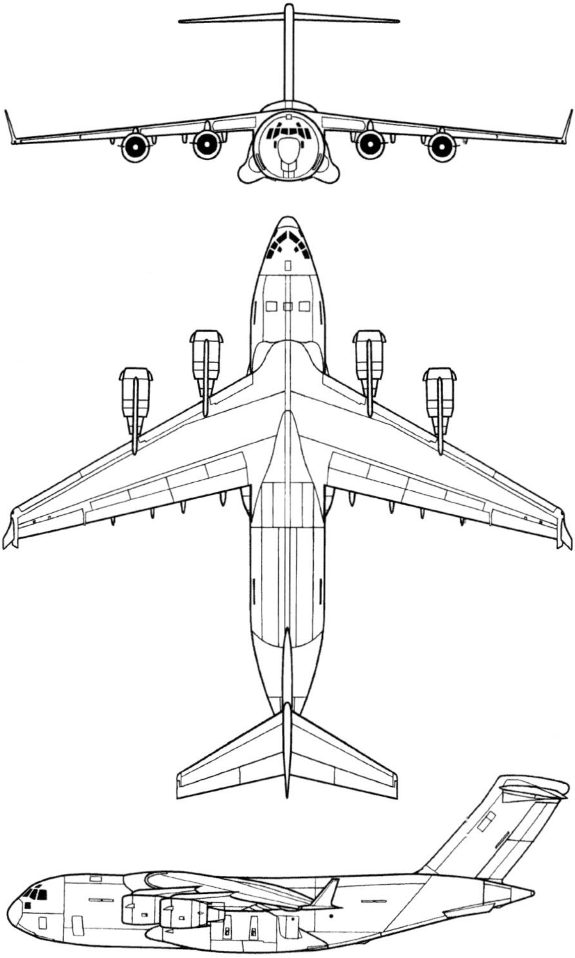

Abmessungen:
Spannweite 50,29 m
Länge 53,04 m
Höhe 16,79 m
Flügelfläche 353 m²

BOEING (MDD) C-17A GLOBEMASTER III

Ursprungsland: USA.
Kategorie: Schwerer Militärfrachter.
Triebwerke: Vier Mantelstromtriebwerke Pratt & Whitney F117-PW-100 von je 18914 kp (185,5 kN) Standschub.
Leistungen: Max. Reisegeschwindigkeit 818 km/h auf 10975 m (Mach 0,77), 650 km/h in niedriger Höhe; Dienstgipfelhöhe 13700 m; Reichweite mit 75000 kg Nutzlast 5100 km; Überführungsreichweite 11575 km.
Gewichte: Rüstgewicht 122016 kg; max. Startgewicht 263083 kg.
Zuladung: Zwei Piloten und zwei Lademeister. Im 26,82 m langen, 5,49 m breiten und 4,11 m hohen Frachtraum können Nutzlasten bis zu 75750 kg mitgeführt werden. Typische Lasten: Drei Kampfhubschrauber AH-64 oder ein voll ausgerüsteter Kampfpanzer M-1 Abrams, bis zu 102 Fallschirmspringer. Einzellasten von 27215 kg oder mehrere Paletten von max. 49895 kg können im Flug abgeworfen werden.
Entwicklungsstand: Der Prototyp flog erstmals am 15. September 1991; erste Ablieferungen an die USAF im Juni 1993. Die USAF beschafft insgesamt 190 Einheiten (davon rund 175 gebaut), die bis 2009 abzuliefern sind. Die RAF erhielt 2001 vier geleaste C-17 und erwirbt nun zwei weitere. Neue Besteller: Australien 4, Europa bis zu 4, Kanada 4.
Bemerkungen: Das Besondere an der C-17A ist die Fähigkeit, schwere Lasten auf strategischen Distanzen direkt in die Nahkampfzone fliegen zu können. Für diese Aufgabe wurde sie sehr robust ausgelegt und ist beispielsweise in der Lage, Lande- und Startbahnen mit einer Länge von nur 915 m zu benützen. Das superkritische Tragwerk mit einer Pfeilung von 250 ist mit Winglets und einem angeblasenen Klappensystem ausgerüstet. Das stabile Fahrwerk erlaubt ein Manövrieren mit eigener Kraft am Boden. Seit 2001 erhalten alle C-17 einen Zusatztank von 39000 l im Flügelkasten. Damit erhöht sich die Reichweite bei einer Nutzlast von 18145 kg von 8150 auf 9815 km. Boeing prüft derzeit die Lancierung einer Version C-17B u.a. mit stärkeren Triebwerken, überarbeiteten Klappen und mit zusätzlichem zentralen Fahrwerk zur Verbesserung der Start- und Landefähigkeit auf unvorbereiteten Pisten.
Hersteller: The Boeing Company, Defence & Space Group, Seattle, Washington, Werk Long Beach, Kalifornien, USA.

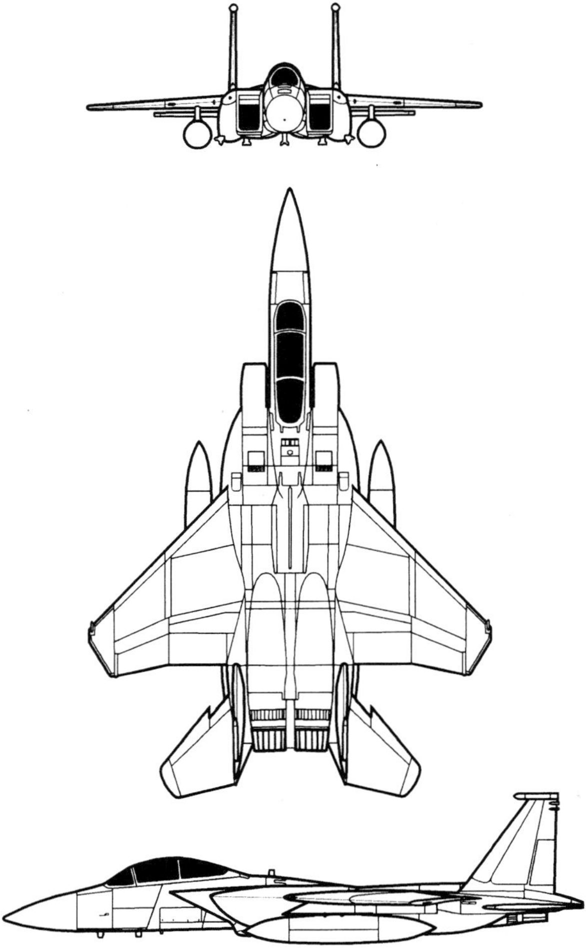

Abmessungen:
Spannweite 13,05 m
Länge 19,45 m
Höhe 5,65 m
Flügelfläche 56,50 m²

BOEING (MDD) F-15E/K/T EAGLE

Ursprungsland: USA.
Kategorie: Zweisitziger Luftüberlegenheitsjäger und Erdkämpfer.
Triebwerke: Zwei Mantelstromtriebwerke (F-15E) Pratt & Whitney F100-PW-229 bzw. (F-15K) General Electric F-110-GE-129 von je 8073 kp (79,20 kN) Standschub ohne und 13200 kp (129,40 kN) mit Nachbrenner.
Leistungen: Kurzzeitig erreichbare Spitzengeschwindigkeit 2698 km/h oder Mach 2,54 auf 12190 m; länger dauernde Höchstgeschwindigkeit 2443 km/h oder Mach 2,4 auf 12190 m; Dienstgipfelhöhe 18300 m; max. Aktionsradius 1270 km; Überführungsreichweite mit Zusatztanks 4445 km.
Gewichte: Rüstgewicht 14379 kg; max. Startgewicht 36741 kg.
Bewaffnung: Eine sechsläufige 20-mm-Revolverkanone M61A1 und bis zu 11113 kg Außenlasten (Erdkampf) bzw. je vier Luft-Luft-Lenkwaffen AIM-7F Sparrow und AIM-9L Sidewinder oder bis zu acht AIM-120 (Luftüberlegenheitseinsatz).
Entwicklungsstand: Die erste F-15E begann mit den Testflügen am 11. Dezember 1986. Ablieferungen in einer Stückzahl von 245 an die USAF ab 1988. Der F-15E ähnliche Ausführungen bestellten Israel 25 F-15I und Saudi Arabien 99 F-15S (Beschreibung siehe Ausgabe 2002). Seit 2005 erhält Südkorea 40 F-15K. Allenfalls werden weitere 40 nachbestellt. Neuester Auftrag: Singapur neu 24 (bisher 12) F-15T. Von allen F-15-Versionen sind insgesamt über 1500 Einheiten gebaut worden.
Bemerkungen: Die Ausführung F-15K für Südkorea unterscheidet sich vom Ausgangsmuster F-15E u.a. durch neue Triebwerke, neues Cockpit, verbesserte Sensoren und Avionik. Das ebenfalls neue APG-63V1 oder V-2-Radar erlaubt, bewegte Ziele auf dem Land wie auch im Meer zu verfolgen. Die Ablieferungen begannen 2005. Neu wird die auf der F-15K basierende Variante F-15T gebaut, die mit einer neuen Version des AESA-APG-63-Radars ausgerüstet sein wird.
Hersteller: The Boeing Company, Defence & Space Group, Seattle, Washington, Werk St. Louis, Missouri, USA.

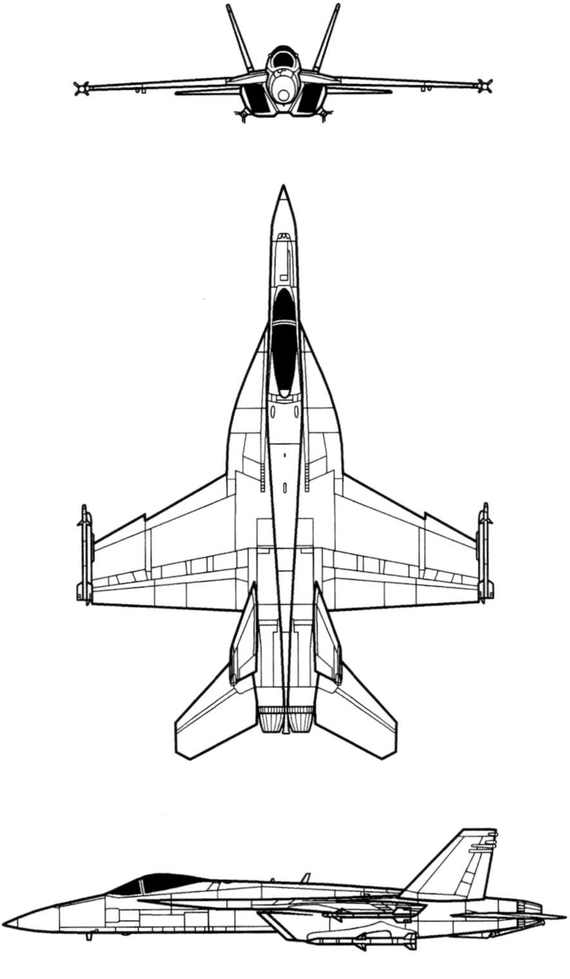

Abmessungen:
Spannweite 13,70 m
Länge 18,40 m
Höhe 4,88 m
Flügelfläche 46,45 m²

BOEING (MDD) F/A-18E/F SUPER HORNET

Ursprungsland: USA.
Kategorie: Einsitziges und zweisitziges bord- und landgestütztes Mehrzweckkampfflugzeug.
Triebwerke: Zwei Mantelstromtriebwerke General Electric F414-GE-400 von je 6470 kp (63,4 kN) Standschub ohne und 9978 kp (97,86 kN) mit Nachverbrennung.
Leistungen: Höchstgeschwindigkeit auf optimaler Höhe Mach 1,8 +; Dienstgipfelhöhe 15240 m; Radius als Abfangjäger mit je zwei Luft-Luft-Lenkwaffen Sidewinder und AMRAAM 760 km, bei Tiefangriffseinsätzen mit vier 450-kg-Bomben, zwei Sidewinders und zwei 1818-l-Außentanks (hoch-tief-tief-hoch) 722 km.
Gewichte: Leergewicht 13876 kg; norm. Startgewicht 23541 kg, max. 29964 kg.
Bewaffnung: Eine 20-mm-Revolverkanone M61A2 und eine Waffenlast verschiedenster Auslegung von 8050 kg.
Entwicklungsstand: Der erste von sieben Prototypen flog erstmals am 29. November 1995. Die USN hat 482 F/A-18E/F bestellt. Rund 340 davon waren Ende 2007 der USN übergeben. Eine Nachbeschaffung wird derzeit in Erwägung gezogen. Neu erhält Australien ab 2010 24 F/A-18F Block II Super Hornets.
Bemerkungen: Die F/A-18E/F Super Hornet ist eine leistungsfähigere Weiterentwicklung der F/A-18C/D Hornet. Die Hauptflügel sind größer, der Rumpf wurde um eine zusätzliche Sektion von 86 cm verlängert. Rund ein Drittel der Zelle besteht aus Verbundwerkstoffen, vorwiegend Karbonfaser. Die Triebwerkeinläufe sind rechteckig gestaltet. Gegenüber dem Ausgangsmuster ist die Super Hornet um rund 25 % größer. Im Übrigen sind alle Konturen möglichst reflektionsarm ausgelegt, um die Radarsignatur klein zu gestalten. Dank um rund 35 % stärkeren Triebwerken und einer um einen Drittel erhöhten Treibstoffkapazität resultieren in allen Bereichen wesentlich bessere Flugleistungen und insbesondere eine deutlich erhöhte Reichweite. Alle ab 2005 gebauten Super Hornets erhalten in einer neu konfigurierten Rumpfnase das wesentlich leistungsfähigere Radar vom Typ APG-79 AESA. Insgesamt 413 Maschinen sollen dieses Radar erhalten.
Hersteller: The Boeing Company, Defence & Space Group, Seattle, Washington, Werk St. Louis, Missouri, USA.

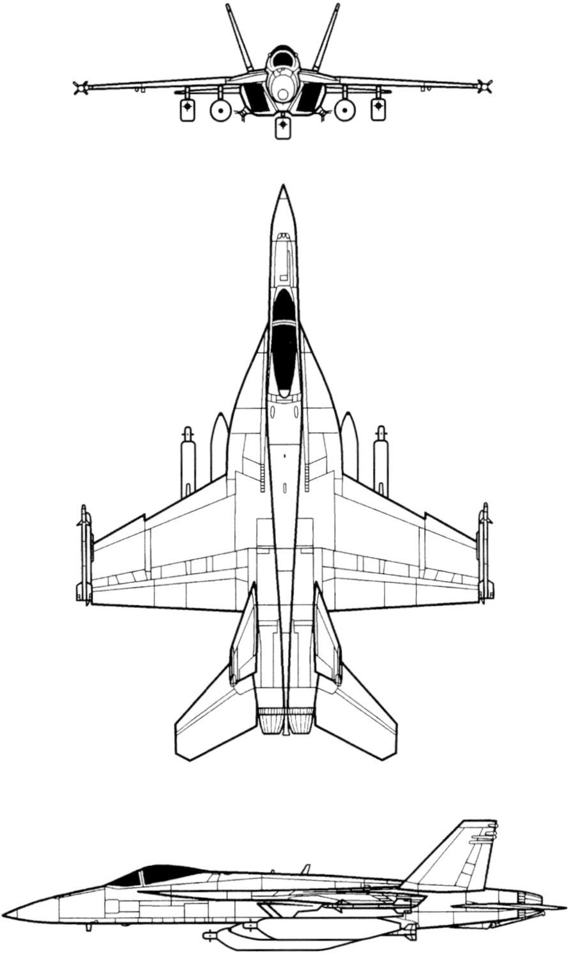

Abmessungen:
Spannweite 13,70 m
Länge 18,40 m
Höhe 4,88 m
Flügelfläche 46,45 m²

BOEING (MDD) EA-18G Growler

Ursprungsland: USA.
Kategorie: Zweisitziges bord- und landgestütztes Elektronikkampfflugzeug.
Triebwerke: Zwei Mantelstromtriebwerke General Electric F414-GE-400 von je 6470 kp (63,4 kN) Standschub ohne und 9978 kp (97,86 kN) mit Nachverbrennung.
Leistungen: Höchstgeschwindigkeit auf optimaler Höhe Mach 1,8 +; Dienstgipfelhöhe 15240 m; Radius als Abfangjäger mit je zwei Luft-Luft-Lenkwaffen Sidewinder und AMRAAM 760 km, bei Tiefangriffseinsätzen mit vier 450-kg-Bomben, zwei Sidewinders und zwei 1818-l-Außentanks (hoch-tief-tief-hoch) 722 km.
Gewichte: Leergewicht 13876 kg; max. Startgewicht 29964 kg.
Bewaffnung: Eine 20-mm-Revolverkanone M61A2 und an insgesamt neun Aufhängepunkten unter den Flügeln und unter dem Rumpf bis zu fünf ALQ-99/-218/-227-Störbehälter, Zusatztanks oder AGM-88-HARM-Radarabwehr-Lenkwaffen.
Entwicklungsstand: Der erste von zwei Prototypen der EA-18G nahm die Flugerprobung am 16. August 2006 auf, gefolgt vom ersten Serienflugzeug im September 2007. Die USN beschafft rund 90 Einheiten. Insgesamt werden ab 2009 10 Staffeln gebildet.
Bemerkungen: Die EA-18G basiert auf der zweisitzigen Variante der F/A-18F (siehe Seiten 82/83). Ihre Hauptaufgabe ist die Bekämpfung insbesondere mit elektronischen Störmitteln von Radar-/Flabanlagen und anderen Verteidungseinrichtungen in einem modernen Kampfumfeld (sog. SEAD-Kapazität, Suppression of Enemy Air Defence). Die ersten Maschinen des sog. Blocks I werden mit folgenden Behältern ausgerüstet: Empfänger-System ALQ-218(V2), ALQ-227 zur Bekämpfung der Kommunikations-Einrichtungen sowie Störsystem im Nieder- und Hochfrequenzbereich ALQ-99. Im Übrigen behält die EA-18G die gleiche Einsatz- und Waffenkapazität wie die E/A-18F bei. Spätere Beschaffungsblocks erhalten weiter entwickelte Systeme, so u.a. eines zur Egalisierung gegnerischer Gegenmaßnahmen, so dass die Freund-Feind-Erkennung und die Kommunikation jederzeit in der Angriffsphase aufrechterhalten bleiben kann.
Hersteller: The Boeing Company, Defence & Space Group, Seattle, Washington, Werk St. Louis, Missouri, USA.

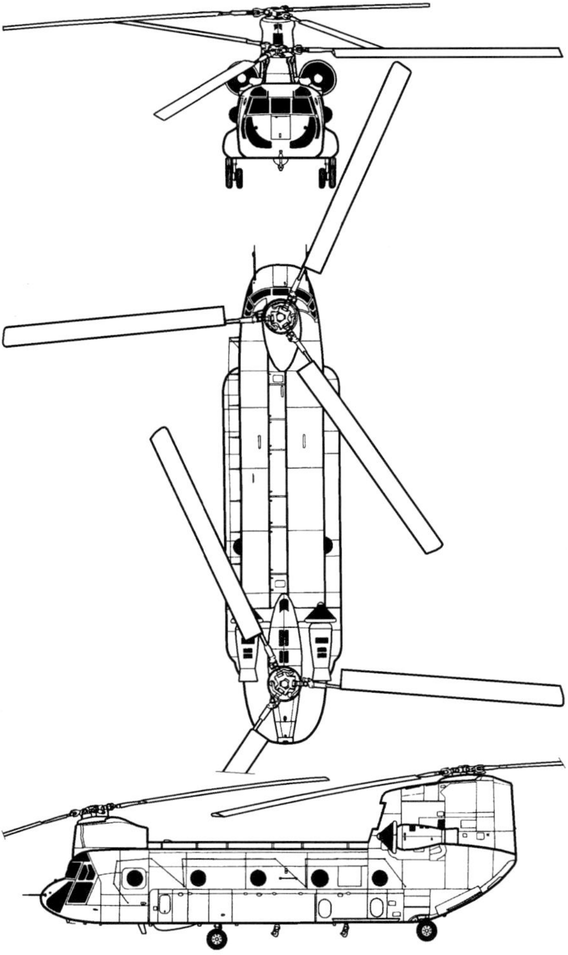

Abmessungen:
Durchmesser jedes der beiden Rotoren 18,29 m
Rumpflänge ohne Betankungsrohr 15,84 m
Rumpfhöhe ohne Rotor 5,20 m

BOEING CH-47SD/F CHINOOK

Ursprungsland: USA.
Kategorie: Schwerer Transporthubschrauber.
Triebwerke: Zwei Gasturbinen AlliedSignal T55-714A von je 4733 WPS (3529 kW) Leistung.
Leistungen: Höchstgeschwindigkeit 298 km/h auf Meereshöhe; Durchschnittsgeschwindigkeit 245 km/h; max. Schrägsteiggeschwindigkeit 9,38 m/Sek; Schwebehöhe mit Bodeneffekt 1837 m, ohne Bodeneffekt 1675 m; max. Flughöhe 6090 m; max. Einsatzradius 600 km.
Gewichte: Leer 11550 kg; max. Startgewicht 22688 kg.
Zuladung: Zwei Piloten und 45 Personen; als Ambulanzhubschrauber 24 Patienten plus zwei Sanitäter. Max. 12700 kg Außenlasten.
Entwicklungsstand: Der Erstflug der neuesten Ausführung CH-47SD fand am 25. August 1999 statt. Die erste CH-47F Chinook wurde im Mai 2004 der US Army übergeben, gefolgt vom ersten Serienhubschrauber im Juli 2006. 452 CH-47F (55 neue, 397 Umbauten von CH-47D) werden in jährlichen Tranchen von 24 beschafft. Neueste Besteller dieser Ausführung: Kanada 16, Niederlande sechs. 61 Einheiten einer der CH-47F angeglichenen Version MH-47G bezieht die US Special Operations der US Army durch Umbauten von bisherigen CH-47D/MH-47D/E.
Bemerkungen: Die CH-47SD (= »Super« D) ist eine wesentlich weiterentwickelte Ausführung. Das Äquivalent der US Army heißt CH-47F und flog erstmals am 25. Juni 2001. Die wichtigsten Neuerungen sind: Stark verbesserte Avioniksysteme mit einem MIL-STD-1553-Databus und ein voll integriertes Glascockpit, welches für NVG-Einsätze geeignet ist. Die Triebwerke erzeugen eine um rund 22 % höhere Leistung. Zudem werden größere Treibstofftanks eingebaut. Zur Erhöhung der Lebensdauer und zur Senkung des Vibrationspegels ist die Zelle verstärkt und versteift. Schließlich gelangen neue Elastomerlager an den Rotorköpfen zur Anwendung. Damit steigt die Zuverlässigkeit und sinkt der Wartungsaufwand. Boeing prüft bereits eine neue Variante mit neuem, breiterem Rumpf, stärkeren Triebwerken und nochmals erhöhter Nutzlast.
Hersteller: The Boeing Company, Helicopters Division, Philadelphia, Pennsylvania, USA.

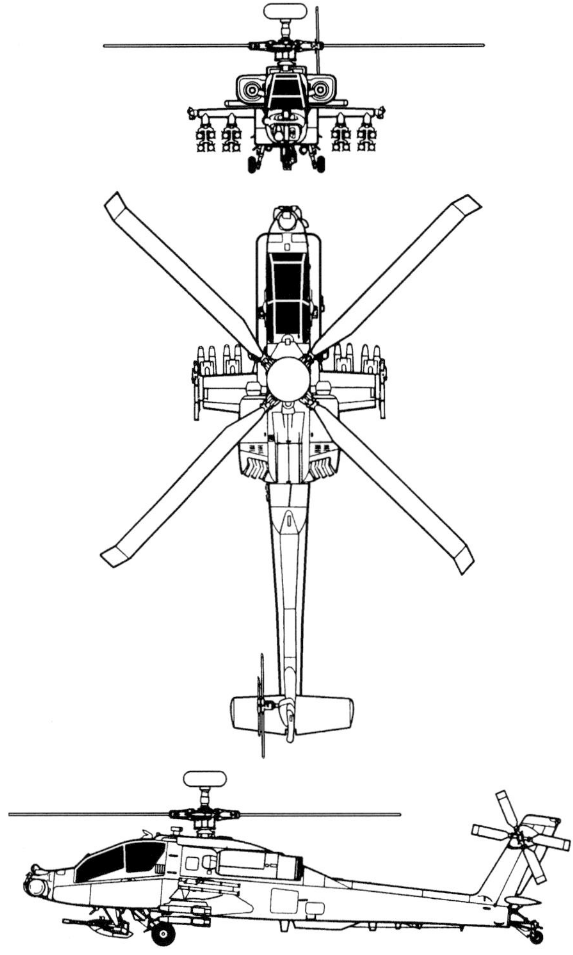

Abmessungen:
Rotordurchmesser 14,63 m
Rumpflänge 14,70 m
Höhe inkl. Mastvisier 4,90 m

BOEING (MDD) AH-64D LONGBOW APACHE

Ursprungsland: USA.
Kategorie: Zweisitziger Kampf- und Aufklärungshubschrauber.
Triebwerke: Zwei Gasturbinen General Electric T700-GE-701C von je 1890 WPS (1409 kW) Leistung.
Leistungen (bei 6552 kg): Höchstgeschwindigkeit 296 km/h; typische Einsatzgeschwindigkeit bei 7158 kg 272 km/h; max. Schrägsteiggeschwindigkeit 12,7 m/Sek; Schwebehöhe mit Bodeneffekt 5246 m, ohne Bodeneffekt 4124 m; Aktionsradius mit max. interner Treibstoffzuladung 407 km, Überführungsreichweite 1701 km.
Gewichte: Leergewicht 5352 kg; max. Startgewicht 9525 kg.
Bewaffnung: Eine einläufige 30-mm-Kanone unter dem Vorderrumpf sowie bis zu 16 lasergelenkte Hellfire-Panzerabwehrraketen oder 76 ungelenkte 70-mm-Raketen. Als Defensivbewaffnung können Luft-Luft-Lenkwaffen wie Stinger, Sidewinder oder Mistral mitgeführt werden.
Entwicklungsstand: Der erste AH-64D Longbow Apache startete am 15. April 1992 zum Erstflug. Aktuellen Plänen zufolgte bringt die US Army nun 717 AH-64A auf diesen Standard und kauft 123 neue AH-64D. Die ersten Einheiten sind seit Mitte 1998 im Einsatz. Von allen AH-64-Varianten sind derzeit ca. 1100 von 12 Luftwaffen bestellt (ca. 700 der Variante AH-64D). In Japan werden nun nur noch 13 der geplanten 60 AH-64D für die Armee in Lizenz hergestellt.
Bemerkungen: Die AH-64D verfügt zusätzlich über ein Mastvisier (Longbow millimetre-wave = Millimeterwellenradar) zur Rundumgefechtsfeldbeobachtung. Sie ist in der Lage, mehr als ein Dutzend Ziele gleichzeitig zu entdecken. Zur Verarbeitung der anfallenden Daten ist ein stärkerer MIL-Std-1553B-Databus eingebaut. Die AH-64D ist zudem mit leistungsfähigeren Triebwerken ausgerüstet und kann die neuesten radiogesteuerten Hellfire-Lenkwaffen mitführen. Ab 2003 werden neue Umbauten mit faltbaren Rotoren ausgerüstet. Eine weitere Umrüstung erfolgt seit 2006 mit einem neuen Infrarot-Navigations- und Zielsystem Arrowhead. In den nächsten Jahren erhalten die AH-64D weitere Verbesserungen in Etappen zum sog. Block III-Niveau. Diese sollen nebst verbesserten Flugleistungen vor allem die Überlebensfähigkeit erhöhen.
Hersteller: The Boeing Company, Helicopters Division, Philadelphia, Pennsylvania, Werk Mesa, Arizona, USA.

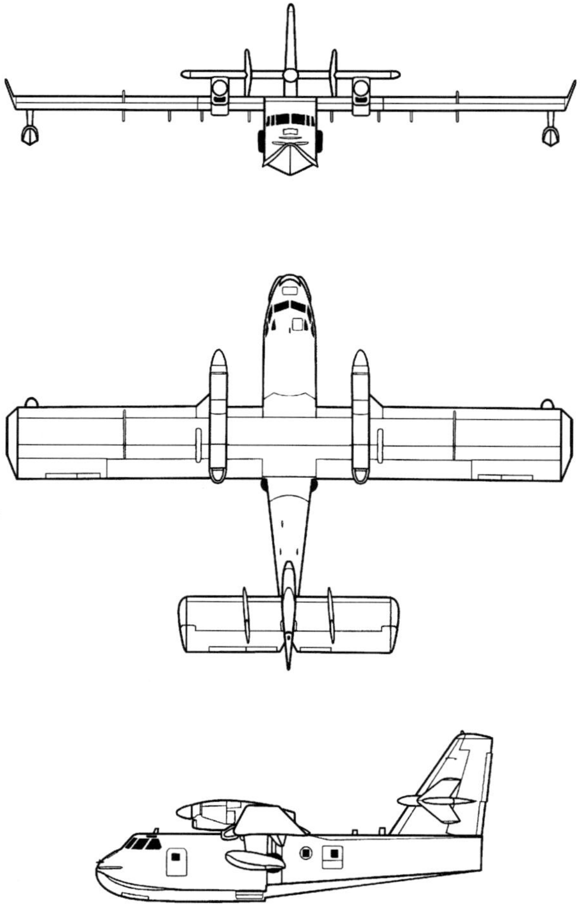

Abmessungen:
Spannweite 28,60 m
Länge 19,82 m
Höhe (an Land) 8,98 m
Flügelfläche 100,33 m²

BOMBARDIER (CANADAIR) 415 MR

Ursprungsland: Kanada.
Kategorie: Mehrzweck-Amphibium und Feuerlöscher.
Triebwerke: Zwei Propellerturbinen Pratt & Whitney Canada PW123AF von je 2380 WPS (1775 kW) Leistung.
Leistungen: Max. Reisegeschwindigkeit bei 14741 kg 375 km/h auf 1525 m; normale Reisegeschwindigkeit 287 km/h; Patrouillengeschwindigkeit bei 15876 kg 204 km/h auf Meereshöhe; Anfangssteiggeschwindigkeit bei 20865 kg 7,0 m/Sek; Überführungsreichweite 2427 km.
Gewichte: Rüstgewicht für Mehrzweckaufgaben 11789 kg, als Wasserbomber 12043 kg; max. Startgewicht an Land 19800 kg, im Wasser 17100 kg; max. Fluggewicht nach Wasseraufnahme 21000 kg.
Zuladung: Zwei Mann Besatzung und als Transporter 32 bis 35 Passagiere. Maximale Nutzlast von 4790 kg in Mehrzweckkonfiguration, 6123 kg als Wasserbomber. Für Marine-Patrouillenaufgaben bestehen zwei weitere Stationen für Flugingenieur/Navigator und für zwei Beobachter.
Entwicklungsstand: Der Erstflug der ersten 415 mr fand im März 2002 statt. Griechenland hat bisher als einziger Kunde zwei ihrer 10 bestellten Maschinen in dieser Ausführung beschafft. Die Einsatzbereitschaft begann 2003. Von der 415 bzw. 415 mr sind bestellt und zum größten Teil abgeliefert worden: Sécurité Civile 12, Griechenland 10 415 GR, Provinz von Quebec 8, Ontario 9, Sorem Italien 16, Kroatien 6 (davon 2 neu bestellt), Spanien 1. Die Produktion wurde 2001 eingestellt, 2006 aber wieder aufgenommen, um weitere 40 bis 50 Einheiten zu bauen.
Bemerkungen: Die neueste Variante 415 mr (= multi role) ist nebst den Löscheinsätzen auch für allgemeine Seeüberwachungsaufgaben, Such- und Rettungseinsätze und Küstenschutz vorgesehen. Gegenüber der 415 unterscheidet sie sich u.a. durch ein in der Nase montiertes Radar Primus 660. Zudem sind auf beiden Seiten des Rumpfes seitwärts gerichtete Radarantennen von Ericsson angebracht. Schließlich weist das Rumpfheck ein Infrarot-System SeaFLIR auf.
Hersteller: Bombardier (Canadair), Station Centreville, Montreal, Quebec, Kanada.

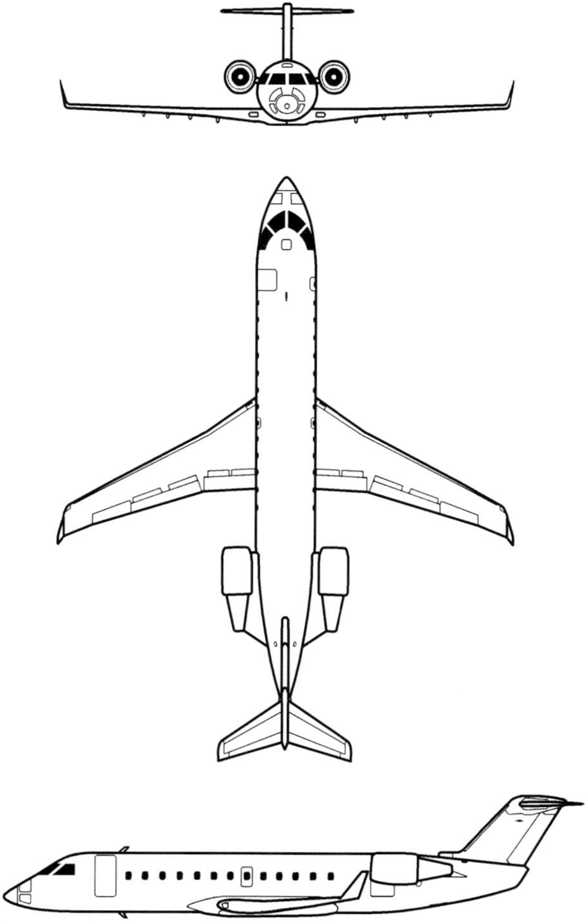

Abmessungen:
Spannweite 21,22 m
Länge 26,77 m
Höhe 6,22 m
Flügelfläche 54,54 m²

BOMBARDIER Challenger 850

Ursprungsland: Kanada.
Kategorie: Firmenflugzeug bzw. Corporate Shuttle.
Triebwerke: Zwei Mantelstromtriebwerke General Electric CF34-3B1 von je 3959 kp (38,83 kN) Standschub oder 4182 kp (41,0 kN) inkl. automatischem Reserveschub.
Leistungen: Max. Reisegeschwindigkeit 851 km/h auf 10975 m oder Mach 0,8; Langstrecken-Reisegeschwindigkeit 786 km/h auf 10975 m oder Mach 0,74; Anfangssteiggeschwindigkeit 17,8 m/Sek; Steigzeit auf 10670 m 23 Min; Dienstgipfelhöhe 12497 m; Reichweite mit acht Passagieren 5400 km bzw. mit fünf 5636 km.
Gewichte: Rüstgewicht 15498 kg; max. Startgewicht 24040 kg.
Zuladung: Zwei Piloten und je nach Innenausstattung 15 oder mehr Passagiere in der De-Luxe-Ausführung Corporate, als Corporate-Shuttle bis zu 50 Personen. Nutzlast bei max. Reichweite 353 kg, max. jedoch bis zu 4460 kg.
Entwicklungsstand: Nachdem von der Ursprungsausführung RJ100/200/440 etwas über 1000 Einheiten produziert wurden, wechselte Bombardier auf die Corporate Shuttle-Ausführung Challenger 850. Bis Ende 2007 sind über 20 Maschinen hergestellt worden.
Bemerkungen: Die Challenger 850 ist eine Weiterentwicklung des Regional Jets (siehe Ausgabe 2005) und richtet sich vor allem an große Unternehmen, welche regelmäßig eine größere Anzahl von Mitarbeitern auf dem Luftwege von einem Werk zum anderen verschieben müssen. Diese als Challenger 850 Corporate Shuttle bezeichnete Ausführung wurde 2005 lanciert und ist aus technischer Sicht mit der Ursprungsausführung weitgehend gleich. Wesentliche Unterschiede finden sich in der Kabinenausstattung wie z.B. erweiterte Fluginformationsanlage, div. Monitore, Video-, CD/DVD- und Telefonsysteme. Das Cockpit ist mit dem Avionik-System Rockwell Collins Pro Line 4 ausgerüstet, welches u.a. sechs Multifunktionsbildschirme aufweist. Bombardier bietet auch eine reine Geschäftsreiseversion 850 für transkontinentale Einsätze an.
Hersteller: Bombardier Aerospace, Station Centreville, Montreal, Quebec, Werk Montreal-Dorval, Quebec, Kanada.

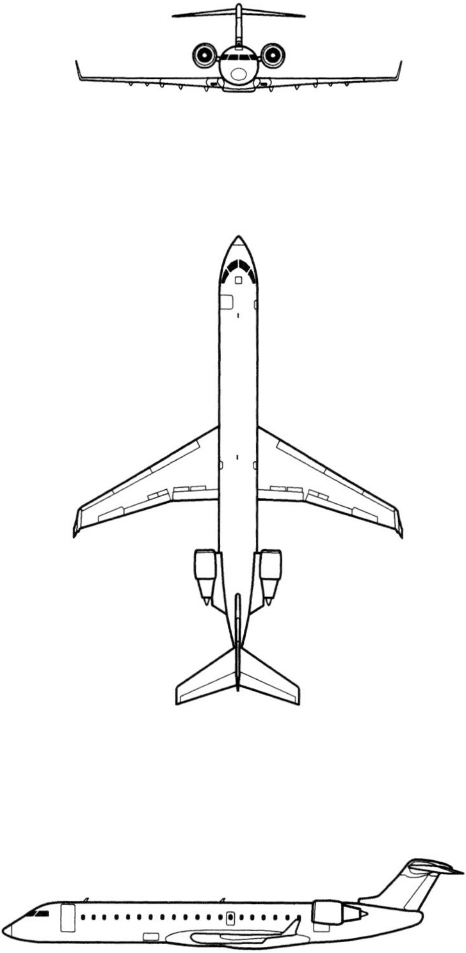

Abmessungen:
Spannweite (CRJ700-701) 23,24 m, (CRJ700-705) 24,85 m
Länge (CRJ700-701) 32,51 m, (CRJ-700-705) 36,40 m
Höhe (CRJ700-701) 7,57 m, (CRJ700-705) 7,51 m
Flügelfläche 68,63 m^2

BOMBARDIER REGIONAL JET CRJ700 NEXTGEN

Ursprungsland: Kanada.
Kategorie: Regionalverkehrsflugzeug.
Triebwerke: Zwei Mantelstromtriebwerke General Electric CF34-8C5 von je 5760 kp (56,40 kN) Standschub (Startleistung).
Leistungen: Max. Reisegeschwindigkeit 876 km/h (Mach 0,81); normale Reisegeschwindigkeit 829 km/h (Mach 0,77); Dienstgipfelhöhe 12500 m; Reichweite (701) 3052 km, (701 ER) 3606 km, (701 LR) 4048 km, (705) 3785 km.
Gewichte: Rüstgewicht (701) 19731 kg, (705) 21432 kg; max. Startgewicht (701) 32995 kg, (701 ER) 34019 kg, (701 LR) 34926 kg, (705) 36515 kg.
Zuladung: Zwei Piloten und (701) 64 bis 70 Passagiere, (705) 75 Passagiere in Viererreihen; max. Nutzlast 8527 kg.
Entwicklungsstand: Die Flugerprobung begann am 27. Mai 1999, gefolgt von den ersten Auslieferungen im 1. Quartal 2001. Bis Ende 2007 sind 304 Einheiten bestellt und 272 gebaut worden, dies bei einer monatlichen Produktionsrate von derzeit rund sechs CRJ700/900. Von der ganzen Familie CRJ, begonnen mit der 100 bis hin zur 1000, sind mittlerweile 1623 Einheiten bestellt (+ Optionen). Rund 1460 davon wurden abgeliefert.
Bemerkungen: Die CRJ700 ist eine konsequente Weiterentwicklung der CRJ200 (siehe Ausgabe 2005). Vier Ausführungen werden angeboten: Die Normalausführung CRJ700 Series 701, die schwerere CRJ700 Series 701 ER mit größeren Reichweitenleistungen und die CRJ700 Series 701 LR mit nochmals mehr Reichweite. Schließlich gibt es noch die CRJ700 Serie 705 mit dem längeren Rumpf der CRJ900. Alle ab Mitte 2003 gebauten CRJ700 erhalten den Flügel der größeren CRJ900 (siehe Seiten 96/97). Zudem erfährt die Avionik ein Aufdatierungsprogramm. Ab 2008 ist nur noch die Ausführung NextGen erhältlich. Es werden in der Struktur mehr Verbundwerkstoffe eingesetzt, die Inneneinrichtung ist völlig neu.
Hersteller: Bombardier, Montreal, Quebec, Werk Montreal-Mirabel, Quebec, Kanada.

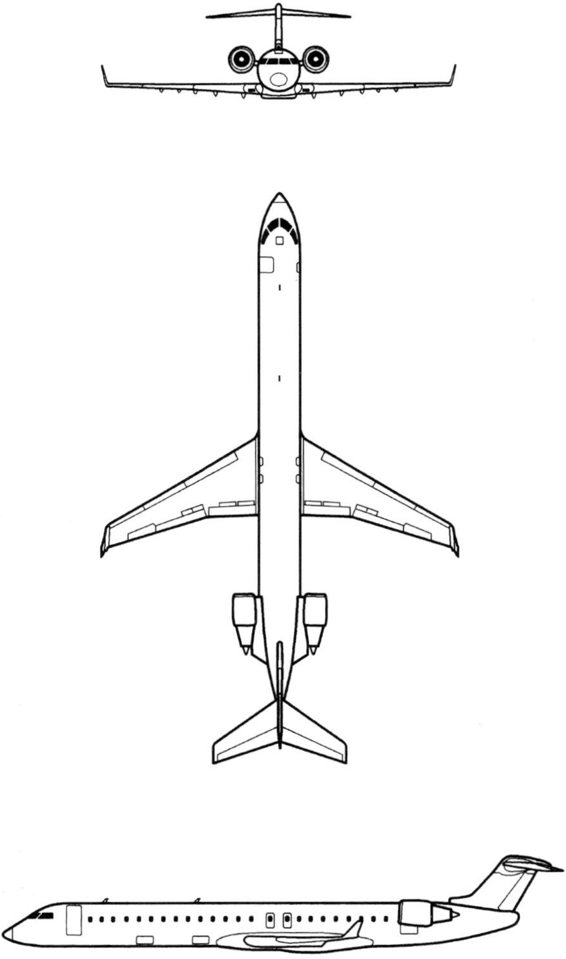

Abmessungen:
Spannweite 24,85 m
Länge 36,40 m
Höhe 7,51 m
Flügelfläche 70,61 m²

BOMBARDIER REGIONAL JET CRJ900 NEXTGEN

Ursprungsland: Kanada.
Kategorie: Regionalverkehrsflugzeug.
Triebwerke: Zwei Mantelstromtriebwerke General Electric CF34-8C5 von je 5945 kp (58,40 kN) Standschub.
Leistungen: Max. Reisegeschwindigkeit 881 km/h (Mach 0,83); normale Reisegeschwindigkeit 850 km/h (Mach 0,80); Dienstgipfelhöhe 12496 m; Reichweite mit 86 Passagieren 2950 km, (LR) 3385 km.
Gewichte: Rüstgewicht 21432 kg; max. Startgewicht (900) 36514 kg, (ER) 37421 kg (LR) 38329 kg.
Zuladung: Zwei Piloten und bis zu 86 Passagiere in Viererreihen; max. Nutzlast (ER) 10319 kg, (LR) 10591 kg.
Entwicklungsstand: Das erste Erprobungsmuster (Umbau des CRJ700-Prototyps) flog erstmals am 21. Februar 2001. Ein zweiter, völlig neu erstellter Prototyp folgte Mitte 2002. Die ersten Serienmuster gelangten ab Februar 2003 in Einsatz. Bisher sind Festbestellungen für 229 Einheiten (+ Optionen) eingegangen, 135 wurden abgeliefert. Die Produktion erfolgt zusammen mit der CRJ700 auf der gleichen Montagestraße.
Bemerkungen: Obwohl Bombardier die Weiterentwicklung CRJ900 möglichst nahe an das Ausgangsmuster CRJ700 anlehnte, sind doch einige wesentliche Unterschiede vorhanden. Durch Einsatz von je einem Abschnitt vor und hinter dem Flügel erfuhr der Rumpf eine Verlängerung um insgesamt 3,86 m. Der Flügel mit gleicher Spannweite wird strukturell verstärkt. Ebenso ist das Fahrwerk robuster ausgelegt, um die höheren Gewichte aufzufangen. Schließlich hat man vorne eine weitere Gepäcktüre und über den Flügeln einen zweiten Notausgang eingefügt. Das Cockpit ist mit einer Avionik Collins Pro Line4 mit sechs EFIS-Bildschirmen ausgestattet. Wie bei den Ausgangsmustern sind drei Versionen erhältlich, zwei Standard- (900 und 900 ER) und die Langstreckenausführung CRJ900 LR. Ab 2008 wird nur noch die verbesserte Version NextGen angeboten. Der Hauptaugenmerk liegt beim Passagierkomfort. Fenster und Gepäckfächer sind deutlich größer, die Beleuchtung überarbeitet. Einzelne Teile der Flügel sind nun aus Verbundwerkstoff. Schließlich ist dank längerer Unterhaltsintervalle die Wirtschaftlichkeit besser.
Hersteller: Bombardier Aerospace, Montreal, Quebec, Werk Montreal-Mirabel, Quebec, Kanada.

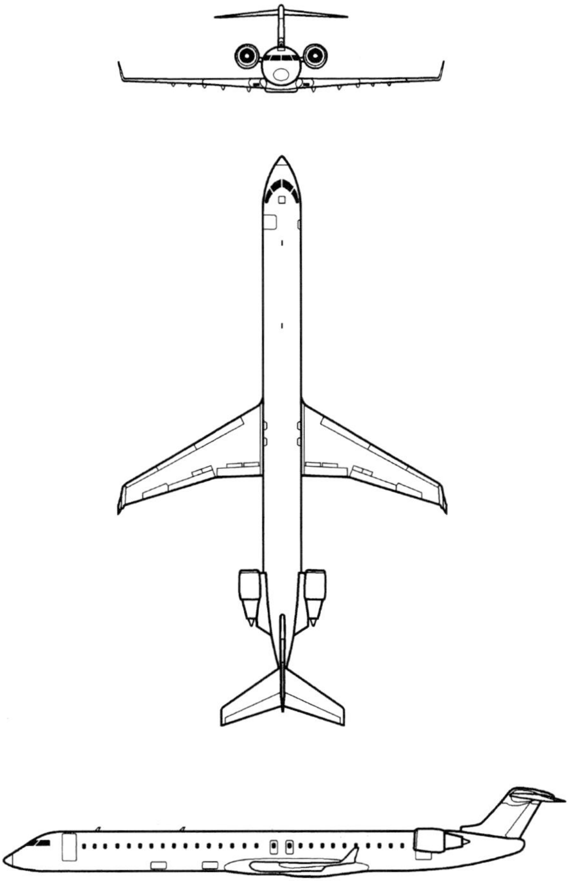

Abmessungen:
Spannweite 26,20 m
Länge 39,10 m
Höhe 7,10 m
Flügelfläche 75,80 m²

BOMBARDIER REGIONAL JET CRJ1000 NEXTGEN

Ursprungsland: Kanada.
Kategorie: Regionalverkehrsflugzeug.
Triebwerke: Zwei Mantelstromtriebwerke General Electric CF34-8C5A oder A1 von je 6168 bis 6577 kp (60,48 bis 64,49 kN) Standschub.
Leistungen (nach Angaben des Herstellers): Max. Reisegeschwindigkeit 870 km/h (Mach 0,82); normale Reisegeschwindigkeit 827 km/h (Mach 0,78); Dienstgipfelhöhe 12600 m; Reichweite mit 100 Passagieren (1000) 2760 km, (ER) 3130 km.
Gewichte: Rüstgewicht 23000 kg; max. Startgewicht (1000) 40800 kg, (ER) 41600 kg.
Zuladung: Zwei Piloten und bis zu 104 Passagiere in Viererreihen; max. Nutzlast 12200 kg.
Entwicklungsstand: Der Erstflug der CRJ1000 ist für Mitte 2008 geplant. Im vierten Quartal 2009 will man mit den Auslieferungen beginnen. Bisher sind von drei Gesellschaften 38 CRJ1000 bestellt.
Bemerkungen: Anfang 2007 hat Bombardier eine weitere Entwicklung der CRJ-Serie angekündigt. Nachdem die Nachfrage nach immer größeren Regionaljets wächst und die geplante C-Serie mindestens vorläufig nicht gebaut wird, will man mit dieser vermutlich letzten Verlängerung CRJ1000 im Markt der 100-Plätzigen mitzuhalten versuchen. Gegenüber der CRJ900 ist der Rumpf um 1,58 m vor und 1,37 m hinter dem Flügel verlängert. Diverse strukturelle Verstärkungen waren zudem nötig. Dies betrifft vor allem das Mittelrumpfsegment und Teile des Flügels. Seine Spannweite wurde durch Zusätze an den Flügelspitzen um je 66 cm vergrößert. Das Fahrwerk und die Bremsen sind verstärkt. Schließlich mussten auch die Klappenstellungen an die neuen aerodynamischen Erfordernisse angepasst werden.
Hersteller: Bombardier Aerospace, Montreal, Quebec, Werk Montreal-Mirabel, Quebec, Kanada.

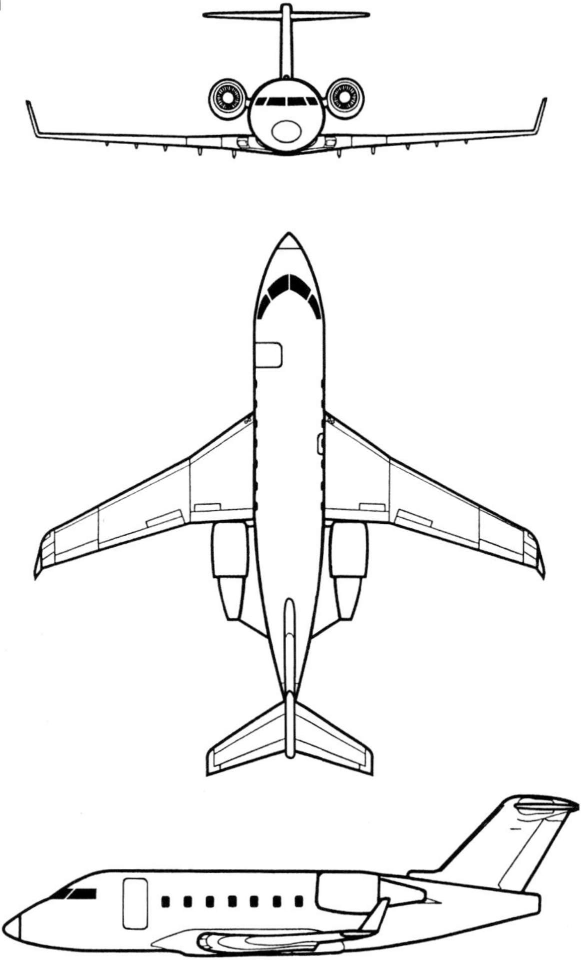

Abmessungen:
Spannweite inkl. Winglets 19,61 m
Länge 20,85 m
Höhe 6,30 m
Flügelfläche 48,31 m²

BOMBARDIER CL-605

Ursprungsland: Kanada.
Kategorie: Firmenflugzeug.
Triebwerke: Zwei Mantelstromtriebwerke General Electric CF34-3B von je 3959 kp (38,82 kN) Standschub.
Leistungen: Max. Reisegeschwindigkeit 890 km/h (Mach 0,82); Langstrecken-Reisegeschwindigkeit 870 km/h (Mach 0,80); Dienstgipfelhöhe 12500 m; Reichweite bei Mach 0,74 7491 km, bei Mach 0,80 6912 km.
Gewichte: Rüstgewicht 12240 kg; max. Startgewicht 21863 kg.
Zuladung: Zwei Piloten und je nach Innenausstattung bis zu 12 Passagiere; Innenmasse der Kabine: 8,66 m lang, 2,49 m breit und 1,85 m hoch; Nutzlast max. 2275 kg, mit vollen Tanks 596 kg.
Entwicklungsstand: Am 22. Januar 2006 nahm die Challenger 605 die Flugerprobung auf. Rund ein Jahr später begann Bombardier mit den Kundenauslieferungen. Der aktuelle Bestellungseingang ist nicht bekannt, jährlich werden jedoch rund 30 Exemplare gebaut. Von der ganzen »Challenger-Familie« CL-600 bis CL-604 sind bisher über 700 Exemplare hergestellt worden.
Bemerkungen: Vom Erfolgsmodell Challenger lancierte Bombardier, ausgehend von der Vorgängerausführung CL-604, eine in wesentlichen Punkten modernisierte Version. Das Cockpit ist mit den heutigem Standard entsprechenden LCD's Pro Line 21 von Collins ausgerüstet. Die Kabine wurde vollständig überarbeitet und im Rahmen der gleich bleibenden Außenabmessungen etwas vergrößert. Zum helleren Ambiente tragen auch um 6,5 cm höher gesetzte Fenster mit vergrößerter Fläche bei. Ein Local Aera Networks (LAN) ermöglicht es den Passagieren, u.a. Laptops kabelfrei zu benützen. Im übrigen hat man wo überall möglich durch neue Materialien Gewicht gespart. Der Kaufpreis für eine standardmäßig ausgerüstete CL-605 beläuft sich auf US$ 27 Mio.
Hersteller: Bombardier Aerospace, Montreal, Quebec, Werk Montreal-Mirabel, Quebec, Kanada.

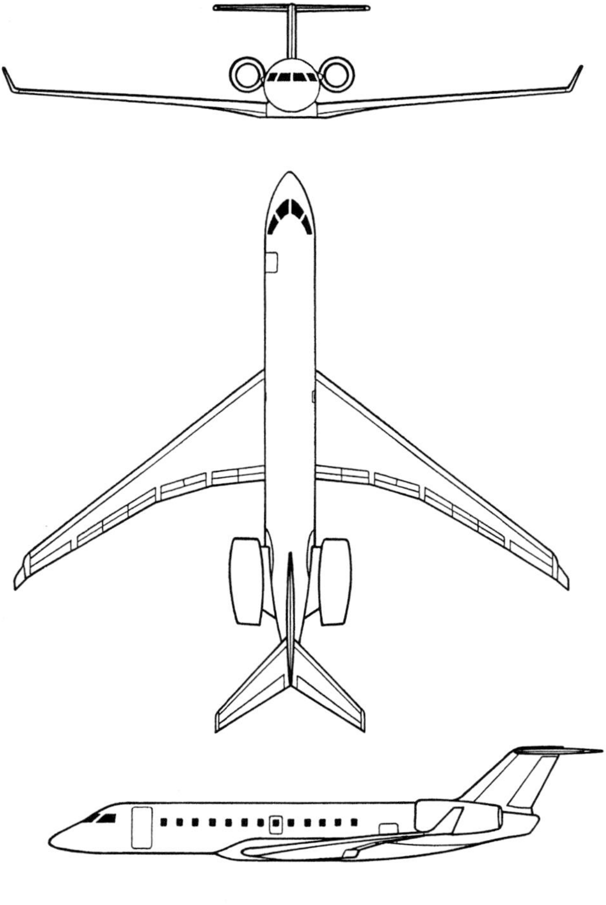

Abmessungen:
Spannweite inkl. Winglets 28,65 m
Länge (XRS) 30,30 m, (Global 5000) 29,50 m
Höhe 7,70 m
Flügelfläche 94,94 m²

BOMBARDIER GLOBAL EXPRESS XRS/GLOBAL 5000

Ursprungsland: Kanada.
Kategorie: Firmenflugzeug.
Triebwerke: Zwei Mantelstromtriebwerke BMW/Rolls-Royce BR710-48A2-20 von je 6690 kp (65,6 kN) Standschub.
Leistungen: Max. Reisegeschwindigkeit 950 km/h (Mach 0,89); Langstrecken-Reisegeschwindigkeit 907 km/h (Mach 0,85); max. Anfangssteiggeschwindigkeit 18,3 m/Sek; Dienstgipfelhöhe 15545 m; Reichweite bei Mach 0,85 (XRS) 11390 km, (Global 5000) 8889 km.
Gewichte: Rüstgewicht (XRS) 23224 kg, (Global 5000) 23056 kg; max. Startgewicht (XRS) 44452 kg, (Global 5000) 39780 kg.
Zuladung: Zwei Piloten und je nach Innenausstattung (XRS) 8 bis 19 Passagiere, (Global 5000) bis 17 Passagiere; Innenmaße der Kabine: 14,74 m lang, (Global 5000 12,94 m), 2,49 m breit und 1,91 m hoch; max. Nutzlast 3266 kg.
Entwicklungsstand: Der erste Prototyp der Global Express begann mit der Flugerprobung am 13. Oktober 1996. Die Auslieferungen starteten Ende 1998. Die Global Express XRS fliegt seit 16. Januar 2005, die Global 5000 seit 7. März 2003. Bisher sind von der Global Express inkl. XRS über 160, von der Global 5000 rund 50 Einheiten abgeliefert worden. Vier Global 5000 beschafft neu die Flugbereitschaft des deutschen Verteidigungsministeriums.
Bemerkungen: Mit der Global Express deckt Bombardier das oberste Segment der jetgetriebenen Firmenflugzeuge ab. Große Kabine und hohe Zuladung, sowie bisher unübertroffene Reichweitenleistungen bei hoher Reisegeschwindigkeit sind die besonderen Merkmale. Ein völlig neu konstruierter superkritischer Flügel mit einer Pfeilung von 35o und einem sog. Walfischprofil, zusammen mit weiteren Verfeinerungen am Rumpf, verhelfen der Global Express zu besonders guter Aerodynamik. Im Cockpit ist ein vollintegriertes Multifunktionssystem Honeywell Primus 2000XP eingebaut. Ab 2006 ersetzte eine unter der Bezeichnung XRS verbesserte Ausführung die Ursprungsversion auf der Montagestraße. Dank zusätzlichem Treibstofftank im Vorderrumpf erzielt die XRS besonders bei hohen Reisegeschwindigkeiten größere Reichweiten und benötigt kürzere Startstrecken. Zudem ist das Kabinen-Management-System neu. Die Global 5000 unterscheidet sich von der Global Express nur durch einen um 81 cm gekürzten Rumpf und wegen reduzierter Tankkapazität geringere Reichweitenleistungen.
Hersteller: Bombardier Aerospace, Montreal, Quebec, Werk Montreal-Mirabel, Quebec, Kanada.

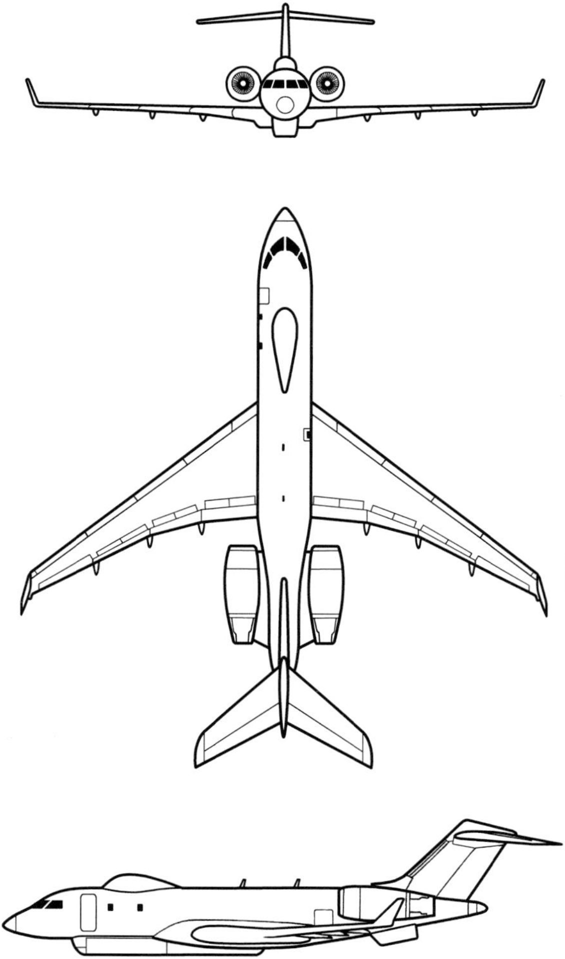

Abmessungen:
Spannweite inkl. Winglets 28,65 m
Länge 30,30 m
Höhe 7,57 m
Flügelfläche 94,94 m²

BOMBARDIER ASTOR/SENTINEL R.1

Ursprungsland: Kanada.
Kategorie: Fliegende Radarstation.
Triebwerke: Zwei Mantelstromtriebwerke BMW/Rolls-Royce BR710-48A2-20 von je 6690 kp (65,6 kN) Standschub.
Leistungen (geschätzt): Max. Reisegeschwindigkeit 935 km/h (Mach 0,88); Langstrecken-Reisegeschwindigkeit 880 km/h; max. Anfangssteiggeschwindigkeit 18,3 m/Sek; Dienstgipfelhöhe 15545 m; Reichweite 11700 km; norm. Einsatzdauer 9 Std.
Gewichte: Leergewicht 22000 kg; max. Startgewicht 42410 kg.
Zuladung: Zwei Piloten und vier bis sechs Systemoperateure.
Entwicklungsstand: Der erste Erprobungsträger ASTOR nahm am 3. August 2001 die Flugerprobung auf, das erste fertig ausgerüstete Modell folgte im Mai 2004. Mit der Auslieferung an den bisher einzigen Besteller, die RAF (fünf Einheiten), wurde Ende 2005 begonnen, die Einsatzfähigkeit jedoch erst Mitte 2007 erlangt.
Bemerkungen: Basierend auf der Global Express (siehe Seiten 102/103) entwickelt Bombardier die Militärausführung ASTOR (**A**irborne **St**and-**O**ff **R**adar), ausgerüstet mit einem Überwachungs- und Aufklärungssystem ASARS 2 von Raytheon Systems. Dieses ermöglicht das Monitoring von festen und beweglichen Objekten am Boden aus der Luft im Echtzeitverfahren. Auf einer Einsatzhöhe von 15000 m kann ein Gebiet im Durchmesser von 300 km überwacht werden. Sichtbare Teile dieses Systems sind ein 4,6 m langes SAR-Radar (**S**ynthetic **A**perture **R**adar/Moving Traget Indicator) unten am Rumpf sowie eine Satellitenfunkantenne über dem Rumpf. Bombardier bietet auch eine Version mit Bodenbeobachtungs-Radar GSARS (**G**round **S**urveillance **A**irborne **R**adar **S**ystem) an.
Hersteller: Bombardier Aerospace, Station Centreville, Montreal, Quebec, Kanada bzw. (System) Raytheon Corp., Greenville, Texas, USA.

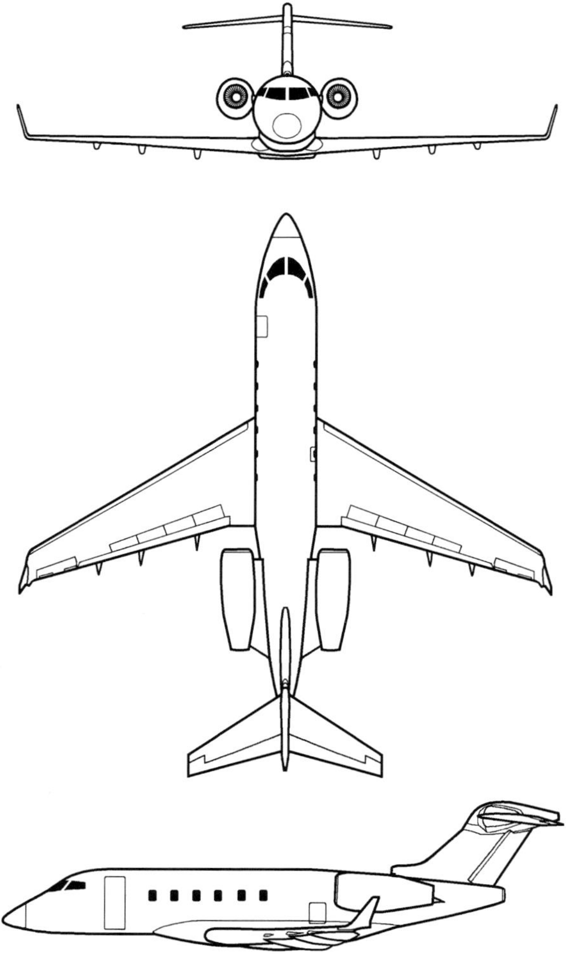

Abmessungen:
Spannweite 19,46 m
Länge 20,93 m
Höhe 6,20 m
Flügelfläche 48,50 m^2

BOMBARDIER CHALLENGER 300

Ursprungsland: Kanada.
Kategorie: Firmenflugzeug.
Triebwerke: Zwei Mantelstromtriebwerke Honeywell HTF7000 von je 3100 kp (30,40 kN) Standschub.
Leistungen: Max. Reisegeschwindigkeit 870 km/h (Mach 0,82); normale Reisegeschwindigkeit 850 km/h (Mach 0,80); Dienstgipfelhöhe 13716 m; Reichweite mit acht Passagieren und IFR-Reserven 5740 km.
Gewichte: Rüstgewicht 10659 kg; max. Startgewicht 17622 kg.
Zuladung: Zwei Piloten und je nach Innenausstattung 8 bis 16 Passagiere; max. Nutzlast 1588 kg, mit vollen Treibstofftanks 612 kg.
Entwicklungsstand: Der erste noch als BD-100 Continental bezeichnete Prototyp nahm die Flugerprobung am 14. August 2001 auf, gefolgt vom zweiten von insgesamt fünf am 8. Oktober 2001. Die Zulassung erfolgte rund ein Jahr später als vorgesehen Mitte 2003. Bei einer Auftragslage von rund 250 Einheiten (+ Optionen), darunter 25 für die Bombardier-eigene FlexJet, sind die ersten Auslieferungen im letzten Quartal 2003 angelaufen. Im August 2007 wurde die 150. Maschine ausgeliefert. Bombardier baut gegenwärtig jährlich rund 50 Challenger 300.
Bemerkungen: Bombardier's jüngstes Mittelstrecken-Firmenflugzeug ist gedacht, die Lücke zwischen der Learjet 60 (siehe Ausgabe 1997) und der Challenger 604 (siehe Ausgabe 1997) zu schließen. Technisch ist die Challenger 300 auf dem neuesten Stand. Sie weist für ihre Klasse einen sehr großen Rumpfquerschnitt auf (Innenmaße 8,72 m lang, 2,19 m breit, 1,85 m hoch), so dass durchgehend Stehhöhe ermöglicht wird. Normalerweise umfasst die Innenausstattung acht Einzelsitze, eine kleine Küche vorne und hinten eine Toilette sowie direkten Zugang zum Gepäckraum. Die Avionik Pro Line 21 stammt von Rockwell-Collins. Mit einem Preis von US$ 17,40 Mio. soll sie für ihre Klasse günstig sein und steht vor allem in Konkurrenz zur Raytheon 4000 (siehe Seiten 212/213).
Hersteller: Bombardier Aerospace, Montreal, Quebec, Werk Montreal-Dorval, Quebec, Kanada.

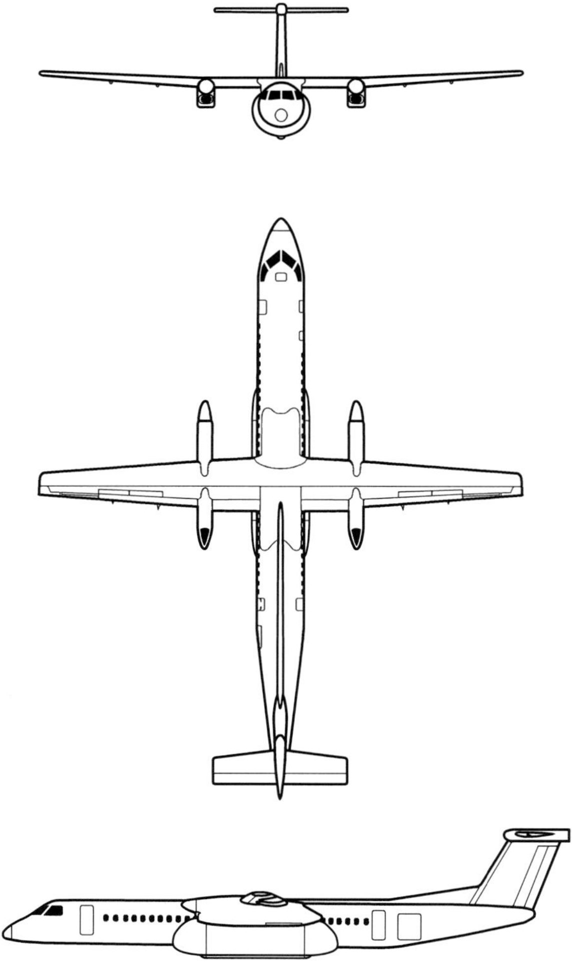

Abmessungen:
Spannweite 28,42 m
Länge 32,84 m
Höhe 8,36 m
Flügelfläche 63,08 m^2

BOMBARDIER (DE HAVILLAND CANADA) DASH 8 Q400

Ursprungsland: Kanada.
Kategorie: Regionalverkehrs- und Mehrzweckflugzeug.
Triebwerke: Zwei Propellerturbinen Pratt & Whitney Canada PW150A von je 4580 WPS (3415 kW) Leistung.
Leistungen: Max. Reisegeschwindigkeit 667 km/h; ökonom. Reisegeschwindigkeit 565 km/h; Dienstgipfelhöhe 7620 m; Reichweite mit max. Nutzlast 1596 km, mit 70 Passagieren 2522 km.
Gewichte: Rüstgewicht 17108 kg; max. Startgewicht 29257 kg.
Zuladung: Zwei Piloten und Standard-Innenausstattung für 70 Passagiere in Viererreihen. Max. Nutzlast 8747 kg.
Entwicklungsstand: Die erste Dash 8-400 (neu als Dash 8 Q400 bezeichnet) startete am 31. Januar 1998 zum Erstflug, Ablieferung im Januar 2000. Ende 2007 waren rund 950 Dash 8 bestellt (+ Optionen) und etwa 830 an über 70 Kunden ausgeliefert. Von der -400 sind bis Ende 2007 280 Einheiten (+ Optionen) in Auftrag gegeben, 185 davon hergestellt worden.
Bemerkungen: Die Dash 8 Q400 ist eine nochmals vergrößerte Ausführung des Grundmusters Dash 8. Gegenüber der Dash 8-300 (siehe Ausgabe 1996) unterscheidet sie sich durch den 7,16 m längeren Rumpf, leistungsfähigere Triebwerke und ein verstärktes Flügelmittelstück. Dadurch vergrößert sich die Spannweite um rund 1 m. Neue, besonders lärmarme Sechsblattrotoren von Dowty sind rund 20 cm weiter vom Rumpf entfernt platziert worden. Zur weiteren Lärmreduktion ist ein sog. »active cabin-noise control system« (= aktives Lärmunterdrückungssystem) eingebaut, welches den in die Kabine eindringenden Lärm erheblich auf 77 dB abdämpft, weshalb der Name des Musters auf Q400 (**Q** = quiet/ruhig) abgeändert wurde. Die französische Securité Civile erhält vorerst zwei Maschinen Q400-MR (siehe Ausgabe 2006), die als Wasserbomber eingesetzt werden. Unter dem Rumpf wird dafür ein 10000 Liter-Wassertank angebaut. Von der Dash 8-300 sind zudem mehrere Maschinen u.a. in Australien und Japan als Küstenüberwacher im Einsatz, versehen mit entsprechender Ausrüstung. Bombardier prüft derzeit unter der Bezeichnung Dash 8 Q400X eine weitere Verlängerung des Musters für 90 Passagiere.
Hersteller: Bombardier (The de Havilland Aircraft of Canada Ltd.), Downsview, Ontario, Kanada.

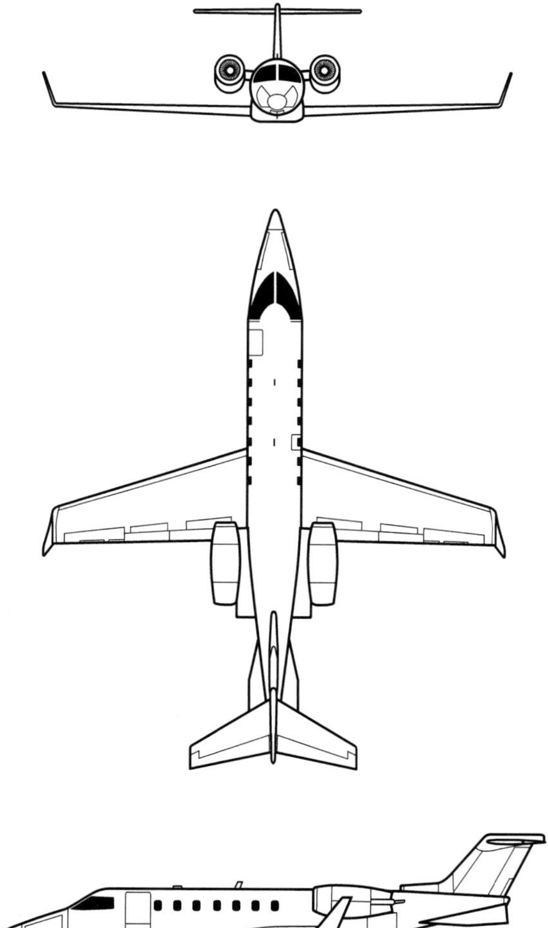

Abmessungen:
Spannweite einschließlich Winglets 14,57 m
Länge (45 XR) 17,56 m, (40 XR) 16,93 m
Höhe 4,31 m
Flügelfläche 28,95 m²

BOMBARDIER LEARJET 45 XR/40 XR

Ursprungsland: USA.
Kategorie: Firmenflugzeug.
Triebwerke: Zwei Mantelstromtriebwerke Garrett TEF731-20BR von je 1590 kp (15,5 kN) Standschub.
Leistungen: Max. Reisegeschwindigkeit 861 km/h; norm. Reisegeschwindigkeit 800 km/h; Dienstgipfelhöhe 15545 m; max. Reichweite mit vier Passagieren (45 XR) 3795 km, (40 XR) 3348 km.
Gewichte (45 XR/40 XR): Rüstgewicht 6402/6287 kg; max. Startgewicht 9752/9525 kg.
Zuladung (45 XR): Zwei Piloten und in der Kabine normalerweise acht, maximal neun Passagiere; max. Nutzlast 856 kg, (40 XR) zwei Piloten und max. sieben Passagiere; max. Nutzlast 970 kg.
Entwicklungsstand: Erstflug der Learjet 40 am 31. August 2002. Von der 45 XR gab es keinen eigentlichen Prototypen. Mit den Auslieferungen beider Varianten wurde 2004 begonnen. Der Bestellungsstand beläuft sich auf etwa 320 Maschinen. Learjet 45 XR und 40 XR werden parallel produziert.
Bemerkungen: 2002 lancierte Bombardier gleich zwei Weiterentwicklungen des Ausgangsmusters Learjet 45, die 45 XR (siehe Silhouette) sowie die 40. Während die -XR leistungsmäßig oberhalb der 45 angesiedelt ist, ergänzt die Learjet 40 das Angebot nach unten. Letztere löste die bis 2003 produzierte Learjet 31A ab. Bei gleichen Außenabmessungen weist die 45 XR gegenüber der 45 ein besseres Reichweiten-/Nutzlastverhältnis auf. Die neuen Triebwerke entsprechen zwar leistungsmäßig jenen der 45, verfügen jedoch über eine höhere kurzfristige Startleistung. Bisherige Learjets 45 können in diese Variante umgebaut werden. Der wesentlichste Unterschied der neuesten Ausführung Learjet 40 zur 45 XR ist der um 60 cm gekürzte Rumpf. Dank geringerem Gewicht kommt sie bereits mit einer Startbahn von 1125 m aus. Sie kostet ab US$ 7,3 Mio. Bei beiden Varianten ist eine neue Inneneinrichtung eingebaut. Seit 2006 ist auch von der Learjet 40 eine Variante 40 XR erhältlich, ausgerüstet mit TEF731-20BR-Triebwerken. Sie soll bei heißen Temperaturen bessere Startleistungen auf hochgelegenen Flugplätzen erbringen.
Hersteller: Bombardier Aerospace, Werk Wichita, Kansas, USA, Montreal, Quebec, Kanada.

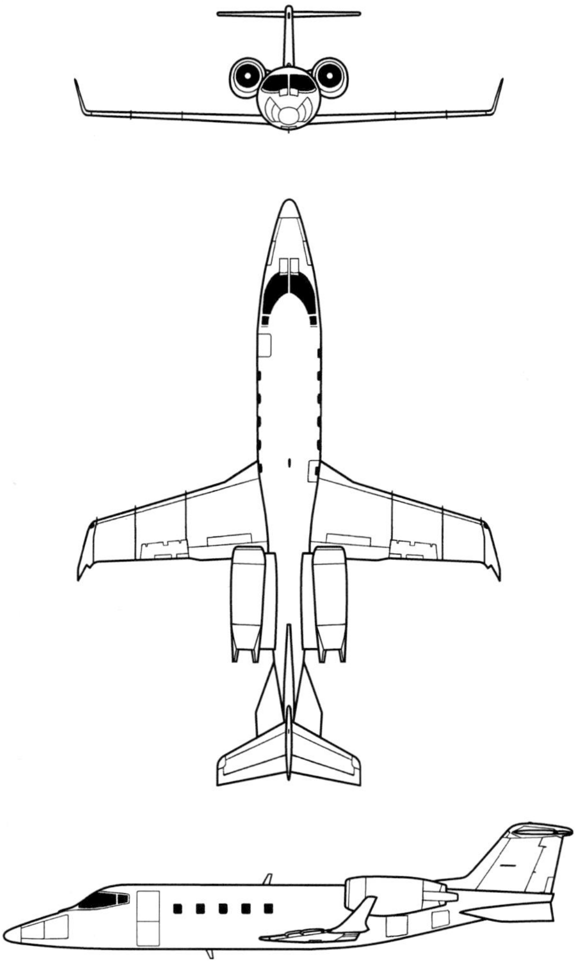

Abmessungen:
Spannweite einschließlich Winglets 13,35 m
Länge 17,89 m
Höhe 4,44 m
Flügelfläche 24,57 m²

BOMBARDIER LEARJET 60 XR

Ursprungsland: USA/Kanada.
Kategorie: Firmenflugzeug.
Triebwerke: Zwei Mantelstromtriebwerke Pratt & Whitney PW305A von je 2086 kp (20,46 kN) Standschub.
Leistungen: Max. Reisegeschwindigkeit 863 km/h (Mach 0,81); norm. Reisegeschwindigkeit 839 km/h (Mach 0,79); Zeit um 12500 m zu erreichen 18,5 Min; Dienstgipfelhöhe 15545 m; max. Reichweite mit vier Passagieren 4539 km.
Gewichte: Leergewicht 7711 kg; max. Startgewicht 10659 kg.
Zuladung: Zwei Piloten und in der Kabine normalerweise acht, maximal neun Passagiere; Nutzlast mit vollen Treibstofftanks 388 kg, max. 914 kg.
Entwicklungsstand: Das erste Muster startete am 3. April 2006 zum Erstflug. Bombardier lieferte die ersten Exemplare Mitte 2007 an Kunden aus. Der Bestellungsstand ist nicht bekannt. Die Learjet 60 XR wird parallel mit den Mustern Learjet 45 XR und 40 XR produziert.
Bemerkungen: Nachdem die bewährten und seit langem gebauten Modelle der Learjet 31 in die Versionen 45/XR und 40/XR weiterentwickelt wurden (siehe Seiten 110/111) ist nun die größte Ausführung dieser Reihe einer entsprechenden Verjüngung unterzogen worden. Die als Learjet 60 XR bezeichnete Variante weist folgende Neuerungen auf: Die Avionik ist völlig neu, das Cockpit weist die heute üblichen Flachbildschirme Pro Line 21 von Collins auf. Völlig überarbeitet hat man die Passagierkabine und nebst Gestaltung besonders auf verbesserte Funktionalität geachtet. Die Learjet 60 XR ist die einzige Maschine dieser Reihe, in der die Passagiere in der Kabine aufrecht stehen können. Der Kaufpreis für eine Standardausführug beläuft sich auf US$ 13,3 Mio. Unter der Bezeichnung Learjet NXT plant Bombardier eine leicht größere und wettbewerbsfähigere Weiterentwicklung der 60 XR.
Hersteller: Bombardier Aerospace, Werk Wichita, Kansas, USA, Montreal, Quebec, Kanada.

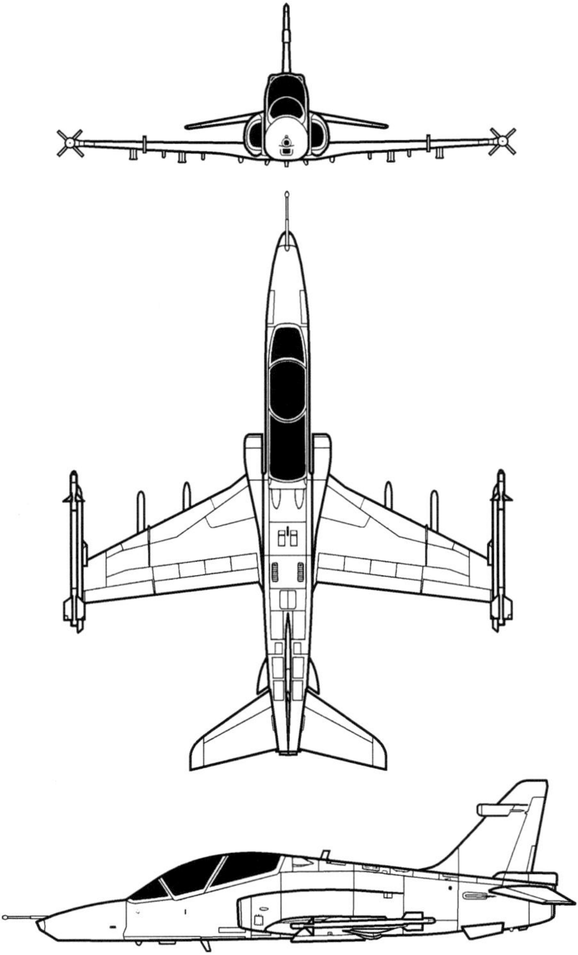

Abmessungen:
Spannweite inkl. Lenkwaffen 9,94 m
Länge 12,43 m
Höhe 3,98 m
Flügelfläche 16,69 m²

BRITISH AEROSPACE HAWK Mk.128

Ursprungsland: Großbritannien.
Kategorie: Zweisitziger Fortgeschrittenentrainer und Erdkämpfer.
Triebwerke: Ein Mantelstromtriebwerk Rolls-Royce/Turboméca Adour 951 von 2950 kp (28,89 kN) Standschub.
Leistungen: Höchstgeschwindigkeit 1040 km/h oder Mach 0,85; max. Reisegeschwindigkeit 1019 km/h auf Meereshöhe; Dienstgipfelhöhe 13565 m; taktischer Einsatzradius je nach Bewaffnung zwischen 583 und 925 km; Überführungsreichweite mit zwei 860-l- und einem 590-l-Zusatztank 2584 km.
Gewichte: Rüstgewicht 4570 kg; max. Startgewicht 9100 kg.
Bewaffnung: Eine 25-mm-Aden- oder eine 27-mm-Mauser-Kanone und maximal 3000 kg externe Waffenlasten, verteilt auf sieben Stationen unter Flügeln und Rumpf.
Entwicklungsstand: Ein Erprobungsträger der neuesten Ausführung LIFT, welche die Basis der aktuellsten Variante Mk.128 darstellte, fliegt seit 1998. Insgesamt sind bisher (ohne T-45 der USN, siehe Ausgabe 2003) über 600 Maschinen aller Versionen für 19 Luftwaffen bestellt und zum größten Teil ausgeliefert worden. Neueste Besteller: Großbritannien 28 T.2/Mk. 128, Indien 66 Mk. 132 (z.T. Lizenzbau).
Bemerkungen: Die als LIFT (**L**ead-**I**n-**F**ighter-**T**rainer) bezeichnete Ausführung der Hawk weist, besonders was die Avionik angeht, einige bedeutende Verbesserungen auf: MIL-Std-1553B-Databus, überarbeitetes Cockpit mit drei Flachbildschirmen und HUD, Nachtsichtgeräte, INS/GPS und weitere elektronische Hilfen. Die Zelle wurde für eine längere Lebensdauer verstärkt, das Bugfahrwerk kann aktiv gesteuert werden. Zudem ist ein APU (= **A**uxiliary **P**ower **U**nit = Starthilfstriebwerk) installiert. Seit Mitte August 2002 fliegt eine neue Ausführung Mk.120 mit voll digitalisiertem Cockpit und Adour 951-Triebwerken, von der schließlich die Mk. 128 für die RAF (Erstflug 27. Juli 2005) abgeleitet wurde. Diese verfügt über ein neues Avioniksystem mit offener Architektur.
Hersteller: British Aerospace PLC, Military Aircraft Division, Warton, Preston, Lancashire, Großbritannien.

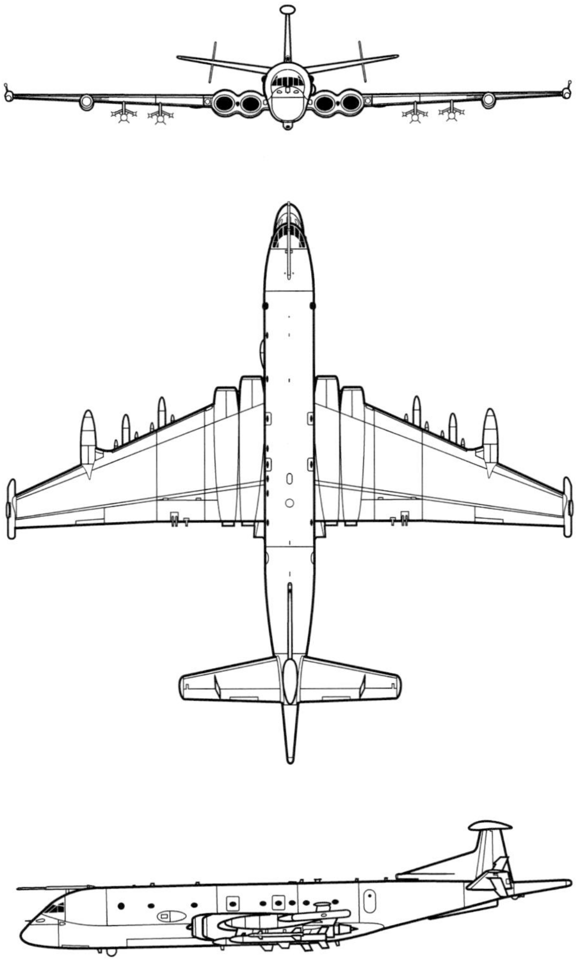

Abmessungen:
Spannweite inkl. Pods an den Flügelenden 38,71 m
Länge ohne Betankungssonde 38,63 m
Höhe 9,60 m
Flügelfläche 235,80 m²

BRITISH AEROSPACE NIMROD MRA.4 (NIMROD 2000)

Ursprungsland: Großbritannien.
Kategorie: Seeaufklärungs- und Angriffsflugzeug.
Triebwerke: Vier Mantelstromtriebwerke BMW Rolls-Royce BR710-48 von je 7030 kp (68,95 kN) Standschub.
Leistungen: Höchstgeschwindigkeit 787 km/h (Mach 0,77); Dienstgipfelhöhe 12800 m; Reichweite mit max. internem Treibstoff 11200 km; max. Flugzeit bis zu 15 Stunden.
Gewichte: Leergewicht 46500 kg; max. Startgewicht 106217 kg.
Zuladung: Zwei Piloten und sieben Systemoperateure, zwei Reservepersonen und Platz für weitere 13 Passagiere.
Bewaffnung: Luft-Luft- und Luft-Boden-Lenkwaffen, Torpedos, Minen und Bomben im internen Waffenschacht und an vier Flügelstationen von mehr als 5500 kg.
Entwicklungsstand: Der Erstflug des ersten von zwei vollständig umgebauten Erprobungsmustern ist nach Auftreten von erheblichen Konstruktionsproblemen nach mehrjähriger Verspätung am 26. August 2004 erfolgt. Angesichts der massiven Kostenüberschreitungen erhält die RAF ab 2008 nur noch 12 Einheiten, welche aus den übrig gebliebenen Beständen von ursprünglich 46 MRA. Mk.1/2 umgebaut werden. Mittlerweile fliegen vier Nimrods MRA.4.
Bemerkungen: Vom Ausgangsmuster bleibt fast nur der Rumpf übrig. Dieser wird aber strukturell überarbeitet und verstärkt, um eine Lebensdauer von weiteren 25 Jahren zu ermöglichen. Zu 80 % handelt es sich bei der MRA.4 um ein neues Flugzeug. So gelangt ein vollständig neuer Flügel größerer Spannweite zum Einbau. Die Missionsavionik ist ebenfalls neu und sehr leistungsfähig. Das Überwachungsradar Searchwater 2000MR stammt von Racal-Thorn. Neu ist auch das Cockpit für nur noch zwei Piloten, ausgerüstet mit Flachbildschirmen. Als Hauptzulieferer ist Boeing für die wichtigsten Teile der Aufklärungs- und Waffenelektronik verantwortlich. Das neue Fahrwerk wird durch Messier-Dowty hergestellt.
Hersteller: British Aerospace PLC, Military Aircraft Division, Warton, Preston, Lancashire, Großbritannien.

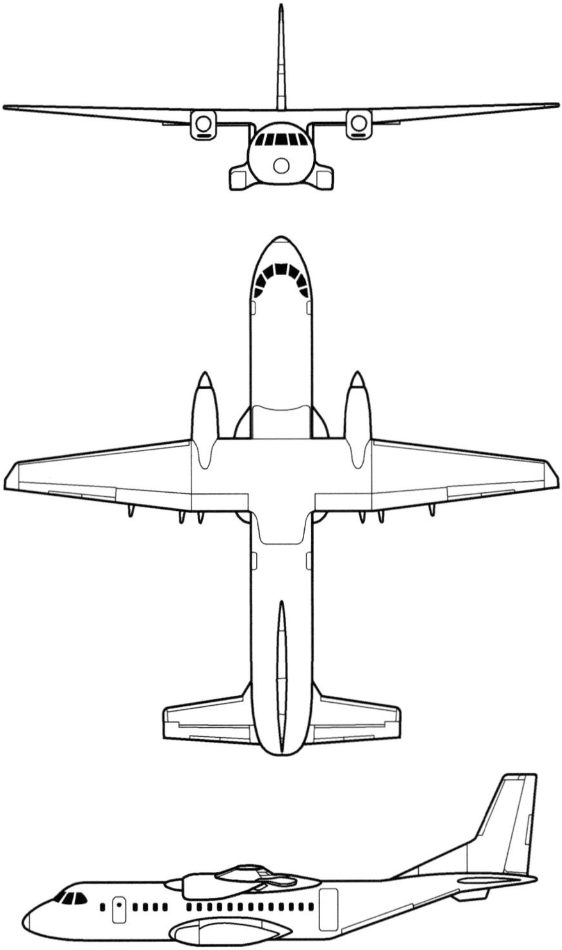

Abmessungen:
Spannweite 25,81 m
Länge 24,45 m
Höhe 8,60 m
Flügelfläche 59,10 m²

CASA C-295

Ursprungsland: Spanien.
Kategorie: Mehrzwecktransporter.
Triebwerke: Zwei Propellerturbinen Pratt & Whitney Canada PW127G von je 2645 WPS (1972 kW) Startleistung.
Leistungen: Max. Reisegeschwindigkeit 474 km/h auf 7620 m; Steigzeit auf Dienstgipfelhöhe von 7620 m 12 Min; Reichweite mit max. Nutzlast 1445 km, max. Reichweite 5278 km.
Gewichte: Leergewicht 11000 kg; max. Startgewicht 23200 kg.
Zuladung: Zwei Piloten und normalerweise 69 oder bis zu 78 voll ausgerüstete Soldaten; für Evakuationseinsätze 27 liegende Personen und vier Helfer; als Frachter fünf Standard-Containers oder drei leichte Fahrzeuge; max. Nutzlast 9250 kg.
Entwicklungsstand: Der erste, bereits dem Serienstandard entsprechende Prototyp, nahm die Flugerprobung am 22. Dezember 1998 auf. Im Oktober 2001 begann CASA mit den Auslieferungen. Folgende Luftwaffen haben bisher Bestellungen aufgegeben: Algerien 6, Brasilien 12, Finnland 2, Jordanien 2, Polen 12, Portugal 12, Spanien 13. Rund 40 davon waren Ende 2007 ausgeliefert.
Bemerkungen: Basierend auf der CN-235 (siehe Ausgabe 2007) wurde die C-295 von CASA alleine entwickelt. Von der Größe und der Leistungsfähigkeit her ist sie eine Klasse höher und kann als direkter Konkurrent zur Alenia C-27J (siehe Seiten 42/43) angesehen werden. Durch Einfügen von Rumpfsegmenten vor und hinter dem Flügel wurde die Außenlänge um 3,10 m, die Kabinenlänge um 3,00 m vergrößert. Stärkere Triebwerke gelangen zum Einbau, verbunden mit Sechsblatt-Propellern neuester Technologie von Hamilton. Weiter mussten wegen der höheren Gewichte Flügel und Fahrwerk verstärkt werden. Dank dieser Maßnahmen steigt die Ladekapazität gegenüber dem Ausgangsmuster um rund 50 %. Schließlich verfügt die C-295 über eine neue Avionik Topdeck von Sextant und ist für Luftbetankungen ausgelegt. Eine Seeüberwachungs- und U-Bootbekämpfungsversion C-295MPA »Persuader« wird ebenfalls angeboten. Die Vereinigten Arabischen Emirate haben vier, die chilenische Marine drei Einheiten bestellt.
Hersteller: CASA, Werk Sevilla, Madrid, Spanien.

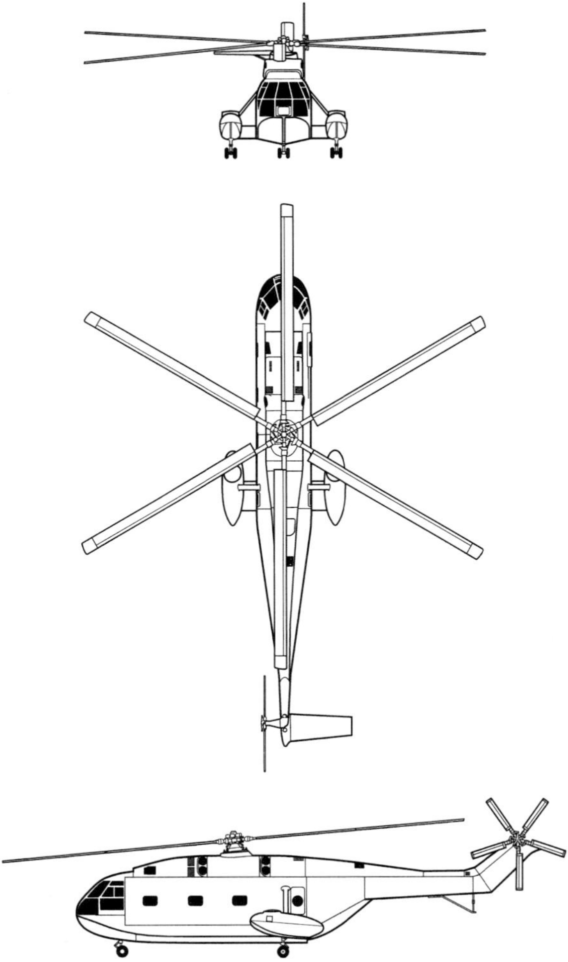

Abmessungen:
Rotordurchmesser 18,90 m
Rumpflänge inkl. drehendem Rotor 23,05 m
Höhe 6,66 m

CHAIG /CHANGHE Z-8F

Ursprungsland: Volksrepublik China (Frankreich).
Kategorie: Mittelschwerer amphibischer militärischer Mehrzweckhubschrauber.
Triebwerke: Drei Gasturbinen Pratt & Whitney Canada PT6B-67A von je 1940 WPS (1447 kW) Leistung.
Leistungen: Höchstgeschwindigkeit 248 km/h; Dienstgipfelhöhe 4700 m; Schwebehöhe mit Bodeneffekt 2600 m, Reichweite mit max. interner Treibstoffzuladung rund 850 km; Flugdauer fast 5 Std.
Gewichte: Leergewicht 6983 kg; normales Startgewicht 11000 kg, max. Startgewicht 13000 kg.
Zuladung: Zwei Piloten und bis zu 27 voll ausgerüstete Soldaten; als Ambulanzhubschrauber bis zu 15 liegende Patienten. Normale interne Nutzlast 4000 kg, maximal extern 5000 kg.
Bewaffnung: Zwei Antischiffslenkwaffen CPMIEC C-701.
Entwicklungsstand: Die Entwicklung der Z-8 begann bereits 1976, wurde jedoch zeitweise unterbrochen, so dass der erste Prototyp die Flugerprobung erst 1985 aufnahm. Von dieser Ausführung wurden rund 20 Einheiten gebaut. Vermutlich seit 2002 fliegt die verbesserte Version Z-8F, sie befindet sich in beschränkter Produktion. Das französische Ausgangsmuster SA 321 Super Frélon flog erstmals am 7. Dezember 1962. Rund 100 Einheiten wurden bis Mitte der achtziger Jahre gebaut, 13 davon für die Marine der VR China.
Bemerkungen: Ursprünglich eine Lizenzausführung der Super Frélon, hat man die Z-8 in den letzten Jahren kontinuierlich weiter entwickelt. Wenn auch äußerlich vom Vorbild unverändert, so wurden z.B. neue chinesische Triebwerke eingebaut und die Avionik auf den neuesten Stand gebracht. Der Innenraum von 7,00 m Länge, 1,90 m Breite und 1,83 m Höhe ist im Vergleich mit anderen mittelschweren Hubschraubern sehr groß, eine Rampe im Heck erleichtert zudem die Beladung. Die Z-8 kann für vielfältigste Aufgaben eingesetzt werden, wie taktische Einsätze, SAR-Aufträge, Verlegung von Verletzten und Überwachungsaufgaben. Die derzeit angebotene Z-8F kann wahlweise mit P&W- oder WZ-8-Triebwerken erworben werden. Zudem soll sie über Rotorblätter aus Verbundwerkstoffen verfügen.
Hersteller: CHAIG (ex. Changhe Aircraft Factory) bzw. CATIC China National Aero-Technology Import & Export Corporation, Beijing, Herstellerwerk Jingdezhen, VR China.

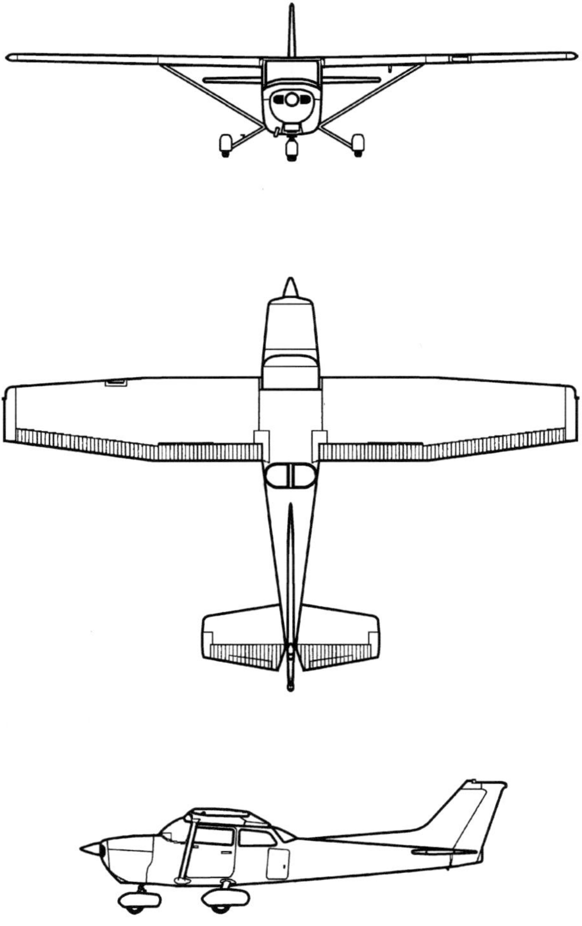

Abmessungen:
Spannweite 10,97 m
Länge 8,28 m
Höhe 2,72 m
Flügelfläche 16,15 m²

CESSNA 172SP SKYHAWK

Ursprungsland: USA.
Kategorie: Sport- und Reiseflugzeug.
Triebwerke: Ein luftgekühlter Vierzylinder-Boxermotor Textron-Lycoming IO-360-L2A von 180 PS (134 kW) Leistung.
Leistungen: Höchstgeschwindigkeit auf Meereshöhe 233 km/h; Reisegeschwindigkeit bei 75 % Leistung auf 2590 m 228 km/h; Anfangssteiggeschwindigkeit 4,26 m/Sek; Dienstgipfelhöhe 4267 m; Reichweite bei 75 % Leistung und normalen Reserven auf 2590 m 959 km.
Gewichte: Leergewicht 780 kg; max. Startgewicht 1157 kg.
Zuladung: Pilot und drei Passagiere; Nutzlast 380 kg.
Entwicklungsstand: Die neue Cessna 172SP fliegt seit dem 16. April 1996. Erste Auslieferungen an Kunden im Januar 1997. Seit der Wiederaufnahme der Produktion sind bis Ende 2007 über 8000 Cessna 172/182 gebaut worden. Die Jahresproduktion beläuft sich derzeit auf rund 900 Einheiten.
Bemerkungen: Ausgehend vom Erfolgsmuster 172 der sechziger/siebziger Jahre wurde eine in der Grundauslegung weitgehend unveränderte, aber betreffend Avionik und anderen Teilen überarbeitete Ausführung 172 entwickelt. Dabei achtete man sehr auf kostengünstige Fertigung und Betrieb. Die Cessna gibt es in zwei Ausführungen, die Basisausführung 172R (ab US$ 219'500.–) sowie die Weiterentwicklung 172SP (in Normalausstattung ab US$ 254'000.–). Ausgehend von diesem Typ wurde eine ganze Familie von Einmotorern entwickelt: Die Cessna 182T Skylane (siehe Ausgabe 1999) ist mit der Cessna 172 in der Grundauslegung weitgehend gleich. Unterschiede liegen im Innenvolumen und in der Motorisierung. Als Dritte im Bunde schließen die sechssitzige 206H Stationair (Preis US$ 479'500.–) bzw. T206H Turbo Stationair (Preis US$ 514'500.–) die Palette von Cessna-Leichtflugzeugen nach oben ab. Der Rumpf wurde, um mehr Platz zu bieten, im Passagierraum etwas voluminöser gestaltet. Je nach Einsatzzweck kann eine elegante Inneneinrichtung oder eine ganz einfache Innenauslegung für leichte Frachteinsätze gewählt werden. Neu ist als Option die 172SP auch mit einem Dieselmotor Thielert TAE 125 oder auch mit dem neuen integrierten digitalen Cockpit Garmin G1000 (Bezeichnung Cessna 172SR) erhältlich.
Hersteller: Cessna Aircraft Company, Wichita, Werk Independence, Kansas, USA.

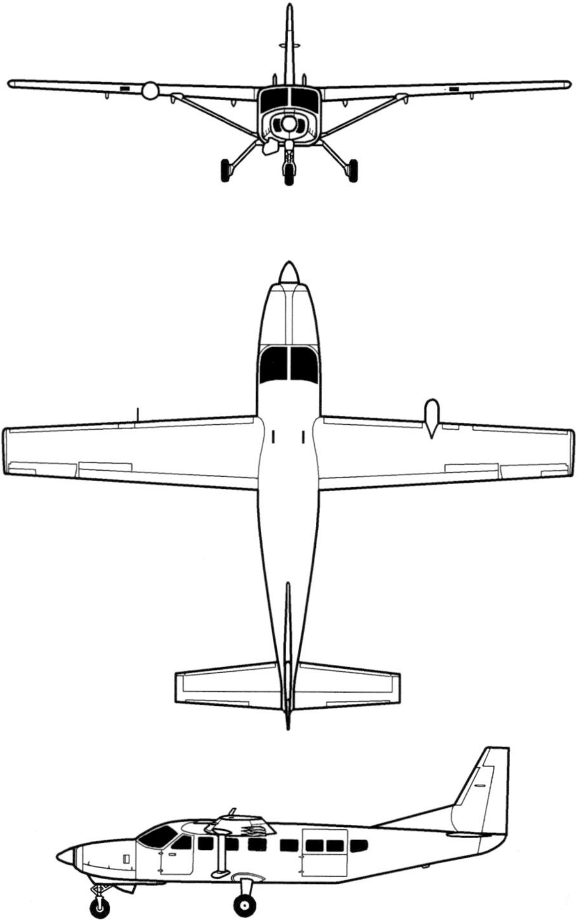

Abmessungen:
Spannweite 15,87 m
Länge (Caravan) 11,50 m, (Grand Caravan) 12,72 m
Höhe (Caravan) 4,52 m, (Grand Caravan) 4,70 m
Flügelfläche 25,96 m²

CESSNA 208B GRAND CARAVAN

Ursprungsland: USA.
Kategorie: Mehrzweckflugzeug.
Triebwerke: Eine Propellerturbine Pratt & Whitney Canada PT6A-114A von 675 WPS (503 kW) Leistung.
Leistungen: Max. Reisegeschwindigkeit 340 km/h auf 3050 m, 295 km/h auf 6095 m; Anfangssteiggeschwindigkeit 4,9 m/Sek; Dienstgipfelhöhe 7620 m; max. Reichweite mit 45 Min. Reserven 1680 km auf 3050 m.
Gewichte: Leergewicht 1861 kg; max. Startgewicht (Caravan) 3629 kg, (Grand Caravan) 3969 kg.
Zuladung: Ein bis zwei Piloten und in der Standardausführung neun Passagiere, maximal jedoch 14 Passagiere oder (Caravan) 1758 kg, (Grand Caravan) 1933 kg Fracht.
Entwicklungsstand: Der Prototyp der 208 flog erstmals am 9. Dezember 1982; Beginn der Kundenablieferungen im Februar 1985. Die militärische Variante U-27A wurde 1986 eingeführt. Die verbesserte Version 208B nahm am 3. März 1986 die Flugerprobung auf, gefolgt von der Grand Caravan 1991. Bisher sind rund 1700 Caravan aller Versionen ausgeliefert worden, über 1100 der Version 208B. Hauptabnehmerin ist die Federal Express mit 309 Einheiten (davon 299 der Version 208B Super Cargomaster). Nebst der 208B werden derzeit angeboten: Caravan 675, Caravan Amphibian, Grand Caravan und Super Cargomaster.
Bemerkungen: Die neueste Variante der um 1,22 m verlängerten Cessna 208B, die Grand Commander, verfügt über ein stärkeres Triebwerk und entsprechend verbesserte Flugleistungen. Auch eine Ausführung mit Schwimmern ist erhältlich. Besonders für diese Variante offeriert Aero Twin einen Umbausatz mit dem leistungsstärkeren Triebwerk Honeywell TPE331-12 von 850 WPS (633 kW) Leistung und einem Vierblattpropeller. Damit verbessern sich insbesondere die Startleistungen. Als eigentliches »Arbeitspferd« ist die Caravan für die verschiedensten Aufgaben eingesetzt, sei es als Frachter bis zum Passagierflugzeug mit VIP-Einrichtung.
Hersteller: Cessna Aircraft Company, Wichita, Kansas, USA.

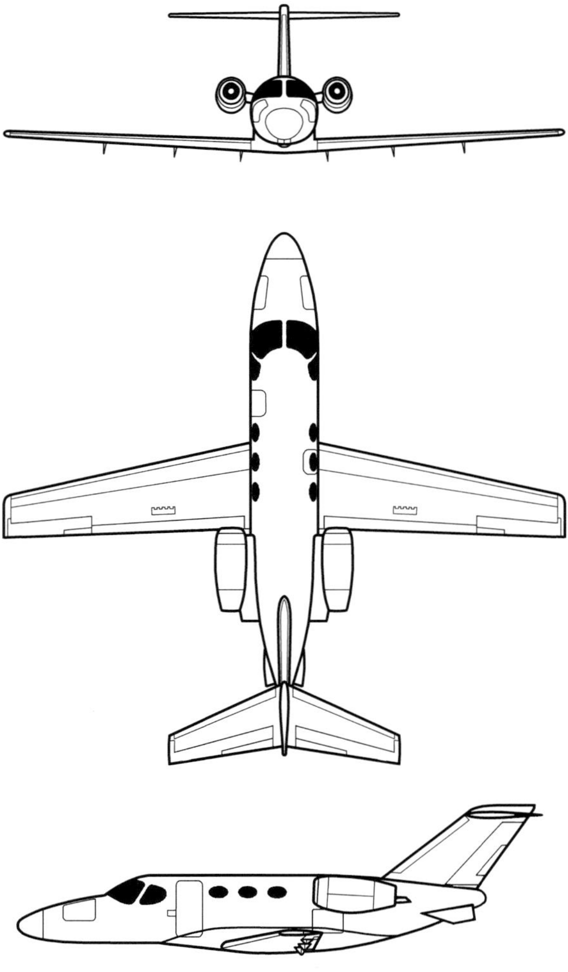

Abmessungen:
Spannweite 13,16 m
Länge 12,17 m
Höhe 4,09 m
Flügelfläche 19,50 m²

CESSNA 510 CITATION MUSTANG

Ursprungsland: USA.
Kategorie: Taxi- und Firmenflugzeug.
Triebwerke: Zwei Mantelstromtriebwerke Pratt & Whitney PW615F von je 662 kp (6,49 kN) Standschub.
Leistungen: Typische Reisegeschwindigkeit 630 km/h auf 10688 m; Dienstgipfelhöhe 12500 m; Reichweite unter IFR-Bedingungen bei einer Nutzlast von 270 kg 2161 km.
Gewichte: Leergewicht 2480 kg; max. Startgewicht 3921 kg.
Zuladung: Pilot und bis zu fünf Passagiere; Nutzlast bei voller Treibstoffzuladung 272 kg.
Entwicklungsstand: Der Prototyp der Citation Mustang absolvierte den Erstflug am 23. April 2005, das erste Serienflugzeug folgte am 29. August 2005. Bisher sind über 400 Einheiten bestellt worden. Davon waren Ende 2007 rund 40 ausgeliefert. Vorläufig sollen jährlich 50 Mustangs gebaut werden.
Bemerkungen: Mit diesem neuesten und kleinsten Jet will sich Cessna gegenüber der neu aufkommenden Konkurrenz von sehr leichten und preisgünstigen Düsenflugzeugen am Markt behaupten. Die Citation Mustang stellt eine Brücke zwischen mit Kolbenmotoren ausgerüsteten Sport- und Reiseflugzeugen und den eigentlichen Businessjets dar. Der Basispreis soll US$ 2,7 Mio. betragen. Von der Auslegung her ist die ganz aus Aluminium hergestellte Mustang der CitationJet-Familie ähnlich, in den Außenabmessungen jedoch kleiner. Der Flügel ohne Pfeilung wurde völlig neu konzipiert. Die kleine Passagierkabine (Länge 4,42 m, Breite 1,42 m, Höhe 1,37 m) verfügt jedoch über eine Toilette. Im Cockpit gelangt die Garmin G100-Avionik zum Einbau, das drei große Flachbildschirme und als Erleichterung für den Piloten ein umfassendes Flight Management System umfasst.
Hersteller: Cessna Aircraft Company, Werk Independence, Wichita, Kansas, USA.

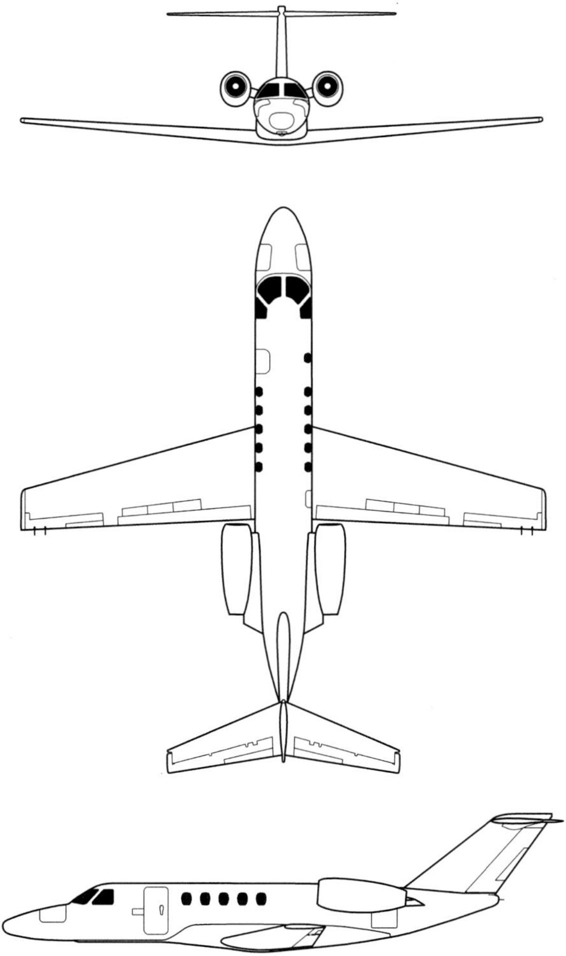

Abmessungen:
Spannweite (CJ1+) 14,30 m, (CJ2+) 15,19 m, (CJ3) 16,26 m, (CJ4) 15,49 m
Länge (CJ1+) 12,98 m, (CJ2+) 14,53 m, (CJ3) 15,29 m, (CJ4) 16,26 m
Höhe (CJ2) 4,24 m, (CJ3) 4,62 m, (CJ4) 4,64 m
Flügelfläche (CJ4) 30,66 m^2

CESSNA 525B CITATION CJ4

Ursprungsland: USA.
Kategorie: Firmenflugzeug.
Triebwerke: Zwei Mantelstromtriebwerke Williams Rolls-Royce FJ44-4A von je 1542 kp (15,12 kN) Standschub.
Leistungen (nach Angaben des Herstellers): Max. Reisegeschwindigkeit 806 km/h auf 10668 m; Steigzeit auf 13106 m 28 Min, Dienstgipfelhöhe 13716 m; max. Reichweite (CJ1+) 2380 km, (CJ2+) 3200 km, (CJ3) 3518 km, (CJ4) 3379 km.
Gewichte: Noch nicht bekannt.
Zuladung: Pilot und Copilot/Passagier im Cockpit und sechs bis acht Passagiere; Nutzlast bei voller Treibstoffzuladung 454 kg, max. 952 kg.
Entwicklungsstand: Der Prototyp CJ4 soll im zweiten Quartal 2008 die Flugerprobung aufnehmen und 2009 erstmals ausgeliefert werden. 70 Maschinen seien bereits bestellt. Von der CJ1, CJ2 und CJ3 hat Cessna mittlerweile über 1000 Einheiten gebaut, von allen Citations zusammen über 5000.
Bemerkungen: Die Familie der CitationJet wird kontinuierlich erweitert und modernisiert. Nach dem Ausgangsmuster CJ1 (siehe Ausgabe 2002), der verlängerten CJ2 (siehe Ausgabe 2003), der abermals gestreckten CJ3 (siehe Ausgabe 2007) lancierte Cessna nun die CJ4. Der Rumpf wurde um 0,93 m verlängert. Völlig neu ist der Flügel mit leichter Pfeilung. Die Triebwerke sind gegenüber der CJ3 wesentlich leistungsfähiger. Obwohl es sich um ein kleines Firmenflugzeug handelt, ist die Passagierkabine mit einer Länge ohne Cockpit von 5,29 m, einer Breite von 1,47 m und einer Höhe von 1,45 m recht geräumig. Wie bei den anderen CitationJet-Mustern gelangt die Collins Pro Line21-Avionik zum Einbau. Die CJ4 soll die Citation Bravo im Angebot von Cessna ersetzen. Der Hersteller gibt einen Basispreis von US$ 7,995 Mio. an
Hersteller: Cessna Aircraft Company, Wichita, Kansas, USA.

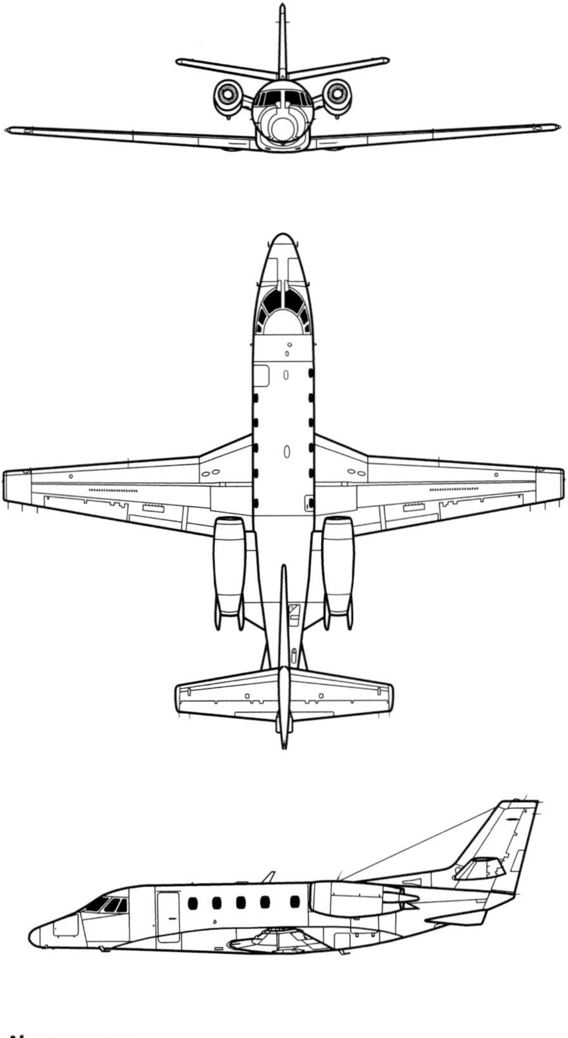

Abmessungen:
Spannweite (XLS) 16,98 m, (XLS+) 17,17 m
Länge 15,78 m
Höhe 5,24 m
Flügelfläche 34,35 m²

CESSNA 561 CITATION XLS/XLS+

Ursprungsland: USA.
Kategorie: Firmenflugzeug.
Triebwerke: Zwei Mantelstromtriebwerke Pratt & Whitney Canada (XLS) PW545B von je 1810 kp (17,75 kN), (XLS+) PW545C von je 1868 kp (18,32 kN) Standschub.
Leistungen: Max. Reisegeschwindigkeit (XLS) 802 km/h (Mach 0,75) auf 10700 m, (XLS+) 815 km/h auf 9550 m; Steigzeit auf 13715 m 25 Min; Dienstgipfelhöhe 13715 m; Reichweite mit fünf Passagieren 3441 km.
Gewichte: Leergewicht 5625 kg; max. Startgewicht 9162 kg.
Zuladung: Zwei Mann Cockpitbesatzung und normalerweise sechs Passagiere in Einzelsitzen, bei enger Bestuhlung bis zu zehn Personen. Nutzlast bei voller Tankfüllung 390 kg.
Entwicklungsstand: Der Erstflug dieser neuesten Variante Citation XLS+ fand Anfang August 2007 statt. Von der Basisversion XLS (Erstflug Ende 2003) sind bisher rund 225 Maschinen in Auftrag gegeben worden. Vom Ausgangsmuster Cessna 561XL Excel wurden bis zur Produktionseinstellung rund 350 Einheiten gebaut.
Bemerkungen: Mitte 2004 wurde die Produktion von der 561XL Excel auf die neue Citation XLS umgestellt. Diese weist dank leistungsstärkerer Triebwerke eine um ca. 60 km/h höhere Reisegeschwindigkeit auf, Dienstgipfelhöhe und Steigleistung sind ebenfalls besser. Die Nutzlast steigt um 90 kg. Auch im Cockpit hat Cessna Änderungen vorgenommen. Es wird das Primus 1000 Control Display System mit drei großen Flüssigkristallbildschirmen eingebaut. Wenn auch das Abfluggewicht etwas höher ist, weist die XLS die gleichen guten Start- und Landeeigenschaften der Excel auf. Mit der 561XL/XLS kombinierte Cessna die Struktur der kleineren Citations mit dem Rumpfquerschnitt der größeren Sovereign und Citation X. Dies ermöglicht eine durchgehende Stehhöhe von 1,73 m. Cessna lancierte unter der Bezeichnung XLS+ eine Weiterentwicklung mit Pro Line 21-Avionik, digitalem Triebwerkmanagement, neu profilierter Flugzeugnase und überarbeitetem Interieur. Der Kaufpreis soll US$ 11,6 Mio. betragen.
Hersteller: Cessna Aircraft Company, Wichita, Kansas, USA.

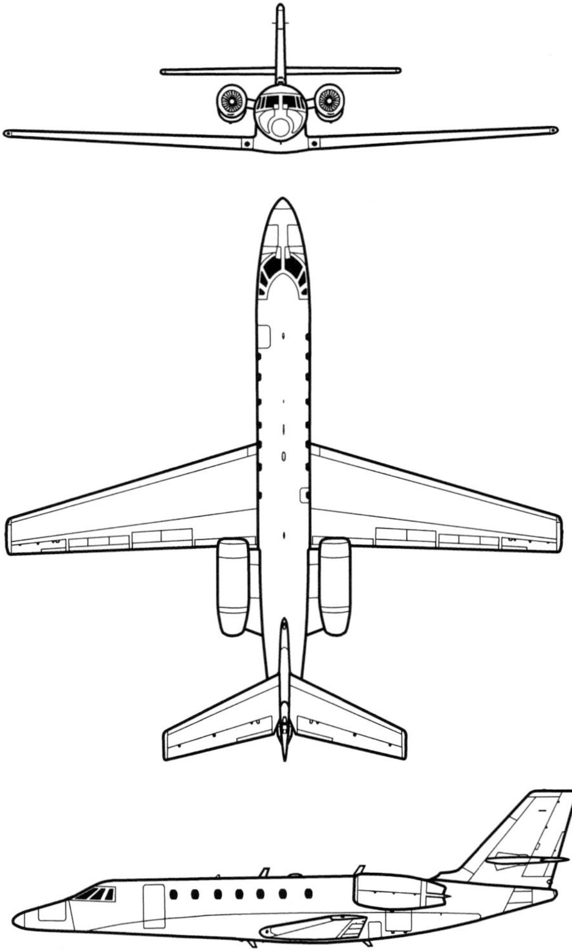

Abmessungen:
Spannweite 19,24 m
Länge 19,37 m
Höhe 6,20 m
Flügelfläche 47,94 m^2

CESSNA 680 CITATION SOVEREIGN

Ursprungsland: USA.
Kategorie: Firmenflugzeug.
Triebwerke: Zwei Mantelstromtriebwerke Pratt & Whitney Canada PW306C von je 2570 kp (25,30 kN) Standschub.
Leistungen: Max. Reisegeschwindigkeit 846 km/h (Mach 0,80) auf 9449 m; Zeit um 13100 m zu erreichen 26 Min; Dienstgipfelhöhe 14325 m; Reichweite mit acht Passagieren und IFR-Reserven 4962 km, bei VFR-Regeln 5339 km.
Gewichte: Leergewicht 7892 kg; max. Startgewicht 13743 kg.
Zuladung: Zwei Piloten und bis zu zehn Passagiere; Nutzlast mit max. Treibstoffzuladung 898 kg, max. Nutzlast 1270 kg.
Entwicklungsstand: Der Prototyp der Sovereign nahm die Flugerprobung am 27. Februar 2002 auf, gefolgt vom ersten Serienmuster am 27. Juni 2002. Im September 2004 starteten die Auslieferungen. Die amerikanische ExecutiveJet alleine hat 100 Exemplare bestellt. Ende 2007 waren über 160 Einheiten gebaut.
Bemerkungen: Als Antwort auf die neuen Konkurrenzmuster im Bereich der mittelgroßen Geschäftsflugzeuge lancierte Cessna die neue Sovereign. Um den Verkaufspreis (voll ausgerüstet ca. US$ 13,3 Mio.) möglichst günstig zu halten, basiert sie konstruktiv auf der Cessna Excel (siehe Ausgabe 2003), ist aber größer und zeichnet sich durch eine sehr geräumige Kabine aus. Der Rumpf ist gegenüber dem Ausgangsmuster um 1,80 m verlängert. Neu ist der superkritische Flügel mit einer leichten Pfeilung von 16,1° und einem besonders geringen aerodynamischen Widerstand. Dadurch lassen sich hohe Reisegeschwindigkeiten erzielen. Seitenleitwerk und Höhenruder sind aus dem gleichen Grund ebenfalls leicht gepfeilt. Die Sovereign soll die guten Start- und Landeeigenschaften der Citation-Familie beibehalten (Startlänge ca. 1130 m, Landelänge ca. 975 m). Die Avionik Epic CDS stammt von Honeywell, das Cockpit ist mit vier großen Multifunktions-Flachbildschirmen ausgestattet.
Hersteller: Cessna Aircraft Company, Wichita, Kansas, USA.

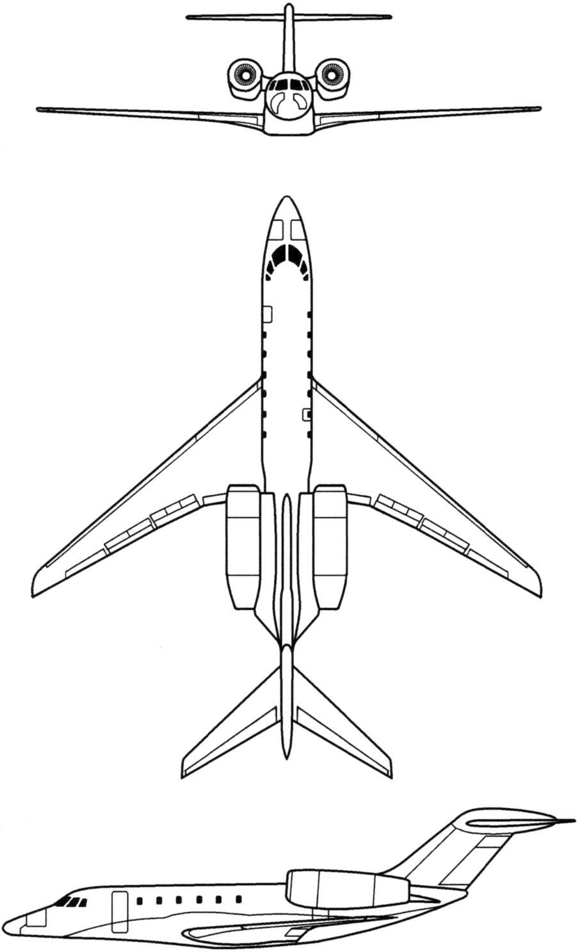

Abmessungen:
Spannweite 19,48 m
Länge 22,04 m
Höhe 5,86 m
Flügelfläche 48,96 m²

CESSNA 750 CITATION X

Ursprungsland: USA.
Kategorie: Firmenflugzeug.
Triebwerke: Zwei Mantelstromtriebwerke Rolls Royce (Allison) AE 3007C-1 von je 3068 kp (30,09 kN) Standschub.
Leistungen: Höchstgeschwindigkeit 972 km/h (Mach 0,92); max. Reisegeschwindigkeit auf 11275 m 934 km/h oder Mach 0,88; Langstrecken-Reisegeschwindigkeit 851 km/h; Anfangssteiggeschwindigkeit 22,4 m/Sek; Dienstgipfelhöhe 15545 m; VFR-Reichweite bei Mach 0,82 mit sechs Passagieren und 45 Min. Reserven 6115 km, IFR-Reichweite 5586 km.
Gewichte: Leergewicht 9843 kg; max. Startgewicht 16374 kg.
Zuladung: Zwei Mann Cockpitbesatzung und normalerweise acht, maximal aber bis zu 12 Passagiere in Einzelsitzen und einer dreiplätzigen Couch; Nutzlast mit vollen Treibstofftanks 617 kg, max. 1179 kg.
Entwicklungsstand: Das erste von drei Erprobungsmustern nahm die Flugtests am 21. Dezember 1993 auf. Mit den Kundenauslieferungen wurde nach Erhalt der Zulassung im Juni 1996 begonnen. Bisher sind über 270 Citation X gebaut worden, darunter 31 für die ExecutiveJet. Angesichts der Nachfrage wird die Monatsproduktion erhöht.
Bemerkungen: Die Citation X erreicht die höchste Reisegeschwindigkeit aller Zivilflugzeuge außer der Concorde. Dafür erhielt sie einen neuartigen und hoch entwickelten Flügel, der eine Pfeilung von 35° aufweist. Als erstes Cessna-Flugzeug verfügt sie über eine servounterstützte Flugsteuerung. Der Rumpfquerschnitt erlaubt durchgehend Stehhöhe. Das Cockpit ist mit dem digitalen EFIS-System Honeywell Primus 2000 ausgerüstet. Citations X ab dem Modelljahr 2002 verfügen über Triebwerke mit um 180 kp größerer Startleistung und erhöhtes Maximalgewicht. Auch die Avionik von Honeywell wurde aufgerüstet. Der Preis für die Basisversion beläuft sich auf etwa US$ 19 Mio. Ab der Seriennummer 225 erhielt das Topmodell von Cessna ein neu gestaltetes Interieur. Neu ist die Citation X auch mit Winglets erhältlich. Cessna plant eine überarbeitete Ausführung mit längerem und breiterem Rumpf.
Hersteller: Cessna Aircraft Company, Wichita, Kansas, USA.

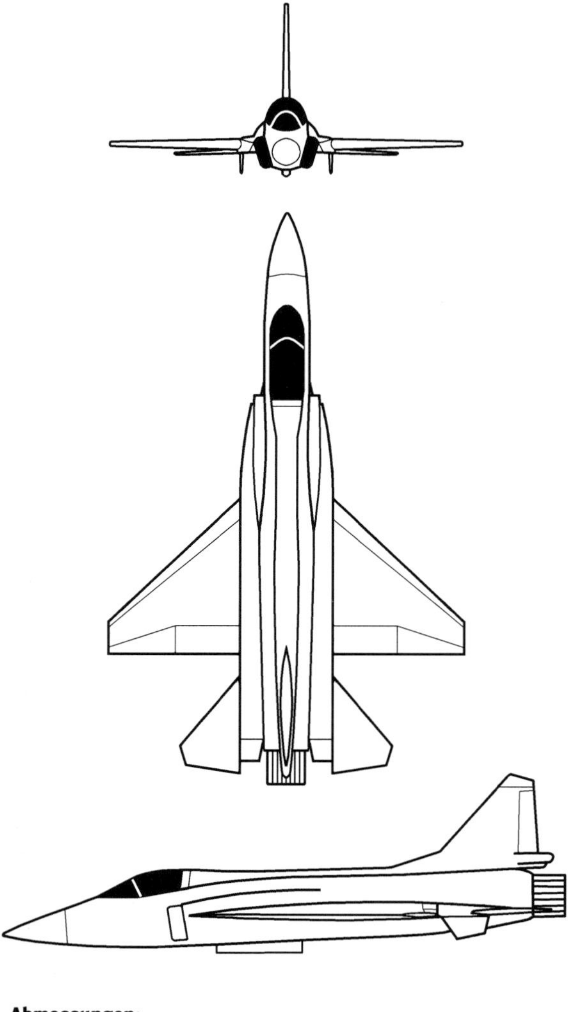

Abmessungen:
Spannweite 9,46 m
Länge 14,97 m
Höhe 4,77 m
Flügelfläche 24,40 m²

CHENGDU FC-1/JF-17 SUPER 7

Ursprungsland: Volksrepublik China.
Kategorie: Einsitziger Luftüberlegenheitsjäger und Erdkämpfer.
Triebwerke: Ein Mantelstromtriebwerk Klimow RD-93 von 5040 kp (49,4 kN) ohne und 8300 kp (81,4 kN) Standschub mit Nachverbrennung.
Leistungen (geschätzt): Höchstgeschwindigkeit ohne Außenlasten 1800 km/h (Mach 1,8); Dienstgipfelhöhe 16700 m; Aktionsradius als Jäger 1200 km, als Erdkämpfer 700 km; Reichweite mit internem Kraftstoff 1600 km; Überführungsreichweite 3000 km.
Gewichte: Leergewicht 6350 kg; Startgewicht normal beladen ohne Außenlasten 9100 kg; max. Startgewicht 12700 kg.
Bewaffnung: Eine doppelläufige 23-mm-Kanone GSh-223-2 unter dem Rumpf und Luft-Luft- bzw. Luft-Boden-Lenkwaffen sowie Bomben an vier Stationen unter den Flügeln und zwei an den Flügelspitzen. Max. Waffenladung 3600 kg.
Entwicklungsstand: Das erste Erprobungsmuster nahm nach längerer Verzögerung die Flugerprobung am 25. August 2003 auf. Das erste Serienmuster wurde im März 2007 der pakistanischen Luftwaffe übergeben. China soll 250 FC-1 erhalten. Pakistan will etwa 150 als JF-17 bezeichnete Einheiten ab 2007 in Lizenz bauen und hat vorerst 16 Einheiten bestellt. Weitere Besteller: Azerbeijan 26, Zimbabwe 12.
Bemerkungen: Das chinesisch-pakistanische Gemeinschaftsprojekt FC-1 wird in enger Zusammenarbeit mit der russischen MAPO entwickelt. Dieses Muster basiert auf der nie fertig gestellten einmotorigen Variante der MiG-29, der MiG-33. Als kompakter Allwetter-Mehrzweckjäger soll er den Leistungen der F-16 nahe kommen. Die Auslegung der FC-1 ist recht konventionell. Rumpf wie Flügel bestehen aus Aluminium. Die Steuerung ist noch vollständig servogesteuert. Spätere Ausführungen sollen ein Fly-By-Wire-System erhalten. Die ersten 50 pakistanischen Exemplare verfügen über chinesische Avionik, danach sollen entweder die westlichen Mehrzweckradar-Modelle Grifo S7 oder RC400 eingebaut werden. Eine zweisitzige Ausführung ist ebenfalls vorgesehen. Aufgrund von Erkenntnissen in der Erprobung wurde ein vierter Prototyp mit überarbeiteten Triebwerkeinläufen und Flügelvorderkanten sowie erhöhtem Seitenleitwerk gebaut. Dieser soll der Serienausführung sehr nahe kommen.
Hersteller: Chengdu Aircraft Industrial Corp., Chengdu, Sichuan, VR China.

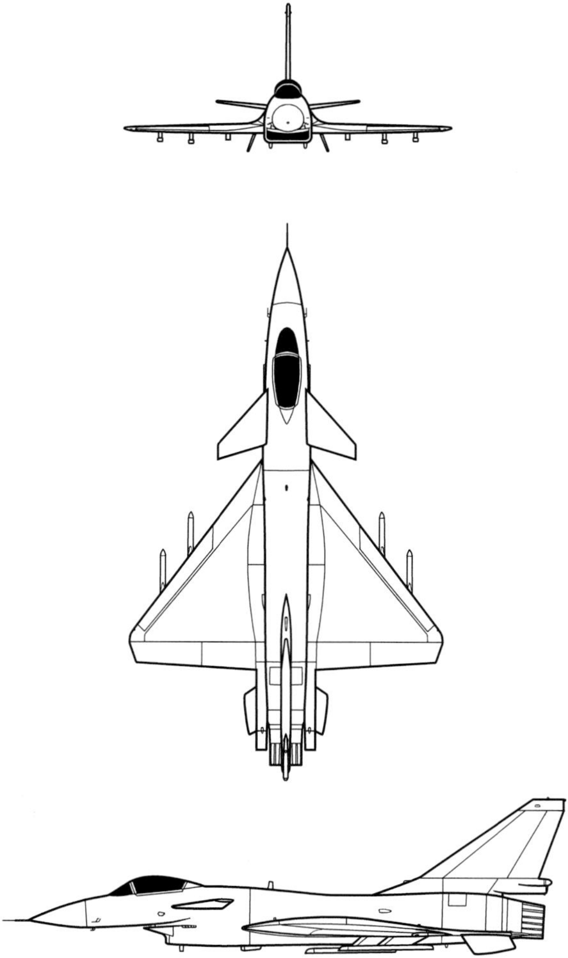

Abmessungen:
Spannweite Hauptflügel 8,78 m, Vorflügel 5,30 m
Länge 14,57 m
Höhe 4,78 m
Fläche Hauptflügel 45,50 m², Vorflügel 4,70 m²

CHENGDU J-10

Ursprungsland: Volksrepublik China.
Kategorie: Einsitziger Mehrzweckjäger und zweisitzier Einsatztrainer.
Triebwerke: Ein Mantelstromtriebwerk Saturn/Lyulka AL-31FN von 8100 kp (79,4 kN) Standschub ohne und 12800 kp (125,50 kN) mit Nachverbrennung.
Leistungen (geschätzt): Höchstgeschwindigkeit Mach 2,2 in großen Höhen, auf Meereshöhe Mach 1,2; Dienstgipfelhöhe 18000 m; Aktionsradius 550 km; Reichweite 1850 km.
Gewichte: Leergewicht 9730 kg; max. Startgewicht 24650 kg.
Bewaffnung: Eine Kombination von Kurzstrecken-Luft-Luft-Lenkwaffen PL-8, Mittelstrecken-Luft-Luft-Lenkwaffen PL-11 und Zusatztanks/Luft-Boden-Raketen/Bomben an bis zu elf Waffenstationen; max. Waffenlast rund 5500 kg. Zudem ist eine 23-mm-Kanone eingebaut.
Entwicklungsstand: Der erste von vier Prototypen führte am 24. März 1998 seinen Erstflug aus, der doppelsitzige Prototyp J-10B im 2004. Seit 2004 ist die F-10 bei der Luftwaffe der VR China im Einsatz. Insgesamt soll sie 300 Exemplare bekommen, etwa 90 davon befinden sich derzeit im Einsatz. Pakistan ist an der Beschaffung der J-10 ebenfalls interessiert.
Bemerkungen: Der definitiv als J-10 bezeichnete Mehrzweckjäger ist das Resultat einer gemeinsamen Entwicklung von Chengdu und der israelischen IAI. Diese brachte das Know-how des früheren Abfangjägers Lavi (siehe Ausgabe 1987/88) in das Projekt ein. Deshalb gleichen sich äußerlich die beiden Muster. Ein neues Bordradar chinesischer Provenienz ist eingebaut, welches die halbaktiven Radar gesteuerten Lenkwaffen PL-12/SD-10 führt. Die J-10 verfügt über ein Fly-By-Wire-Steuerungssystem. Verursacht durch technische Schwierigkeiten, war die Entwicklung der J-10 durch lange Verzögerungen gekennzeichnet. So wurden u.a. auch Teile der Zelle umkonstruiert. Chengdu sei offenbar an einer Weiterentwicklung Super-10 der J-10. Diese soll über ein Vektor-gesteuertes Triebwerk und ein neues Radar verfügen. Die Zelle werde zudem verstärkt.
Hersteller: CAC, Chengdu Aircraft Industrial Corporation, Chengdu, Sichuan, VR China.

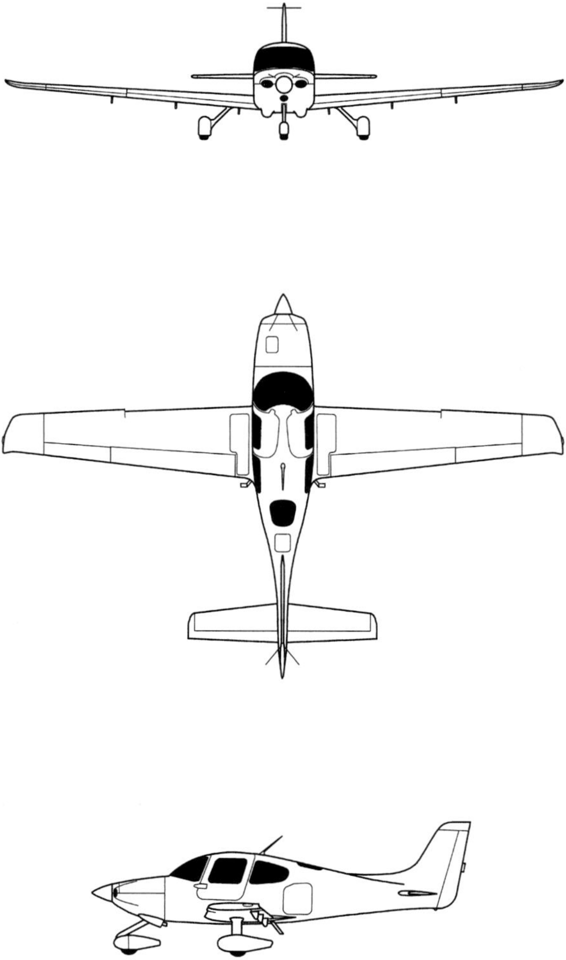

Abmessungen:
Spannweite 11,68 m
Länge 7,92 m
Höhe 2,80 m
Flügelfläche 13,46 m²

CIRRUS SR22-G3

Ursprungsland: USA.
Kategorie: Sport- und Reiseflugzeug.
Triebwerke: Ein luftgekühlter Sechszylinder-Boxermotor Teledyne Continental IO-550-N von 310 PS (230 kW) Leistung.
Leistungen: Höchstzulässige Geschwindigkeit 378 km/h; max. Reisegeschwindigkeit 335 km/h; Anfangssteiggeschwindigkeit 7 m/Sek; Dienstgipfelhöhe 5180 m, (G3) 7600 m; max. Reichweite mit IFR-Reserven 1600 km.
Gewichte: Leergewicht 1021 kg; max. Startgewicht 1542 kg.
Zuladung: Pilot und drei Passagiere, max. Nutzlast rund 500 kg.
Entwicklungsstand: Die Weiterentwicklung SR22G-3 wird seit Anfang 2007 angeboten. Von allen Varianten wurden bisher fast 4000 Exemplare gebaut. Die Jahresproduktion beträgt 600 Maschinen.
Bemerkungen: In die mittlerweile recht lange Reihe von CR-Modellen fügt Cirrus als neuestes Produkt die SR22-G3 an. Laut Hersteller wurden gegenüber dem Vormodell über 300 Modifikationen und Verbesserungen vorgenommen. Neu ist der Flügel, der dank eines neuen Karbonfiber-Kernträgers leichter und robuster ist. Er fasst auch 42 l mehr Treibstoff. Die allgemeine Aerodynamik wurde im Detail verbessert, das Fahrwerk ist leicht erhöht. Als Option kann eine Klimaanlage eingebaut werden. Schließlich hat man die Bedienung durch verschiedene Maßnahmen optimiert. Weiterhin angeboten werden die Versionen SR20/SR20-GTS, SR22/SR-22-GTS sowie die SR22 Turbo GTS. Neuesten Informationen zufolge plant auch Cirrus einen kleinen, kostengünstigen Jet zu entwickeln, welcher der bisherigen Design-Philosophie des Herstellers folgt.
Hersteller: Cirrus Design Corp., Duluth, Minnesota, USA.

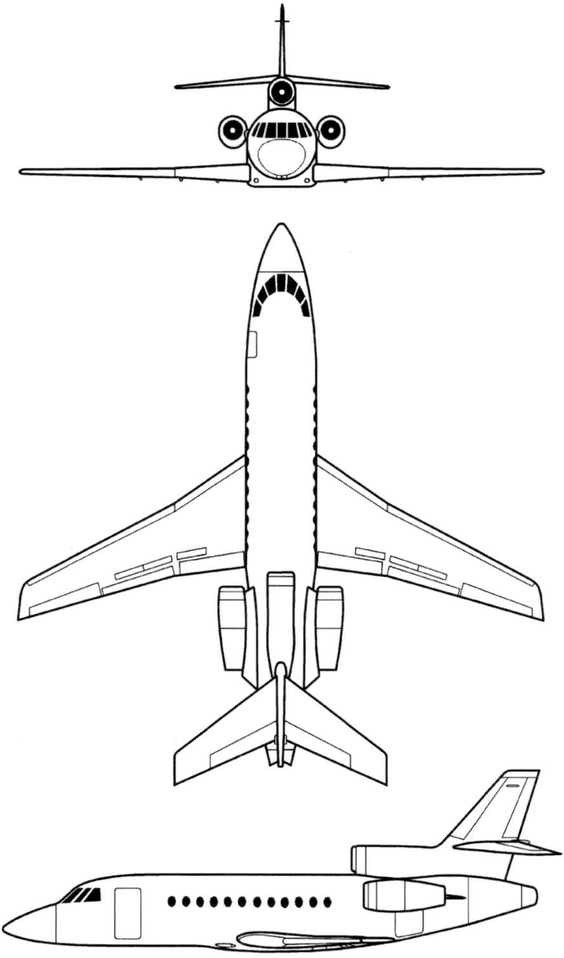

Abmessungen:
Spannweite 19,33 m
Länge 20,21 m
Höhe 7,55 m
Flügelfläche 49,03 m^2

DASSAULT FALCON 900DX

Ursprungsland: Frankreich.
Kategorie: Firmenflugzeug.
Triebwerke: Drei Mantelstromtriebwerke Honeywell TFE731-60 von je 2268 kp (22,24 kN) Standschub.
Leistungen: Höchstgeschwindigkeit 924 km/h auf 10975 m (Mach 0,87); max. Reisegeschwindigkeit 881 km/h auf 11890 m (Mach 0,84); Langstrecken-Reisegeschwindigkeit 788 km/h; Dienstgipfelhöhe 15550 m; Reichweite mit sechs Passagieren und maximaler Treibstoffzuladung und IFR-Reserven 7590 km.
Gewichte: Rüstgewicht 11100 kg; max. Startgewicht 21183 kg.
Zuladung: Zwei Piloten und je nach Innenausstattung 8 bis 15 Passagiere. Maximale Passagierkapazität 19 Personen in Dreierreihen; max. Nutzlast 2170 kg.
Entwicklungsstand: Erstflug des ersten Prototypen der Falcon 900 am 21. September 1984, gefolgt vom ersten Serienflugzeug im März 1986. Die neueste 900DX flog erstmals im Juni 2005. Im November 2007 wurde die 400. Falcon 900 abgeliefert, davon über 200 der Ausführungen 900EX und 900DX. Derzeit werden nur noch die Versionen EX und DX gebaut und zwar jährlich etwa 30 Einheiten davon.
Bemerkungen: Die neueste Ausführung der mittlerweile recht lang gewordenen Falcon 900-Familie heißt 900DX. Leistungs- wie preismäßig (Preis rund US$ 31,7 Mio.) positioniert sie sich zwischen der Falcon 900C und der Falcon 900EX. Die Außen- und Innenabmessungen sind bei allen drei Mustern gleich. Bei der DX wurde besonderer Wert auf Wirtschaftlichkeit gelegt. So sollen dank der neuen Triebwerke die Betriebskosten um rund 5 % tiefer sein. Gegenüber der 900C zeichnet sie sich durch größere Reichweite und höhere Steigleistungen aus. Sie ist in der Lage, ab wesentlich kürzeren Pisten zu operieren. Das gleiche Avionik-System EASy der 900C gelangt auch bei der 900DX zum Einbau. Basierend auf der 900DX offeriert Dassault neu auch eine Seeaufklärervariante 900MPA mit einem Suchradar Ocean Master von Thales.
Hersteller: Dassault Falcon Jet Corporation, Werk Bordeaux-Mérignac, St. Cloud, Frankreich.

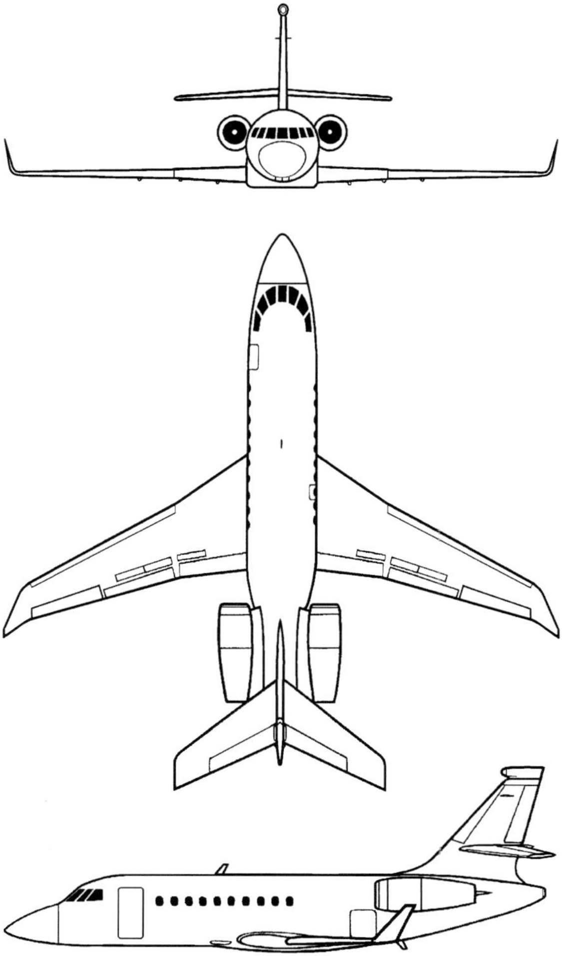

Abmessungen:
Spannweite (DX) 19,33 m, (LX) 21,38 m
Länge 20,21 m
Höhe 7,06 m
Flügelfläche 49,02 m²

DASSAULT FALCON 2000DX/LX

Ursprungsland: Frankreich.
Kategorie: Firmenflugzeug.
Triebwerke: Zwei Mantelstromtriebwerke Pratt & Whitney Canada PW308C von je 3175 kp (31,13 kN) Standschub.
Leistungen: Max. Reisegeschwindigkeit auf 11890 m 903 km/h (Mach 0,85); Anfangssteiggeschwindigkeit 17,4 m/Sek; Dienstgipfelhöhe 14300 m; Reichweite mit sechs Passagieren und NBAA-Reserven (DX) 6019 km, (LX) 7400 km.
Gewichte: Rüstgewicht 10519 kg; max. Startgewicht (DX/LX) 18597/19142 kg.
Zuladung: Zwei Piloten im Cockpit und je nach Innenausstattung acht bis zwölf Passagiere in der Kabine, bei enger Bestuhlung 19 Passagiere.
Entwicklungsstand: Erstflug des Erprobungsmusters Falcon 2000 am 4. März 1993. Zulassung und Beginn der Ablieferungen an Kunden im Februar 1995. Die neuesten Ausführungen 2000LX und 2000DX flogen erstmals im Frühjahr 2007 bzw. am 19. Juni 2007. Bis Ende 2007 sind von allen Falcon 2000-Varianten über 400 Einheiten gebaut worden. Die Jahresproduktion zusammen mit der Falcon 900 beläuft sich derzeit auf fast 60 Einheiten.
Bemerkungen: Die Falcon 2000 verfügt über den gleichen komfortablen Rumpfquerschnitt mit durchgehender Stehhöhe wie die Falcon 900 (siehe Seiten 142/143). Die Kabine ist aber mit 9,46 m Länge etwas kürzer. Dank nur zwei Triebwerken kann die Falcon 2000 deutlich wirtschaftlicher betrieben werden. Das Cockpit ist mit vier CRT EFIS-Displays des Typs Collins Pro Line 4 ausgerüstet. Als Option ist ein HUD erhältlich. Die seit 2004 gebaute verbesserte Ausführung 2000EX wird ab 2010 durch die 2000LX abgelöst. Der Hauptunterschied besteht in der größeren Spannweite mit Winglets. Die dadurch erzielte Treibstoffeinsparung von rund 5 % ermöglicht eine erhöhte Reichweite und bessere Steigleistungen. Frühere 2000EX können in die 2000LX umgebaut werden. Alle seit 2004 gebauten Falcon 2000 sind mit dem interaktiven Cockpit-Management-System »EASy« versehen. Seit 2007 wird die preisgünstigere Version Falcon 2000DX mit um 900 kg geringerem Tankinhalt produziert.
Hersteller: Dassault Falcon Jet Corporation, Werk Bordeaux-Mérignac, St. Cloud, Frankreich.

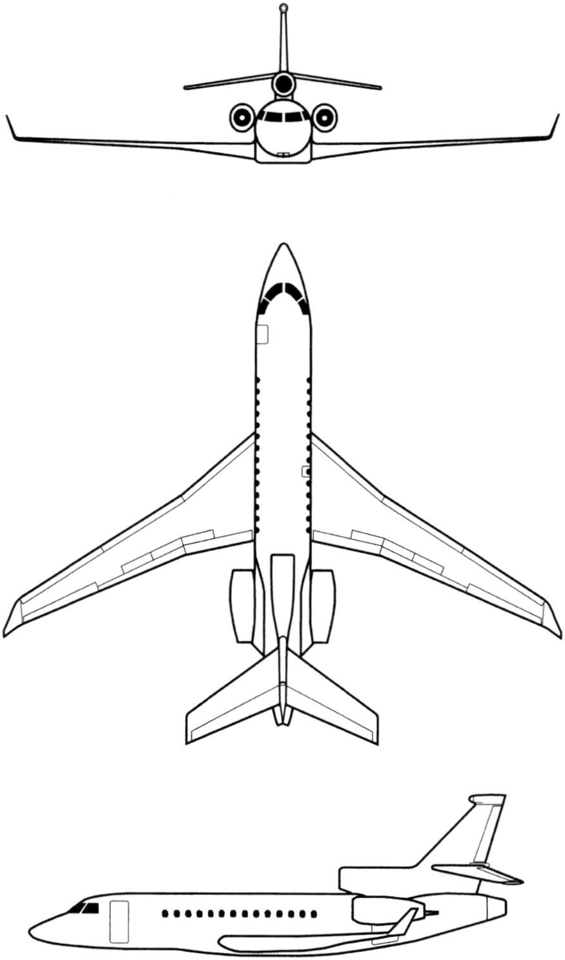

Abmessungen:
Spannweite 26,21 m
Länge 23,19 m
Höhe 7,83 m
Flügelfläche 70,70 m²

DASSAULT FALCON 7X

Ursprungsland: Frankreich.
Kategorie: Firmenflugzeug.
Triebwerke: Drei Mantelstromtriebwerke Pratt & Whitney Canada PW307A von je 2900 kp (28,47 kN) Standschub.
Leistungen: Max. Reisegeschwindigkeit Mach 0,90; Langstreckenreisegeschwindigkeit Mach 0,80; Dienstgipfelhöhe 15554m; Reichweite mit acht Passagieren und NBAA-Reserven bei Mach 0,80 11119 km.
Gewichte: Rüstgewicht 15545 kg; max. Startgewicht 31290 kg.
Zuladung: Zwei Piloten im Cockpit und je nach Innenausstattung acht bis zwölf Passagiere in der Kabine, bei enger Bestuhlung 19 Passagiere; Nutzlast bei max. Treibstoffzuladung 1355 kg.
Entwicklungsstand: Die Dassault 7X absolvierte den Erstflug am 5. Mai 2005, gefolgt von einer zweiten am 5. Juli 2005. Bis Ende 2007 waren bereits rund 180 Maschinen bestellt und 15 davon abgeliefert.
Bemerkungen: Mit der Falcon 7X baut Dassault sein Angebot an Businessjets im obersten Segment aus. Der Rumpf ist gegenüber der Falcon 900 um 2,98 m länger. Bei gleichem Kabinenquerschnitt misst der Passagierraum nun 11,90 m. Dem Komfort wurde größte Aufmerksamkeit geschenkt. So ist der Lärmpegel nochmals reduziert worden. Auch die Klimatisierung wurde verbessert. Mit rund 4,45 m^3 ist der Gepäckraum sehr großzügig ausgefallen. Ganz neu ist der Flügel, welcher für aerolastische Effekte optimiert wurde, sehr hohe Reisegeschwindigkeiten ermöglicht, die guten Langsamflugeigenschaften jedoch beibehält. Im Vergleich zur Falcon 900EX weist er eine um 44% größere Fläche auf und ist um 50 stärker gepfeilt. Wie alle neuen Falcons ist auch die 7X mit dem EASy-Cockpit ausgerüstet. Gesteuert wird mit einem Fly-By-Wire-System. Anstelle von Steuerhörnern sind Sidesticks eingebaut. Dank der leistungsstarken Triebwerke ist die Falcon 7X derzeit der schnellste Businessjet seiner Klasse. Dassault gibt einen Listenpreis von US$ 40 Mio. an.
Hersteller: Dassault Falcon Jet Corporation, Werk Bordeaux-Mérignac, St. Cloud, Frankreich.

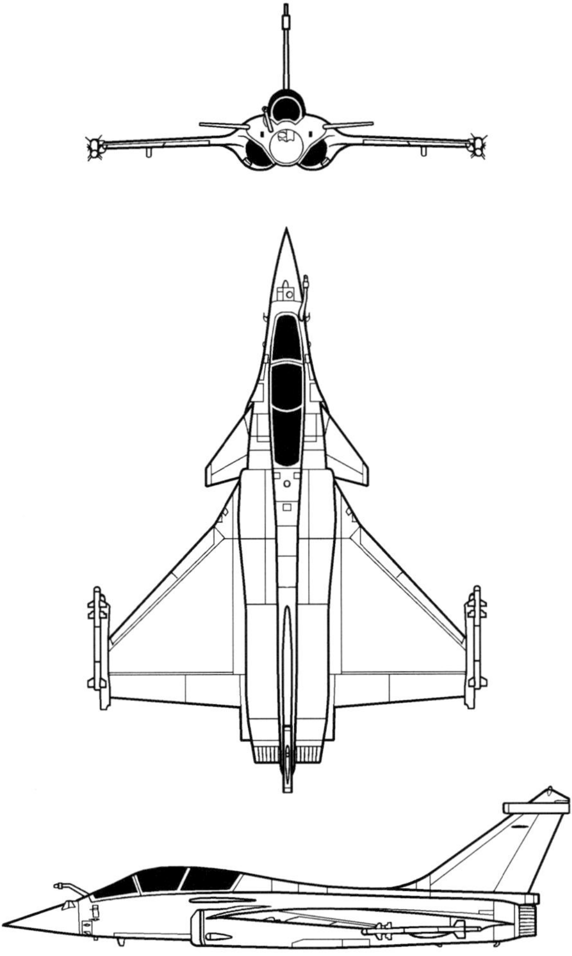

Abmessungen:
Spannweite inkl. Lenkwaffen an den Flügelspitzen 10,90 m
Länge 15,30 m
Höhe 5,34 m
Flügelfläche 45,70 m²

DASSAULT RAFALE F2/F3

Ursprungsland: Frankreich.
Kategorie: Zweisitziges Mehrzweckkampfflugzeug B, einsitziger bordgestützter oder landgestützter Abfangjäger M bzw. C.
Triebwerke: Zwei Mantelstromtriebwerke SNECMA M88-2 von je 4966 kp (48,7 kN) Standschub ohne und 7438 kp (72,9 kN) mit Nachbrenner.
Leistungen: Höchstgeschwindigkeit 2124 km/h über 10975 m (Mach 2,0), 1390 km/h im Tiefflug (Mach 1,15); Anfangssteiggeschwindigkeit 305 m/Sek; Dienstgipfelhöhe 16775 m; taktischer Einsatzradius in Abfangmission mit acht Mica Luft-Luft-Lenkwaffen, einem Zusatztank von 1700 l unter dem Rumpf und je einem von 1300 l unter den Flügeln 1853 km, bei einem Einsatzprofil hoch-tief-tief-hoch mit 12 250-kg-Bomben, vier Mica-Lenkwaffen und Zusatztanks von insgesamt 4300 l 1093 km.
Gewichte: Rüstgewicht (C) 9100 kg, (B) 10000 kg, (M) 9700 kg; max. Startgewicht 19500 bis 24500 kg.
Bewaffnung: Eine 30-mm-GIAT-DEFA-Kanone 791B und eine Waffenlast von max. 9500 kg, verteilt auf 13 Aufhängepunkte unter Rumpf und Flügeln sowie an den Flügelenden.
Entwicklungsstand: Erstflug des ersten Prototypen am 19. Mai 1991. Die französische Luftwaffe erhält 234 Maschinen (84 Doppelsitzer Rafale B und 150 Einsitzer Rafale C; 134 bestellt), die französische Marine 60 Einsitzer Rafale M (bisher 50 bestellt). Im Juni 2004 wurde die erste Staffel der Aéronavale einsatzbereit, die erste der Armée de l'Air im Juni 2006. Jährlich werden 15 Maschinen gebaut.
Bemerkungen: Die Rafale verfügt über das neueste zweidimensionale Bordradar GIE RBE2 mit elektronisch scannender Antenne. Fast die gesamte Zelle ist aus Verbundwerkstoffen hergestellt, Rumpfspitze und Heck bestehen aus Kevlar. In besonders beanspruchten Bereichen gelangt Titan zum Einsatz. Die Steuerung erfolgt nach dem Fly-By-Wire-Prinzip. Derzeit fliegt ein Erprobungsmuster, welches im oberen Teil des Rumpfes mit integrierten (sog. conformalen) Treibstofftanks für je 1150 l ausgerüstet ist. Alle derzeit produzierten Maschinen entsprechen dem Standard F2, ab dem 125. gelieferten Flugzeug sind es Mehrzweck-Kampfflugzeuge des Standards F3.
Hersteller: Dassault Défense, Vaucresson, Frankreich.

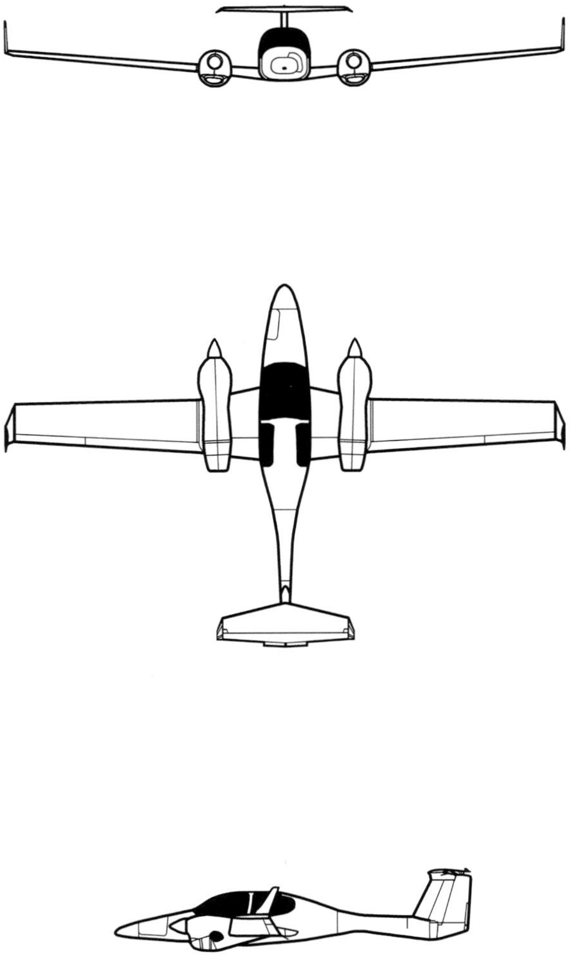

Abmessungen:
Spannweite 13,42 m
Länge 8,56 m
Höhe 2,49 m
Flügelfläche 16,29 m²

DIAMOND DA42 TWIN STAR

Ursprungsland: Österreich.
Kategorie: Sport- und Reiseflugzeug.
Triebwerke: Zwei luftgekühlte Turbodieselmotoren Thielert Centurion 1,7 von je 135 PS (100 kW) Leistung.
Leistungen (mit Centurion-Triebwerken): Höchstzulässige Geschwindigkeit 359 km/h; Reisegeschwindigkeit bei 90 % Leistung auf 3048 m Höhe 302 km/h; Anfangssteiggeschwindigkeit 5,3 m/Sek; Dienstgipfelhöhe 5485 m; Reichweite bei 60 % Leistung 1577km, mit optionalem Zusatztank 2222 km.
Gewichte: Leergewicht 1260 kg; max. Startgewicht 1785 kg.
Zuladung: Vier Personen einschließlich des Piloten; max. Zuladung 513 kg.
Entwicklungsstand: Der Prototyp nahm am 9. Dezember 2002 die Flugerprobung auf. Über 400 sind bis Ende 2007 hergestellt worden. Erste Auslieferungen erfolgten im zweiten Semester 2004. Monatlich werden rund 20 Einheiten gebaut.
Bemerkungen: Das interessanteste Teil der Twin Star sind sicherlich die Dieselmotoren. Von der Firma Thielert Aircraft Engines entwickelt, zeichnen sich diese Triebwerke durch geringe Lärm- und Abgaswerte sowie äußerst günstige Verbrauchszahlen aus. Der Literverbrauch pro Stunde soll bei 200 km/h gerade mal 17,5 l betragen. Nebst Dieselkraftstoff kann auch A-1 Jet-Treibstoff oder eine beliebige Mischung von beiden getankt werden. Im übrigen weist die DA42 eine sehr aerodynamische und eigenständige Form auf. Die Avionik entspricht dem heutigen Standard. Auf Wunsch kann das Cockpit mit drei Multifunktions-Displays ausgerüstet werden. Die Basisversion kostet rund US$ 360'000. Neu bietet Diamond diverse Überwachungsvarianten DA42MPP u.a. mit dem sog. OPALE-System in der Rumpfnase an. Sie verfügen über diverse Sensoren und Seitenscheiben mit Auswölbungen zur besseren Beobachtung. Derzeit erprobt Diamond auch eine Version mit Lycoming IO 360-Triebwerken mit einer Leistung von 180 PS (135 kW). Sie ist vorwiegend für den US-Markt vorgesehen.
Hersteller: Diamond Aircraft, Flugplatz Wiener-Neustadt, Österreich.

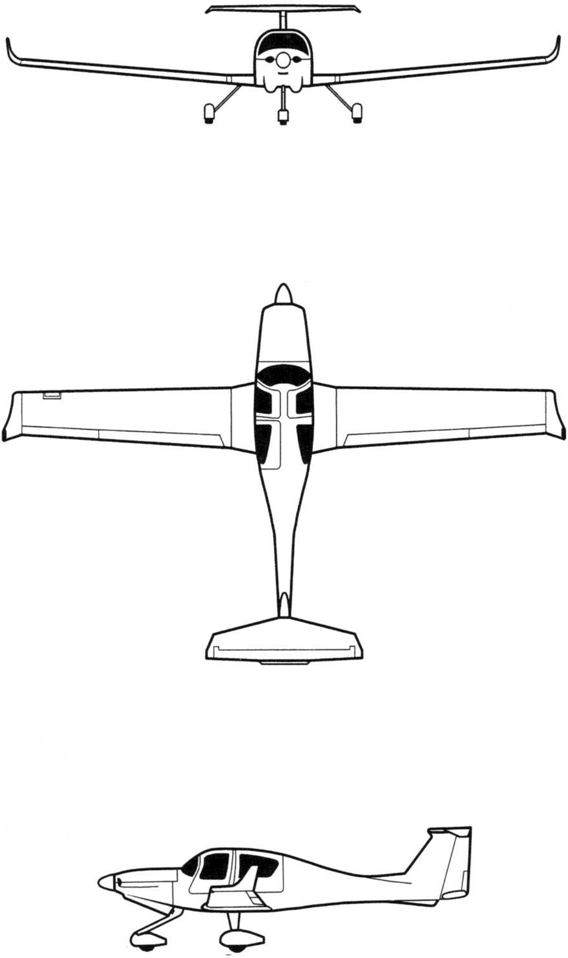

Abmessungen:
Spannweite 11,68 m
Länge 8,81 m
Höhe 2,21 m
Flügelfläche 13,75 m²

DIAMOND DA-50 SUPER STAR

Ursprungsland: Österreich.
Kategorie: Sport- und Reiseflugzeug.
Triebwerke: Ein luftgekühlter Sechszylinder-Boxermotor Teledyne Continental TSIOF-550J von 350 PS (261 kW) Leistung.
Leistungen: Höchstgeschwindigkeit 383 km/h; max. Reisegeschwindigkeit auf 5485 m Höhe 363 km/h; Dienstgipfelhöhe 7620 m; max. Reichweite mit VFR-Reserven 1667+ km.
Gewichte: Leergewicht 998 kg; max. Startgewicht ca. 1615 kg.
Zuladung: Pilot und vier Passagiere.
Entwicklungsstand: Am 4. April 2007 hob der Prototyp erstmals ab. Die Serienproduktion startete im Januar 2008. Über den aktuellen Bestellungsstand ist nichts bekannt.
Bemerkungen: Mit der DA50 Super Star hat Diamond ein Produkt am oberen Ende der Leistungsklasse von einmotorigen Sport- und Reiseflugzeugen entwickelt. Sie zeichnet sich vor allem durch eine geräumige und luxuriöse Kabine aus und verfügt serienmäßig über eine Klimaanlage. Für die Hintersitze gibt es ein Entertainment-System. Die Breite von 1,32 m ist bisher unübertroffen, die großen Panoramascheiben geben einen ausgezeichneten Rundblick. Dank des leistungsstarken Motors verbunden mit der aerodynamisch optimierten Form werden sehr gute Flugleistungen erzielt. Er ist mit einem FADEC-System ausgerüstet. Später will Diamond auch ein Dieseltriebwerk anbieten. Das Cockpit ist mit dem Avionik-System Garmin G1000 mit drei Großbildschirmen ausgerüstet. Wie bei allen Diamond-Modellen ist auch die gesamte Struktur der DA-50 aus Kunststoff.
Hersteller: Diamond Aircraft, Flugplatz Wiener-Neustadt, Österreich.

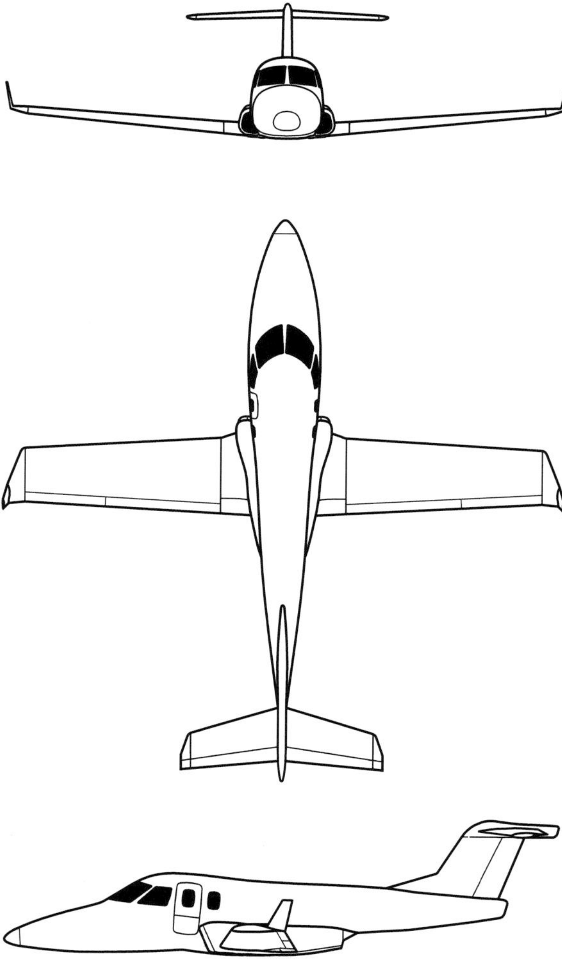

Abmessungen:
Spannweite 11,43 m
Länge 10,70 m
Höhe 3,53 m

DIAMOND D-JET

Ursprungsland: Österreich.
Kategorie: Reiseflugzeug und leichter Firmenjet.
Triebwerke: Ein Mantelstromtriebwerk Williams FJ33 von 635 kp (6,3 kN) Standschub.
Leistungen: Reisegeschwindigkeit 585 km/h; Anfangssteiggeschwindigkeit 13,7 m/Sek; Dienstgipfelhöhe 7620 m; normale Reichweite unter IFR-Bedingungen 2500 km.
Gewichte: Leergewicht 1175 kg; max. Startgewicht 2517 kg.
Zuladung: Pilot und normal vier, max. bis zu fünf Passagiere; max. Zuladung bei vollen Treibstofftanks 244 kg, max. 1000 kg.
Entwicklungsstand: Der Erstflug der D-JET erfolgte nach längeren Verzögerungen am 18. April 2006. Am 14. September 2007 folgte der zweite, welcher dem Serienstandard entspricht. Mit den Auslieferungen soll im zweiten Quartal 2008 begonnen werden. Der Auftragsbestand soll sich bald auf 400 Einheiten belaufen.
Bemerkungen: Die D-JET ist das erste Düsenflugzeug der Diamond. Mit diesem Typ will man sich im derzeit stark wachsenden Markt von preisgünstigen leichten Firmenflugzeugen mit einem Düsentriebwerk etablieren, die sich dank einfacher Konstruktionsbauweise und geringem Treibstoffverbrauch recht wirtschaftlich betreiben lassen. Hierbei steht sie in direkter Konkurrenz beispielsweise zur Eclipse 500 (siehe Seiten 156/157). Auch die D-JET ist ganz nach der Tradition des Herstellers aus faserverstärktem Kunststoff gebaut. Die Kabine wird mit einer Länge von 3,50 m und einer Breite wie Höhe von 1,42 m recht geräumig ausfallen. Im Cockpit mit Flachbildschirmen von Garmin wurde besonders auf die einfache Bedienung durch einen einzigen Piloten geachtet. Diamond nennt derzeit einen Kaufpreis für die Basisversion von US$ 1,38 Mio. Für den amerikanischen Markt plant man eine etwas schwerere Ausführung mit größerer Treibstoffkapazität und einem Hochgeschwindigkeits-Fallschirmrettungssystem. Dieses kann bis zu Geschwindigkeiten von 550 km/h zur Rettung des Flugzeugs angewendet werden.
Hersteller: Diamond Aircraft, Flugplatz Wiener-Neustadt, Österreich.

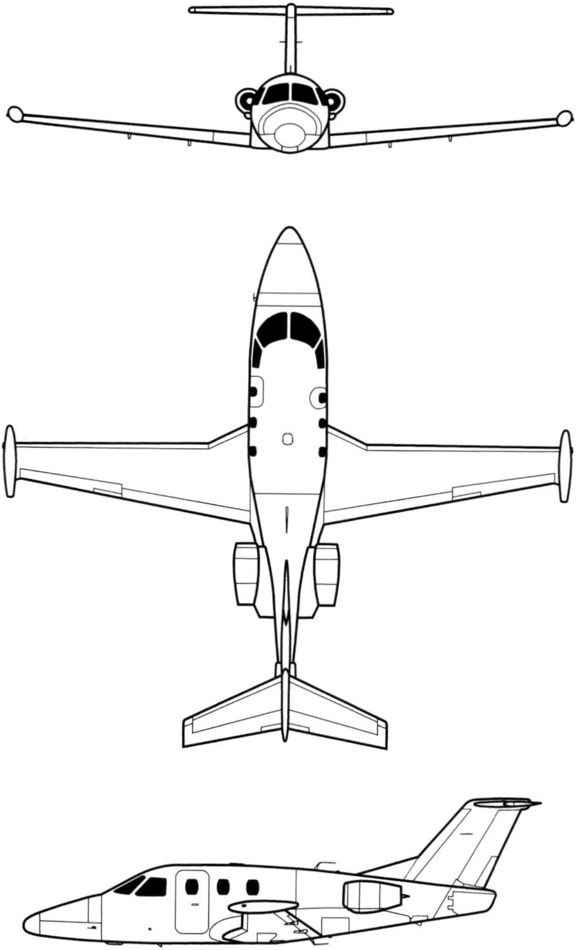

Abmessungen:
Spannweite inkl. Flügelmitteltanks 11,40 m
Länge 10,10 m
Höhe 3,40 m
Flügelfläche 13,43 m²

ECLIPSE AVIATION ECLIPSE 500

Ursprungsland: USA.
Kategorie: Taxi- und Firmenflugzeug.
Triebwerke: Zwei Mantelstromtriebwerke Pratt & Whitney Canada PW610F von je 408 kp (4,00 kN) Standschub.
Leistungen: Max. Reisegeschwindigkeit 685 km/h; Dienstgipfelhöhe 12500 m; max. Reichweite mit vier Passagieren unter IFR-Bedingungen 2080 km.
Gewichte: Leergewicht 1538 kg; max. Startgewicht 2558 kg.
Zuladung: Pilot und drei bis fünf Passagiere.
Entwicklungsstand: Der Erstflug des Prototyps fand am 26. August 2002 statt. Das erste mit PW610F-Triebwerken ausgerüstete Modell begann die Flugerprobung am 31. Dezember 2004. Die Auslieferungen der ersten Serienflugzeuge erfolgten Ende 2006. Nach Angaben des Herstellers sollen bereits Aufträge für rund 2600 Einheiten (+ Optionen) vorliegen. Darunter befindet sich auch eine Bestellung der schweizerischen Aviace für 112 Eclipse 500 zum Aufbau eines »Private Jet Clubs«. Ab 2008 sollen jährlich gegen 1000 Einheiten gebaut werden.
Bemerkungen: Das Konzept der Eclipse sieht einen möglichst kostengünstigen und sehr wirtschaftlichen »Volksjet« vor. Die Kunden sollen sich schwergewichtig aus bisherigen Eignern von einmotorigen Sport- und Reiseflugzeugen rekrutieren. Eclipse behauptet, dass ihr Jet mit geringeren Betriebskosten zu betreiben ist als manche einmotorige Kolbenmotor-Flugzeuge. Die ganze Konstruktion besteht aus Aluminium. Obwohl aus Kostengründen weitgehend auf Verbundwerkstoffe verzichtet wurde, ist die Eclipse im Verhältnis zur Größe recht leicht. Die Avionik von Avio umfasst u.a. Multifunktions-Anzeigen, ein GPS-basiertes Flight Management System sowie digitale Triebwerkskontrolle FADEC. Der Kaufpreis beträgt derzeit US$ 1,45 Mio. Im Laufe der Erprobung traten erhebliche Probleme auf, welche zu einem Triebwerkwechsel und zur Überarbeitung mehrerer Komponenten führten, damit die vertraglich vereinbarten Leistungen erreicht werden konnten.
Hersteller: Eclipse Aviation Corp., Albuquerque, New Mexico, USA.

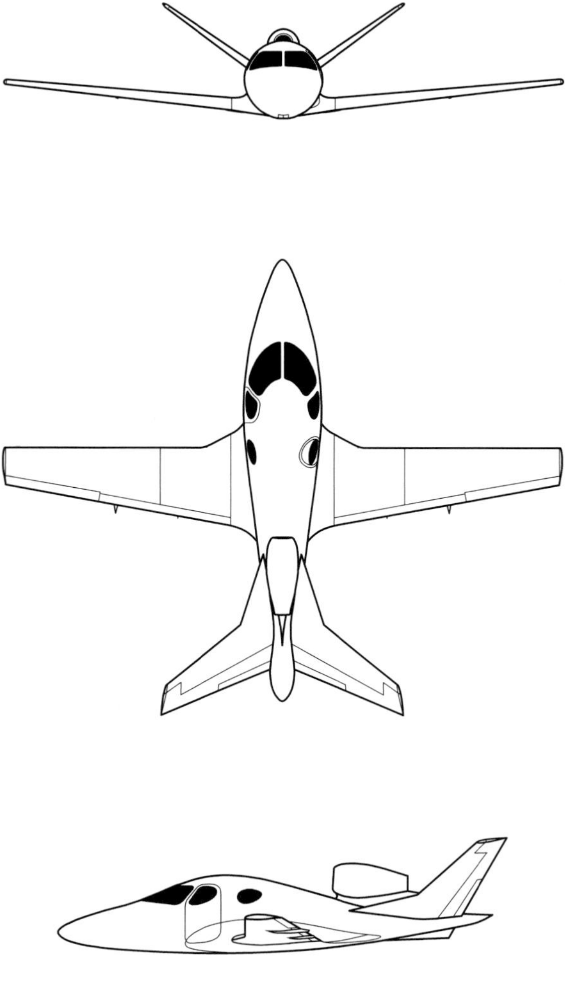

Abmessungen:
Spannweite 11,00 m
Länge 8,80 m
Höhe 2,64 m

ECLIPSE CONCEPT JET (ECJ)

Ursprungsland: USA.
Kategorie: Technologie-Erprobungsträger.
Triebwerke: Ein Mantelstromtriebwerk Pratt & Whitney Canada PW615F von 500 kp (4,90 kN) Leistung.
Leistungen: Max. Reisegeschwindigkeit 640 km/h auf 10600 m; Zeit um 12500 m zu erreichen 27 Min; Dienstgipfelhöhe 12500 m; Reichweite mit vier Personen und IFR-Reserven 2320 km.
Gewichte: Leergewicht 1126 kg; max. Startgewicht 2034 kg.
Zuladung: Vier Personen einschließlich des Piloten; max. Nutzlast inkl. Treibstoff ca. 900 kg.
Entwicklungsstand: Zur allgemeinen Überraschung präsentierte Eclipse am 23. Juli 2007 den Erprobungsträger Concept Jet. Der Erstflug hatte am 2. Juli 2007 stattgefunden. Ob daraus ein Serienflugzeug abgeleitet wird, ist noch offen. Gerade mal sechs Monate hatte Eclipse benötigt, um diese Maschine zu entwickeln.
Bemerkungen: Mit dem Concept Jet will Eclipse die Machbarkeit eines möglichst billigen und wirtschaftlich günstig zu betreibenden Kleinst-Jet-flugzeug mit nur einem Triebwerk erproben. Man versucht, eine optimale Kombination zwischen Effizienz und guten Flugleistungen herbeizuführen. Die Zelle soll sehr robust sein. Dank des Höhenleitwerks in V-Stellung erreicht der Concept Jet beste aerodynamische Werte. Sehr ungewöhnlich ist die tropfenartige Gestaltung des Flugzeugrumpfes und die leicht nach vorne gepfeilten Flügel. Der Concept Jet soll auch sehr leise sein. Mit einem integralen, weitgehend automatisierten Cockpit will man die Arbeit des Piloten deutlich erleichtern. Bei diesem Erprobungsträger ist die Kabine nicht druckbelüftet.
Hersteller: Eclipse Aviation Corp., Albuquerque, New Mexico, USA.

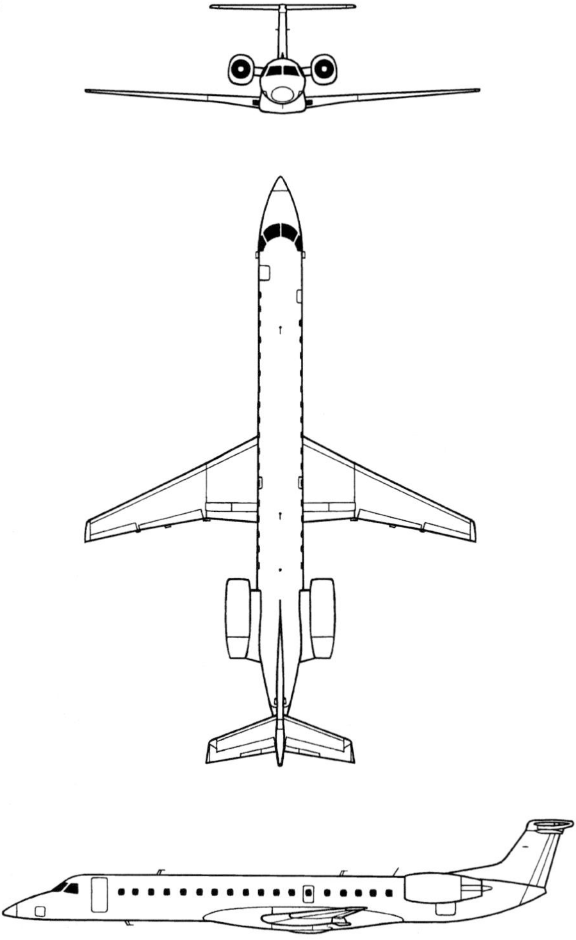

Abmessungen:
Spannweite 21,17 m
Länge 26,33 m
Höhe 6,76 m
Flügelfläche 51,18 m^2

EMBRAER LEGACY 600

Ursprungsland: Brasilien.
Kategorie: Firmenflugzeug.
Triebwerke: Zwei Mantelstromtriebwerke Rolls Royce Allison AE3007-A1E von je 3600 kp (35,38 kN) Standschub.
Leistungen: Höchstgeschwindigkeit Mach 0,80; max. Reisegeschwindigkeit 833 km/h (Mach 0,78); Dienstgipfelhöhe 12500 m; Reichweite mit zehn Passagieren rund 6000 km.
Gewichte: Leergewicht 13675 kg; max. Startgewicht 22500 kg.
Zuladung: Zwei Piloten und je nach Inneneinrichtung bis zu 16 Passagiere, als Corporate Shuttle sogar bis zu 37 Personen; Nutzlast mit vollen Treibstofftanks 653 kg, max. 2325 kg.
Entwicklungsstand: Die Businessjet-Version Legacy fliegt seit 31. März 2001. Bestellt waren Ende 2007 gegen 140 Einheiten + Optionen. Mit den Auslieferungen begann EMBRAER im Herbst 2002. Über 120 davon wurden bereits abgeliefert. Die indische Luftwaffe hat fünf Einheiten erhalten. Auch die deutsche Cirrus Aviation betreibt drei Legacys. Weiterhin gebaut wird die Regionalverkehrsvariante ERJ-145 Amazon (733 + Optionen bisher bestellt, 687 davon abgeliefert; siehe Ausgabe 2006). Die kleinere ERJ-135 wird in geringen Stückzahlen weiterhin gebaut.
Bemerkungen: Drei Ausführungen sind erhältlich: Eine 10- bis 16-plätzige Executive-Version, ein 16- bis 37-Plätzer Corporate Shuttle sowie eine Variante als Staatsflugzeug. Abgeleitet ist die Legacy von der ERJ-135. Sie weist nebst einer anderen Inneneinrichtung neue Triebwerke auf. Zudem wurde der Frachtraum umgebaut, um einen Zusatztank von 3978 l aufzunehmen. Im übrigen besteht zum Ausgangsmuster weitgehend Teilegleichheit. Der Kaufpreis für eine Standardausführung beläuft sich auf rund US$ 19 Mio., was für dieses Segment von Businessflugzeugen günstig ist. Neuestens prüft EMBRAER die Entwicklung eines neuen Businessjets, welcher größenmäßig zwischen der Phenom 300 und der Legancy 600 zu liegen käme.
Hersteller: EMBRAER (Emprêsa Brasileira de Aeronautica SA), Sao José dos Campos, Brasilien.

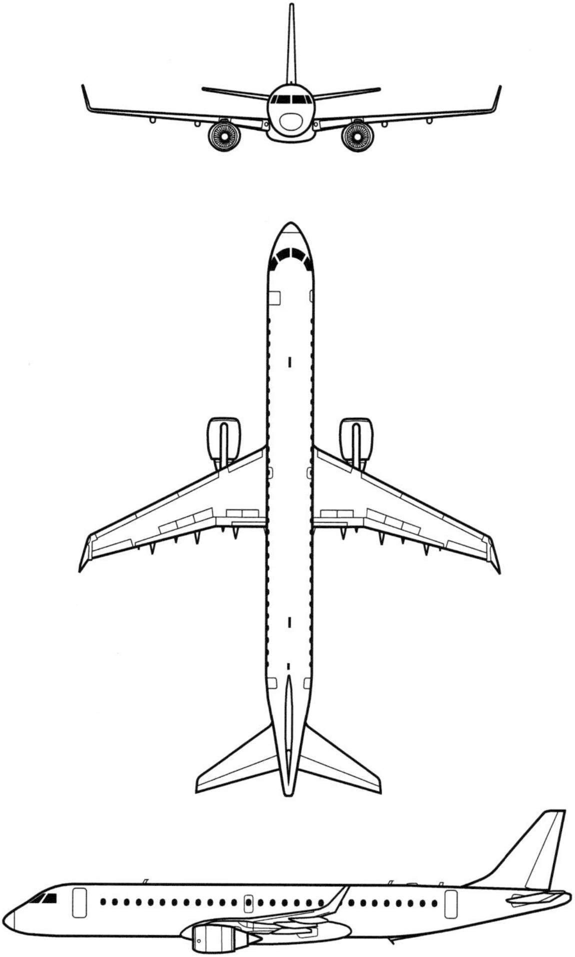

Abmessungen:
Spannweite einschließlich Winglets (190/195) 28,72 m
Länge (190) 36,24 m, (195) 38,65 m
Höhe (190/195) 10,55 m
Flügelfläche 92,50 m^2

EMBRAER 190/195

Ursprungsland: Brasilien.
Kategorie: Regionalverkehrsflugzeug.
Triebwerke: Zwei Mantelstromtriebwerke General Electric CF34-10E von 8391 kp (82,3 kN) Standschub.
Leistungen: Max. Reisegeschwindigkeit 870 km/h (Mach 0,82); Dienstgipfelhöhe 11890 m; Reichweite bei voller Passagierzahl (190) 3119 km, (190LR) 4074 km, (195) 3334 km.
Gewichte: Rüstgewicht (190) 28080 kg, (195) 28970 kg; max. Startgewicht (190) 46990 kg, (190 LR) 50300 kg, (195) 47990 kg, (195LR) 50790 kg.
Zuladung: Zwei Piloten und bei Zweiklassenbestuhlung (190) 94, (195) 96 bzw. mit Einheitsklasse (190) 98 bis 106 bzw. (195) 108 bis 118 Passagiere in Viererreihen mit Mittelgang. Max. Nutzlast (190) 12720 kg, (195) 13530 kg.
Entwicklungsstand: Am 29. Februar 2004 erhob sich die 190 von EMBRAER erstmals in die Lüfte. Mit den Auslieferungen wurde im dritten Quartal 2005 begonnen. Der Auftragsbestand der Ausführung 190 beläuft sich aktuell auf 405 Einheiten + 432 Optionen (123 abgeliefert). Von der 195 (Erstflug am 7. Dezember 2004) wurden bisher 60 Maschinen + 65 Optionen bestellt, 13 abgeliefert.
Bemerkungen: Die EMBRAER 190 und 195 reihen sich am obersten Ende der neuen Generation von EMBRAER-Mustern ein. Während Rumpf und Rumpfquerschnitt gleich aufgebaut sind, unterscheiden sich die 190/195 zur 170/175 (siehe Ausgabe 2007) vorwiegend durch die Länge. Die Kabine misst bei der 190 25,76 m, bei der 195 28,17 m. Wegen der größeren Rumpflänge musste das Seitenleitwerk leicht vergrößert werden, das Fahrwerk ist höher. Zudem handelt es sich bei diesen Mustern im Vergleich zur 170/175 um wesentlich schwerere Flugzeuge. Trotzdem besteht zu 95% Teilegleichheit. Wie bei den Verkehrsflugzeugen von EMBARER üblich, gibt es auch von der 190 und 195 schwere Ausführungen LR, welche sich durch höhere Reichweitenleistungen auszeichnen. Neu bietet der Hersteller unter dem Namen Lineage 1000 (Erstflug 26. Oktober 2007) eine von der 190 abgeleitete Geschäftsreiseversion an (bisher 10 bestellt). Erste Ablieferungen erfolgen bereits 2008. Der Basispreis beläuft sich auf US$ 42,95 Mio.
Hersteller: EMBRAER (Emprêsa Brasileira de Aeronautica SA), Sao José dos Campos, Brasilien.

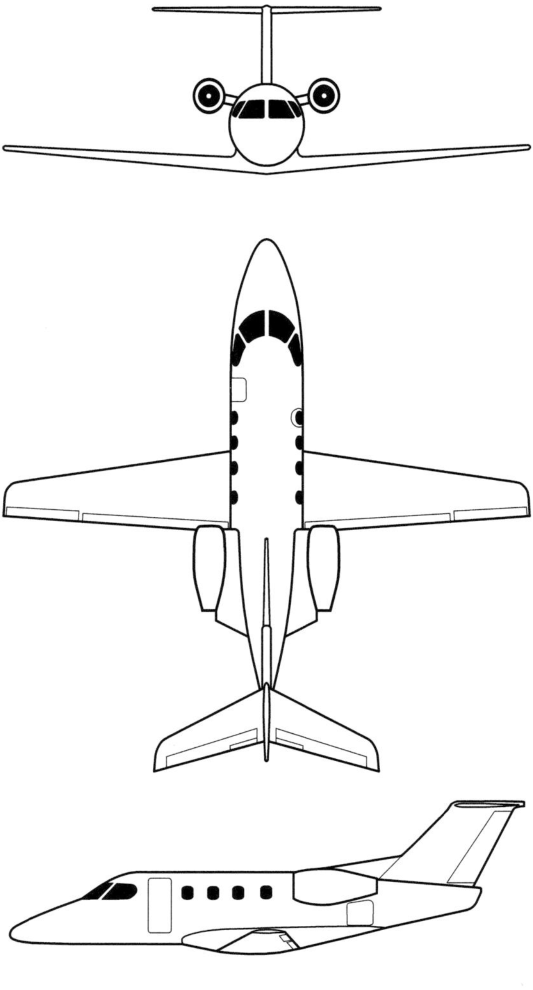

Abmessungen:
Spannweite (100) 12,30 m, (300) 16,20 m
Länge (100) 12,70 m (300) 15,50 m
Höhe (100) 4,40 m (300) 5,00 m

EMBRAER PHENOM 100/300

Ursprungsland: Brasilien.
Kategorie: Leichtes Firmenflugzeug.
Triebwerke: Zwei Mantelstromtriebwerke Pratt & Whitney Canada (100) PW617F von je 732 kp (7,18 kN) bzw. (300) PW535E von je 1450 kp (14,23 kN) Standschub.
Leistungen (nach Angaben des Herstellers): Max. Reisegeschwindigkeit (100) 703 km/h (Mach 0,70), (300) 833 km/h (Mach 0,78); Dienstgipfelhöhe (100) 12500 m, (300) 13700 m; Reichweite unter IFR-Bedingungen (100) 2150 km, (300) 3330 km, unter VFR-Bedingungen (100) 2500 km.
Gewichte: Max. Startgewicht (300) 7950 kg; weitere Angaben noch nicht erhältlich.
Zuladung: Ein bis zwei Piloten im Cockpit und (100) vier bzw. (300) sechs Passagiere in der Kabine.
Entwicklungsstand: Die Phenom 100 erhob sich erstmals am 26. Juli 2007 in die Lüfte, die Phenom 300 soll ein Jahr später fliegen. Von beiden Mustern zusammen sind bis Ende 2007 über 450 Flugzeuge bestellt worden, darunter vom Flugtaxiunternehmen JetBird 50 (+ 50 Optionen). Die Erstauslieferungen sollen (100) Mitte 2008 bzw. (300) Mitte 2009 erfolgen.
Bemerkungen: Auch EMBRAER will sich am Markt der leichten und kostengünstigen Firmen- und Taxiflugzeugen beteiligen und lancierte dafür die beiden Modelle Phenom 100 (siehe Foto und Dreiseitenriss) und 300. Die Konstruktion entspricht dem heute üblichen Standard, wobei man dem Komfortaspekt große Beachtung schenkt. So verfügen die Phenom 100 und 300 über die größte Kabine in ihrer Klasse. Der Querschnitt beläuft sich auf 1,55 m Breite und 1,50 m Höhe. Dank vergleichsweise großen Fenstern soll der Innenraum besonders hell sein. Im Cockpit gelangt die Avionik Garmin G1000 zum Einbau. Obwohl zwischen Phenom 100 und der wesentlich teureren Phenom 300 weitgehend Teilegleichheit besteht, unterscheiden sich die beiden Muster bezüglich Triebwerke, Gewichte und Flugleistungen wesentlich. Die Verkaufspreise wurden von EMBARER vorläufig auf (100) US$ 2,92 Mio. bzw. (300) US$ 6,85 Mio. angesetzt.
Hersteller: EMBRAER (Emprêsa Brasileira de Aeronautica SA), Sao José dos Campos, Brasilien.

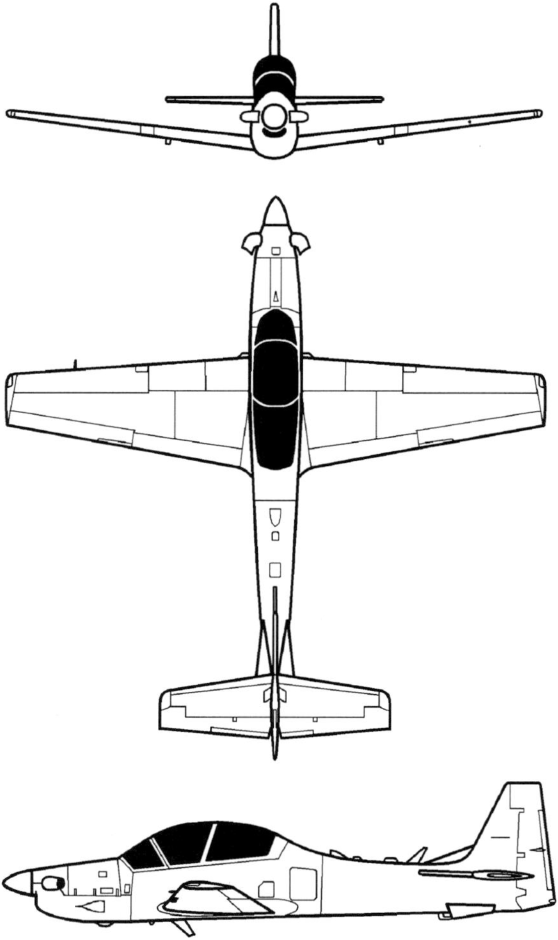

Abmessungen:
Spannweite 11,14 m
Länge 11,38 m
Höhe 3,97 m
Flügelfläche 19,40 m²

EMBRAER EMB-314/A-29 SUPER TUCANO

Ursprungsland: Brasilien.
Kategorie (EMB-314): Zweisitziger Basis- und Fortgeschrittenentrainer bzw. leichtes einsitziges (A-29) bzw. zweisitziges (AT-29) Erdkampf- und Überwachungsflugzeug.
Triebwerke: Eine Propellerturbine Pratt & Whitney Canada PT6A-68/3 von 1600 WPS (1190 kW) Leistung, reduziert auf 1250 WPS.
Leistungen: Höchstgeschwindigkeit 590 km/h; max. Reisegeschwindigkeit 535 km/h; Anfangssteiggeschwindigkeit 24 m/Sek; Dienstgipfelhöhe 10600 m; Aktionsradius auf 3300 m ohne Bewaffnung 750 km, bei voller Bewaffnung 540 km.
Gewichte: Leergewicht 3150 kg; normales Startgewicht 3600 kg, mit Waffenlast 5250 kg.
Bewaffnung (AT-29): Zwei in den Flügeln fest eingebaute 12,7 mm-Maschinengewehre sowie an fünf Aufhängestationen unter dem Rumpf und unter den Flügeln eine Vielzahl von Waffenlasten bis zu 1500 kg.
Entwicklungsstand: Der erste, bereits dem Serienstandard entsprechende Prototyp YA-29 nahm die Flugerprobung am 2. Juni 1999 auf. Die brasilianische Luftwaffe erhält ab 2003 25 A-29 und 51 AT-29 (+ 23 Optionen). Weitere Besteller: Kolumbien 22 und Domenikanische Republik 25.
Bemerkungen: Die A-29/AT-29 sind die Erdkampf- bzw. COIN-Ausführungen des Trainers EMB-314 Super Tucano. Sie unterscheiden sich von ihm hauptsächlich durch eine missionsbezogene Ausrüstung: Elbit-Angriffs- und Navigationselektronik, GPS, Head-Up-Display, Multifunktionsbildschirme, punktuell verstärkte Zellen- und Flügelstruktur. Das Cockpit ist gepanzert und druckbelüftet. Die Besatzung kann für Nachteinsätze mit Night-Vision-Goggles (NVG) ausgestattet werden. Der Zweisitzer AT-29 verfügt zusätzlich über ein nach vorne gerichtetes FLIR-Gerät. So ausgerüstet, soll die A-29 primär zur Bekämpfung von Drogenschmugglern und Guerillas in der Amazonasregion eingesetzt werden. Dabei arbeitet sie mit der AEW-Version der EMB-145SA (siehe Ausgabe 2005) zusammen.
Hersteller: EMBRAER (Emprêsa Brasileira de Aeronautica SA), Sao José dos Campos, Brasilien.

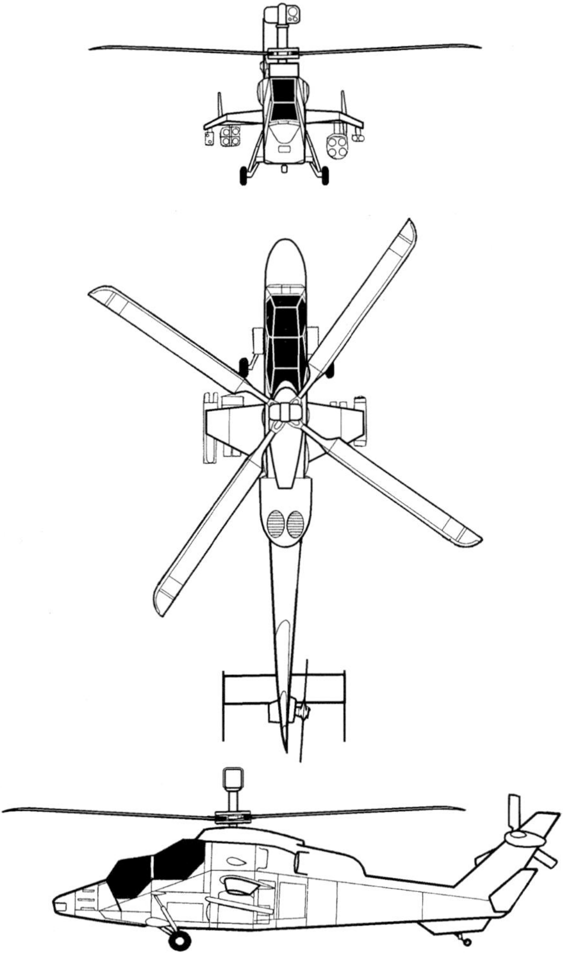

Abmessungen:
Rotordurchmesser 13,00 m
Rumpflänge (HAP mit Kanone) 15,00 m, (UHU) 14,08 m
Höhe inkl. Rotorkopf 3,83 m, inkl. Mastvisier 5,20 m

EUROCOPTER TIGER/UHU

Ursprungsland: Frankreich und Deutschland.
Kategorie: Zweisitziger Panzerabwehr- und Erdkampfunterstützungs-Hubschrauber.
Triebwerke: Zwei Gasturbinen MTU/Rolls-Royce/Turboméca MTR 390 von je 1285 WPS (958 kW) Leistung.
Leistungen (HAP): Höchstgeschwindigkeit 322 km/h; max. Reisegeschwindigkeit 287 km/h; normale Reisegeschwindigkeit 250 km/h; max. Schrägsteiggeschwindigkeit 11,5 m/Sek; Dienstgipfelhöhe 3960 m; Schwebehöhe ohne Bodeneffekt 3500 m; Flugdauer 2,85 Std; Reichweite 800 km.
Gewichte: Leer 3400 kg; Startgewicht mit Überlast 6100 kg.
Bewaffnung (HAP): 30-mm-Kanone, bis zu 68 ungelenkte Raketen und vier Mistral-Luft-Luft-Lenkwaffen; (HAC): Acht Panzerabwehrlenkwaffen HOT/Trigat und zwei Luft-Luft-Lenkwaffen Mistral; (UHU): Zwei Behälter für je 22 ungelenkte 67-mm-Raketen, zwei starre 12,7-mm-Kanonen unter den Flügeln und Stinger-Luft-Luft-Lenkwaffen.
Entwicklungsstand: Fünf Prototypen wurden gebaut, wovon der erste am 27. April 1991 erstmals flog. Die französische Luftwaffe erhält seit 2003 voraussichtlich 215 Maschinen (115 HAP und 100 HAC), die deutsche Armee 212 Uhu's. Bisher sind 206 Einheiten bestellt, davon je 80 für Deutschland und Frankreich. Weitere Besteller: Australische Armee 22, Saudi Arabien 12+, Spanien 24 Einheiten einer verbesserten Ausführung (Lizenzbau).
Bemerkungen: Drei Versionen werden gebaut: HAP (**H**élicoptère d'**A**ppui **P**rotection = Feuerunterstützung, mit Schützenoptik mittels TV-/Infrarotkamera, Laser-Entfernungsmesser) und HAC (**H**élicoptère **A**nti-**C**har = Panzerabwehrhubschrauber zusätzlich mit Osiris-Sichtsystem) für die französische Armee und UHU (**U**nterstützungs**hu**bschrauber, Ausrüstung weitgehend baugleich mit der HAC-Version) für die deutsche Armee. Die Zelle besteht zu über 75 % aus Verbundwerkstoffen. Zur Abschirmung von elektromagnetischen Einflüssen und zum Blitzschutz sind große Teile des Rumpfes mit einem Kupfer-Bronze-Gitter versehen. Die Panzerabwehrversion erhält ein auf dem Rotormast montiertes Visier mit Kamera.
Hersteller: Eurocopter Hubschrauber GmbH, München, Deutschland.

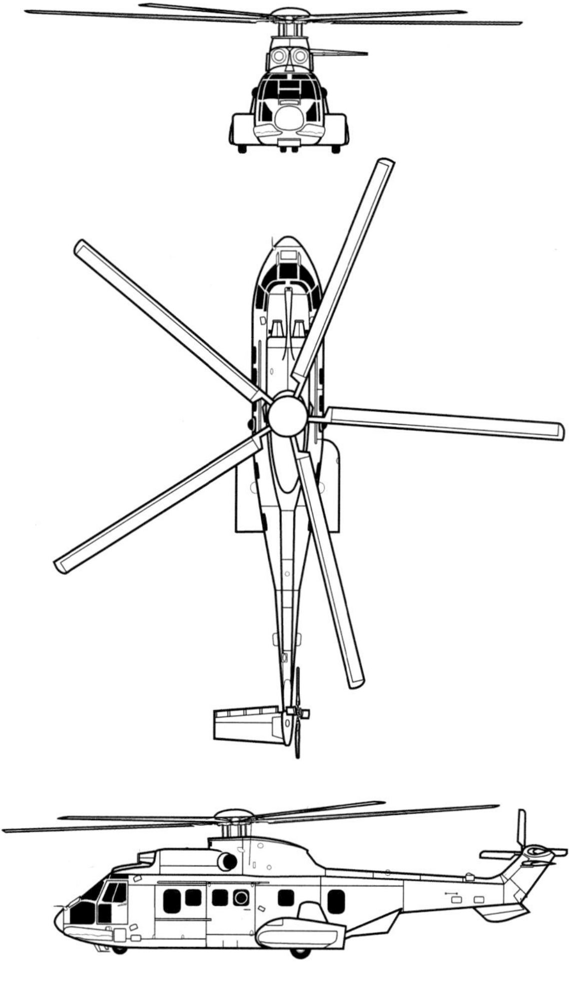

Abmessungen:
Rotordurchmesser 16,20 m
Rumpflänge inkl. Heckrotor 16,79 m
Höhe inkl. Rotorkopf 4,60 m, über Heckrotor 4,97 m

EUROCOPTER EC 225 SUPER PUMA / EC 725 COUGAR

Ursprungsland: Frankreich.
Kategorie: Mittelschwerer ziviler (EC 225) und militärischer (EC 725) Mehrzweckhubschrauber.
Triebwerke: Zwei Gasturbinen Turboméca Makila 2A von je 2100 WPS (1566 kW) Leistung.
Leistungen (EC 225): Höchstgeschwindigkeit 324 km/h; Reisegeschwindigkeit 275 km/h auf Meereshöhe; max. Schrägsteiggeschwindigkeit 8,7 m/Sek; Schwebehöhe mit Bodeneffekt 3670 m, ohne Bodeneffekt 2481 m; Dienstgipfelhöhe 5900 m; Reichweite mit Standardtreibstoffzuladung 871 km.
Gewichte (EC 225): Leer 5256 kg; max. Startgewicht 10400 kg, mit Außenlast 11000 kg.
Zuladung: Zwei Piloten und 24 Passagiere oder 29 Soldaten; max. Nutzlast 5000 kg.
Entwicklungsstand: Erstflug des Prototyps am 6. Februar 1987. Von allen Super Puma-Varianten sind bis heute rund 700 Maschinen in Auftrag gegeben worden, davon rund zwei Drittel durch 34 militärische bzw. paramilitärische Organisationen. Der Auftragsbestand der EC 225 beläuft sich auf 51 Maschinen + 18 Optionen. Neueste Bestellungen: (EC 225) Bristow 3 + 8 Optionen, CHC 16 , ERA 4. Die EC 725 fliegt seit 27. November 2000. Sechs Einheiten erhielt die Armée de l'Air, acht die Armée de Terre, 20 sind für Saudi Arabien bestimmt.
Bemerkungen: Die jüngste Variante ist die neu hinzugekomme EC 725 Cougar Mk.II+ Combat SAR (früher als AS 532Mk.II+ bezeichnet). Nebst Rettungsgeräten ist sie mit Suchscheinwerfer, FLIR und Wetterradar ausgerüstet. Eurocopter entwickelte als Konkurrenz zur S-92 (siehe Seiten 290/291) eine Weiterentwicklung EC 225 Super Puma Mk.III, die seit Ende 2001 verfügbar ist. Sie weist dank leistungsfähigeren Makila 2A-Triebwerken ein höheres max. Startgewicht auf. Das Kabinenvolumen nahm durch Vergrößerung des Rumpfes (Länge + 70 cm, Breite + 25 cm, Innenhöhe + 35 cm) um rund einen Viertel zu. Neu sind auch der fünfblättrige Rotor sowie das verstärkte Getriebe. Diese Ausführung wird für zivile wie auch für militärische Zwecke angeboten.
Hersteller: Eurocopter, Werk Marignane, La Courneuve, Frankreich.

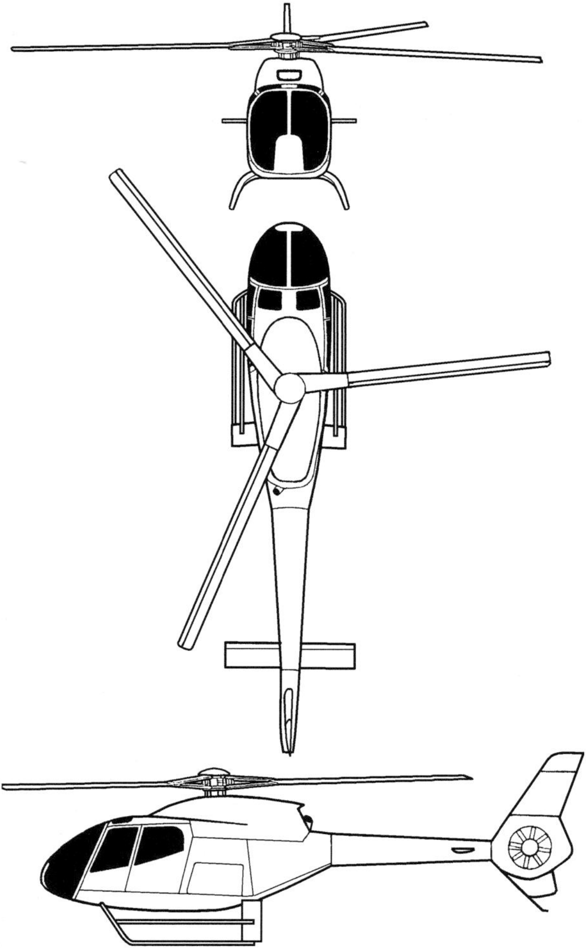

Abmessungen:
Rotordurchmesser 10,0 m
Rumpflänge ohne Rotor 9,60 m, inkl. Rotor 11,52 m
Höhe inkl. Rotorkopf 3,08 m
Höhe über Heckrotor 3,40 m

EUROCOPTER EC 120B COLIBRI

Ursprungsland: Frankreich, Volksrepublik China und Singapur.
Kategorie: Leichter Mehrzweckhubschrauber.
Triebwerke: Eine Gasturbine Turboméca Arrius 2F von 504 WPS (375 kW) Leistung.
Leistungen: Höchstgeschwindigkeit 278 km/h; max. Reisegeschwindigkeit 237 km/h; max. Steiggeschwindigkeit 7,36 m/Sek; Dienstgipfelhöhe 6100 m; Schwebehöhe mit Bodeneffekt 4145 m, ohne Bodeneffekt 3413 m; Reichweite 770 km.
Gewichte: Leergewicht 1043 kg; max. Startgewicht 1715 kg.
Zuladung: Pilot und vier Passagiere. Max. Nutzlast 750 kg.
Entwicklungsstand: Der erste von drei Prototypen ging am 9. Juni 1995 in die Luft. Aktuell beläuft sich der Bestellungsstand auf rund 600 Einheiten, über 500 davon ausgeliefert. Die 500. Kolibri erhielt die deutsche Bundespolizei. 55 EC120 hat die US Customs and Border Protection Agency bestellt, weitere 10 die Luftwaffe Singapurs. Sie werden in den USA gebaut. Seit Mitte 2004 wird die als HC 120 bezeichnete Colibri auch in China bei Hafei Aviation montiert. Die chinesische Armee wird voraussichtlich 50 Einheiten beschaffen.
Bemerkungen: An der Gemeinschaftsentwicklung EC 120 nehmen teil: Eurocopter als technischer Leiter mit 61% Anteil (Konzeption, Elektronik, dynamische Komponenten, Endmontage und Zertifizierung), CATIC/HAMC 24% (ganze Rumpfstruktur) und Singapore Technologies 15% (Rumpfheck, Verbundwerkstoffstruktur, Kabinentüren). Die Zelle dieses nach neuesten Erkenntnissen konstruierten Hubschraubers besteht weitgehend aus Verbundwerkstoffen. Dank des Spheriflex-Hauptrotors und des neu entwickelten ummantelten Fenestron-Heckrotors werden ausgezeichnete Flugleistungen bei geringem Geräuschpegel erreicht. Die hohen Sicherheitsanforderungen werden u.a. durch bruchsichere Sitze und Kraftstofftanks erfüllt. Mit der EC 120 deckt man das untere Ende des Hubschraubermarktes ab (Kaufpreis rund US$ 800'000.–). Im englischsprachigen Raum wird die EC 120 statt Colibri als Hummingbird bezeichnet.
Hersteller: Eurocopter, CATIC/HAMC (China) und Singapore Aerospace, Paris, Frankreich.

Abmessungen:
Rotordurchmesser 10,69 m
Rumpflänge 10,68 m
Höhe inkl. Rotorkopf 3,34 m
Höhe über Heckleitwerk 3,61 m

EUROCOPTER EC 130B4

Ursprungsland: Frankreich.
Kategorie: Leichter ziviler Mehrzweckhubschrauber.
Triebwerke: Eine Gasturbine Turboméca Arriel 2B1 von 847 WPS (632 kW) Leistung.
Leistungen: Höchstgeschwindigkeit 287 km/h; Reisegeschwindigkeit 259 km/h auf Meereshöhe; max. Schrägsteiggeschwindigkeit 11,6 m/Sek; Dienstgipfelhöhe 5029 m; Schwebehöhe bei max. Nutzlast mit Bodeneffekt 3267 m, ohne Bodeneffekt 2663 m; Reichweite etwa 600 km.
Gewichte: Leer 1370 kg; max. Startgewicht 2400 kg, mit externer Last 2800 kg.
Zuladung: Normal Pilot und sechs, maximal sieben Passagiere. Als EMS-Hubschrauber bis zu zwei liegende Patienten und zwei Sanitäter. Max. Nutzlast extern 1160 kg.
Entwicklungsstand: Völlig überraschend wurde im Februar 2001 die EC 130 der Öffentlichkeit vorgestellt. Dabei hatte die Flugerprobung bereits im Juni 1999 begonnen. Die ersten Ablieferungen erfolgten Ende 2001. Bisher sind rund 200 EC 130/130B4 gebaut worden, größter Betreiber ist die amerikanische Maverik mit 35 Einheiten.
Bemerkungen: Obwohl von der AS 350 B3 (siehe Ausgabe 2007) abgeleitet, erscheint die EC 130 B4 als neue Konstruktion. Am augenfälligsten ist der um 25 cm verbreiterte und etwas flachere Rumpf, welcher 23% mehr Innenraum für Passagiere und Gepäck zulässt und höheren Komfort bietet. Neu ist auch der Fenestron-Heckrotor. Dank diesem und anderen Maßnahmen soll die EC 130B4 im Betrieb besonders lärmarm sein. Die Triebwerksfunktionen werden durch ein digitales Zweikanal-Kontrollsystem überwacht, was die Arbeit des Piloten erleichtert. Zudem wurden verschiedene Maßnahmen zur Erhöhung der Sicherheit getroffen. Eurocopter gibt als Grundpreis US$ 1,6 Mio. an.
Hersteller: Eurocopter, Werk Marignane, La Courneuve, Frankreich.

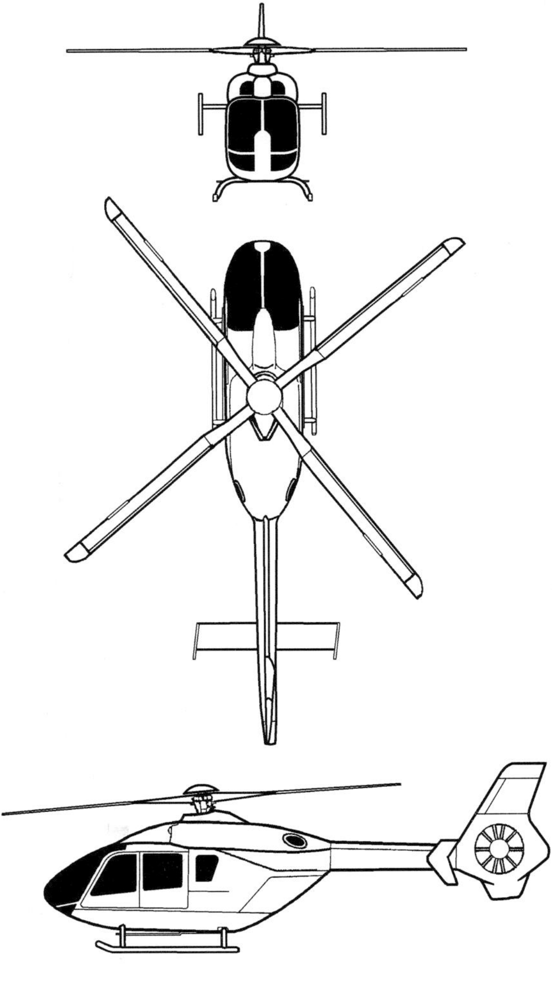

Abmessungen:
Rotordurchmesser 10,20 m
Rumpflänge 10,21 m
Höhe inkl. Rotorkopf 3,35 m
Höhe über alles 3,62 m

EUROCOPTER (MBB) EC 135 T2

Ursprungsland: Deutschland.
Kategorie: Leichter Mehrzweckhubschrauber.
Triebwerke: Zwei Gasturbinen (EC 135 T2) Turboméca Arrius 2B2 von je 633 WPS (472 kW) oder (EC 135 P2) Pratt & Whitney Canada PW206B2 von je 621 WPS (463 kW) Leistung.
Leistungen (Arrius 2B2): Höchstgeschwindigkeit 287 km/h; max. Reisegeschwindigkeit 262 km/h auf Meereshöhe; ökonom. Reisegeschwindigkeit 239 km/h; max. Schrägsteiggeschwindigkeit 11,7 m/Sek; Dienstgipfelhöhe 6095 m; Schwebehöhe mit Bodeneffekt 4570, ohne 3880 m; max. Reichweite 640 km; max. Flugdauer mit Zusatztank 4,48 Std.
Gewichte: Leer 1460 kg; max. Startgewicht mit Außenlast 2900 kg.
Zuladung: Sechs bis acht Personen; bei Rettungseinsätzen zwei Tragen und zwei Sanitäter; max. Nutzlast 1296 kg.
Entwicklungsstand: Der erste Prototyp EC 135 fliegt seit 15. Februar 1994; Beginn der Ablieferungen am 31. Juli 1996. Bisher sind über 600 Hubschrauber gebaut worden, darunter viele für Polizeicorps und Rettungsorganisationen aus der ganzen Welt: Spanische Guardia Civil und Polizei zusammen 51, französische Polizei 12 (+ 25 Optionen), polnisches Gesundheitsministerium 23. Der Bundesgrenzschutz erhält insgesamt 21, die Bundeswehr 15 EC 135/635. Auftraggeber der EC635: Irland 2, Jordanien 13, Schweiz 18.
Bemerkungen: Die EC 135 folgt neuesten Technologieprinzipien: Haupt- und Heckrotor aus Faserverbundwerkstoffen ohne jegliche Gelenke; Übertragungswelle mit speziellen Vibrationsdämpfern, Zellenstruktur aus Kunststoff, Fenestron-Heckrotor usw. Der Rotorkopf besitzt keine Blattlager mehr. Die Verstellung der einzelnen Rotorblätter geschieht durch elastische Verformung der Kunststoff-Blattwurzel. Rotornabe und Rotormast sind aus einem einzigen Stück geschmiedet. EC 135 für Polizeiaufgaben sind meistens wie folgt ausgerüstet: Suchscheinwerfer, Nachtsichtausrüstung, TV-Kamera und spezielle Navigationsmittel. Die militärische Ausführung heißt EC 635, ist – abgesehen von Zusatzausrüstungen – mit der zivilen jedoch weitgehend identisch. Neu ist die EC 135 P2i/T2i, welche generell bessere Leistungswerte aufweist.
Hersteller: Eurocopter Hubschrauber, München, Deutschland.

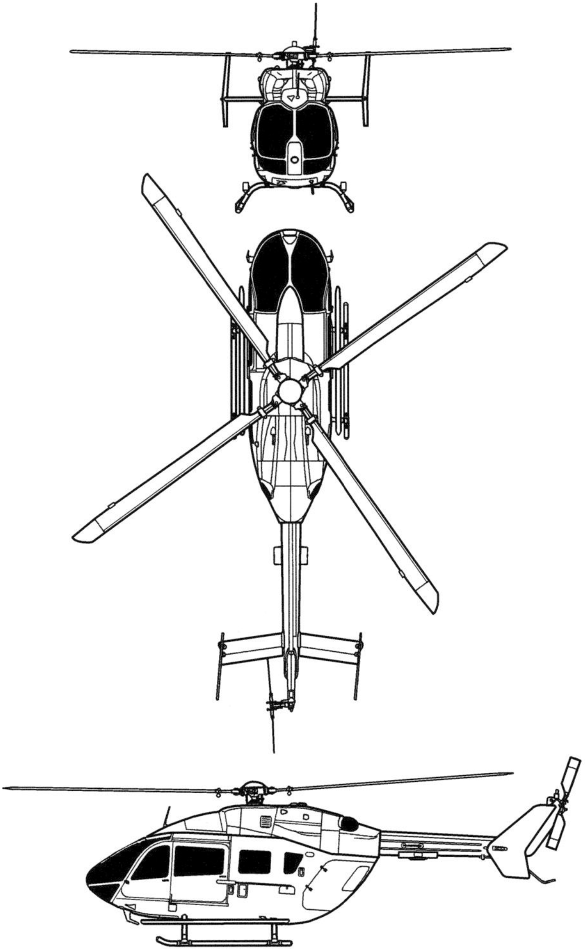

Abmessungen:
Rotordurchmesser 11,00 m
Rumpflänge 10,19 m
Höhe inkl. Rotorkopf 3,95 m

EUROCOPTER EC 145/UH-72A LAKOTA

Ursprungsland: Deutschland und Japan.
Kategorie: Mehrzweckhubschrauber.
Triebwerke: Zwei Gasturbinen Turboméca Arriel 1E2 von je 750 WPS (550 kW) Leistung.
Leistungen: Höchstgeschwindigkeit 270 km/h auf Meereshöhe; max. Reisegeschwindigkeit 245 km/h; max. Schrägsteiggeschwindigkeit 8,4 m/Sek; Dienstgipfelhöhe 5300 m, Schwebehöhe mit und ohne Bodeneffekt 2130 m; Reichweite mit normaler Treibstoffzuladung 670 km; Einsatzdauer 3,30 Std.
Gewichte: Leergewicht 1742 kg; norm. Startgewicht 3350 kg; max. Startgewicht 3550 kg.
Zuladung: Acht bis zwölf Personen inkl. Piloten; bei EMS-Einsätzen zwei liegende Verletzte und zwei Sanitäter; max. Nutzlast 1500 kg.
Entwicklungsstand: Erstflug der EC 145 am 12. Juni 1999. Die Ablieferungen begannen Mitte 2001. Aktuell sind insgesamt über 200 Einheiten in Auftrag gegeben worden, darunter Französische Sécurité Civile 32, Gendarmerie 15, London Polizei 3, ADAC 2, REGA 5. 322 als UH-72A Lakota bezeichnete EC 145 will die US Army insgesamt beschaffen. 42 davon sind bereits bestellt, die ersten wurden Anfang 2007 abgeliefert. Malta kauft ebenfalls eine UH-72A.
Bemerkungen: Die von der BK117 abgeleitete EC 145 Ausführung weist wesentliche Verbesserungen auf. Völlig neu sind die Avionik und das Cokkpit mit NVG-Ausrüstung. Die Innengröße der Kabine nahm durch Verlängerung des Rumpfes um 40 cm und Verbreiterung um 10 cm deutlich zu. Damit und wegen der einfachen Lademöglichkeit via Hecktüren eignet sich diese Version besonders für Rettungseinsätze. Dank höherem Abfluggewicht sind bessere Reichweitenleistungen erzielbar. Das Cockpit übernimmt wesentliche Elemente der EC 135 (siehe Seiten 176/177). Auch formal ist besonders der Frontbereich diesem Muster sehr ähnlich. Der Anschaffungspreis beläuft sich auf rund 5,9 Mio Euro. Der Co-Produzent Kawasaki vertreibt dieses Muster unter dem Namen BK117C2. Seit April 2006 fliegt ein Erprobungsträger mit einem neuartigen fünfblättrigen Rotor ohne jegliche Gelenke, der besonders vibrations- und lärmarm sein soll.
Hersteller: Eurocopter Hubschrauber, MBB Division, München, Deutschland, sowie Kawasaki Heavy Industries Ltd., Gifu, Japan.

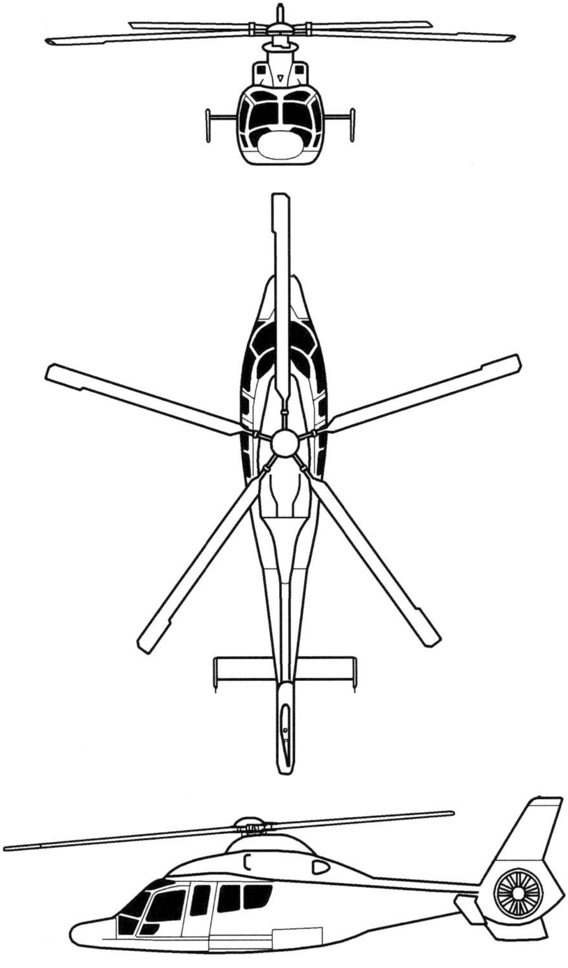

Abmessungen:
Rotordurchmesser 12,60 m
Rumpflänge 12,71 m
Höhe inkl. Rotorkopf 3,64 m, inkl. Seitenleitwerk 4,35 m

EUROCOPTER EC 155 B1

Ursprungsland: Frankreich.
Kategorie: Ziviler und militärischer Mehrzweckhubschrauber.
Triebwerke: Zwei Gasturbinen Turboméca Arriel 2C von je 850 WPS (636 kW) Leistung.
Leistungen: Höchstgeschwindigkeit auf Meereshöhe 324 km/h; max. Reisegeschwindigkeit 280 km/h; ökonom. Reisegeschwindigkeit 261 km/h; max. Schrägsteiggeschwindigkeit 8,7 m/Sek; Dienstgipfelhöhe mindestens 4500 m; Schwebehöhe mit Bodeneffekt 4155 m, ohne Bodeneffekt 3291 m; Reichweite 855 km auf Meereshöhe, mit Zusatztanks 982 km. Max. Flugdauer mit Zusatztanks 5,0 Std.
Gewichte: Leer 2624 kg; max. Startgewicht mit interner Nutzlast 4950 kg, mit externer Nutzlast 5000 kg.
Zuladung: Ein bis zwei Piloten und max. 13 Passagiere bzw. 14 Soldaten; max. Nutzlast 1994 kg.
Entwicklungsstand: Die EC 155 fliegt seit 17. Juni 1997. Bisher sind etwa 70 Einheiten an 30 Betreiber abgeliefert worden, darunter an den Bundesgrenzschutz 15 und an Baden-Württemberg 2.
Bemerkungen: Die EC 155 ist eine wesentlich weiterentwickelte Ausführung der AS 365N3 (siehe Ausgabe 2005). Sie zeichnet sich vor allem durch eine um 30 cm verlängerte Kabine aus, die zudem 18 cm höher ist. Das Innenvolumen nahm sogar um 40% zu. Ebenfalls deutlich größer wurde der Gepäckraum. Als Antrieb dienen zwei leistungsgesteigerte Arriel 2C-Triebwerke mit einem neuen faltbaren Spheriflex-Fünfblattrotor, welcher einen um 60 cm größeren Durchmesser aufweist. Der Zehnblatt-Fenestron-Heckrotor wurde zur Lärmreduktion ebenfalls modifiziert. Das Cockpit ist vollständig digitalisiert. Die Grundausführung soll etwa US$ 5,5 Mio. kosten. Gegenwärtig prüft Eurocopter eine leistungsfähigere Version EC 155HP. Diese soll auch die Basis für eine militärische Ausführung EC 655 sein. Für diese sind bisher keine Aufträge eingegangen.
Hersteller: Eurocopter (Aérospatiale), Werk Marignane, La Courneuve, Frankreich.

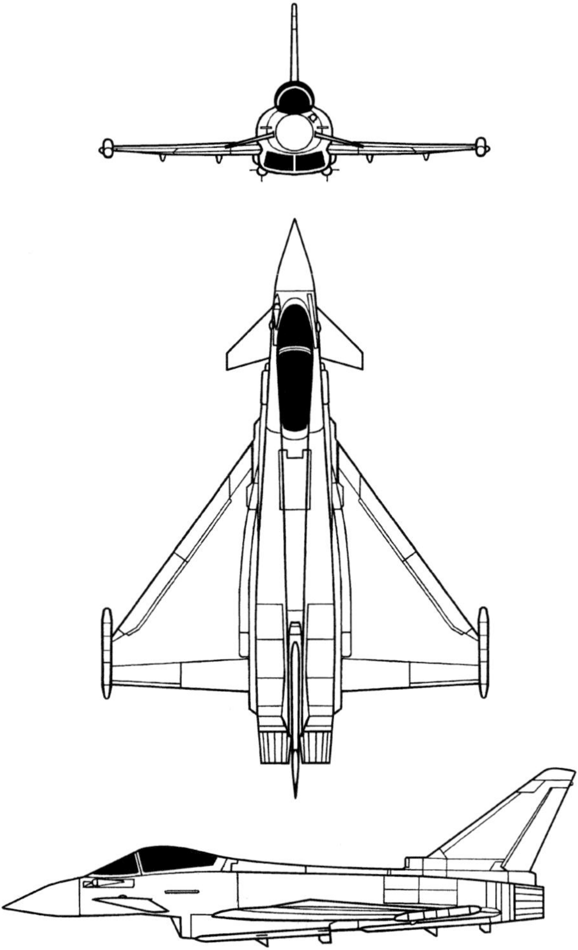

Abmessungen:
Spannweite 10,95 m
Länge 15,96 m
Höhe 5,28 m
Flügelfläche 50,00 m^2

EUROFIGHTER EJ2000 TYPHOON

Ursprungsland: Großbritannien, Deutschland, Italien und Spanien.
Kategorie: Abfang- und Luftüberlegenheitsjäger.
Triebwerke: Zwei Mantelstromtriebwerke Eurojet EJ200 von je rund 6100 kp (60 kN) Standschub ohne und 9185 kp (90 kN) mit Nachbrenner.
Leistungen: Höchstgeschwindigkeit in großer Höhe Mach 2,0+, in Bodennähe 1390 km/h; Steigzeit auf 10000 m ca. 2 Min; Dienstgipfelhöhe 16765 m; Aktionsradius mit je zwei Luft-Luft-Lenkwaffen AIM-120 und AIM-132 inkl. Außentanks 1390+ km; Überführungsreichweite mit zwei Außentanks 3700 km.
Gewichte: Leer 11150 kg; max. Startgewicht 23500 kg.
Bewaffnung: Eine 27-mm-Mauser-Kanone im Rumpf und beispielsweise eine Zusammensetzung von sechs Kurzstrecken-Luft-Luft-Lenkwaffen AIM-132 und vier Mittelstrecken-Luft-Luft-Lenkwaffen AIM-120. Max. Waffenlast 6500 – 8000 kg an 13 Waffenstationen.
Entwicklungsstand: Der erste von sieben Prototypen nahm am 27. März 1994 die Flugerprobung auf, gefolgt vom ersten Serienmuster im Laufe von 2002. 2003 sind die ersten Serienmaschinen abgeliefert und 2004 die ersten Einheiten aufgestellt worden. Aktuell sind folgende Beschaffungszahlen geplant: Großbritannien 232, Deutschland 180, Italien 121, Spanien 87. Österreich kauft nur noch 15 Einheiten, Saudi Arabien 72. Die 148 Maschinen des ersten Loses sind mittlerweile alle abgeliefert. Ein zweites Los von 236 EJ2000 wurde am 17. Dezember 2004 freigegeben.
Bemerkungen: Die EJ2000 Typhoon wird als Ein- wie als Doppelsitzer angeboten. Die ersten Einheiten sind vorerst für Abfangaufgaben konfiguriert. Hierbei kann ohne Nachbrenner die sog. Supercruise-Geschwindigkeit von Mach 1,2 bis 1,3 erreicht werden. Nachdem die Integrationstests der Waffensysteme für den Erdkampf abgeschlossen sind, werden die so ausgerüsteten Typhoons den Luftwaffen nun übergeben. Eurofighter prüft eine Ausführung mit sog. konformen Zusatztanks links und rechts am Rumpf oberhalb des Flügels. Damit ließe sich die Einsatzreichweite erheblich vergrößern. Das Zusatzgewicht würde durch um 15 % leistungsstärkere Triebwerke ausgeglichen. Als weitere Optionen erwägt man schwenkbare Austrittsdüsen und ein überarbeitetes Cockpit mit Voice-Control (= sprachgesteuerte Flugzeugführung).
Hersteller: Eurofighter, München, Deutschland.

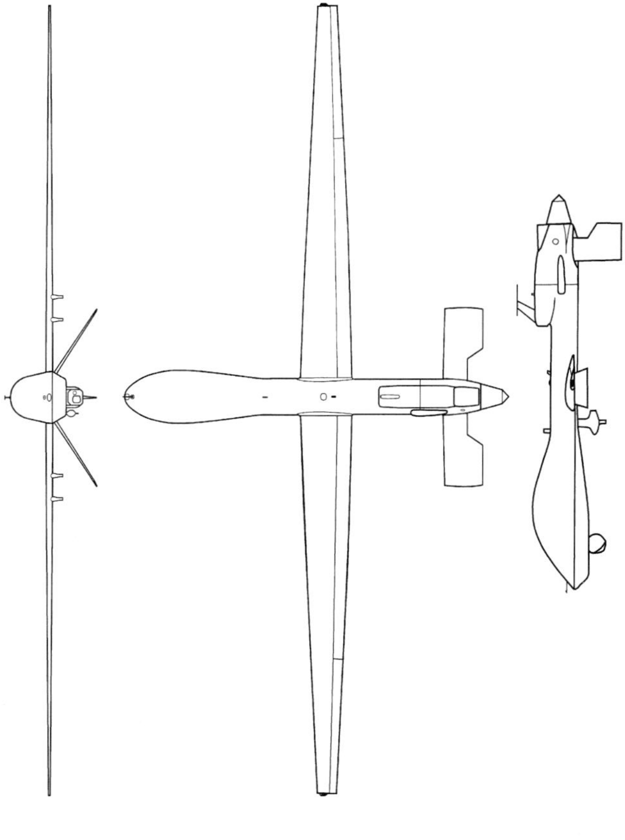

Abmessungen:
Spannweite 17,00 m
Länge 8,00 m

GENERAL ATOMICS MQ-1C SKY WARRIOR

Ursprungsland: USA.
Kategorie: Unbemannter Langstrecken-Aufklärer für mittlere Höhen.
Triebwerke: Ein Dieseltriebwerk Thielert Centurion mit Schubpropeller von 135 PS (100 kW) Leistung.
Leistungen: Patrouilliergeschwindigkeit 250 km/h; Dienstgipfelhöhe 8840 m; Aktionsradius 400 km; max. Flugdauer 36 Std.
Gewichte: Max. Startgewicht 1451 kg.
Zuladung: Aufklärungs- und Elekronikausrüstung bis zu einem Gewicht von 488 kg, davon 261 kg intern und 227 kg extern. Typischerweise umfasst die Ausrüstung ein Kamerasystem MTS-A EO/IR, ein SIGINT-Aufklärungsmodul sowie eine Kommunikationseinrichtung mit der Bodenstation.
Bewaffnung: Lenkwaffen AGM-114 Hellfire oder Viper Strike an vier Aufhängepunkten unter den Flügeln.
Entwicklungsstand: Der Prototyp nahm die Flugerprobung am 6. Juni 2007 auf. Hauptbesteller ist die US Army, welche insgesamt elf Systeme mit je zwölf Warriors und fünf Bodenstationen beschaffen will. Die Ersten sollen bereits 2008 in Einsatz gelangen. Auch die USAF hat vorerst zwei Einheiten bestellt. Das Ausgangsmuster RQ-1A Predator wird weiterhin gebaut.
Bemerkungen: Die neue Warrior ist ein typischer Vertreter der sog. MALE-UAV's (**M**edium **A**ltitude **L**ong **E**ndurance). Sie basiert auf der MQ-1 Predator (siehe Ausgabe 2006), weist jedoch einen Flügel mit größerer Spannweite und einen verlängerten Vorderrumpf auf. Damit kann sie größere Nutzlasten mitführen. An der Rumpfspitze ist ein synthetisches Breitbandradar vom Typ »Lynx« eingebaut. Unter den Flügeln besteht die Möglichkeit, Waffen mitzuführen. Erstmals kommt ein Dieselmotor in einer größeren Drone zur Anwendung. Dieser lässt zu, sowohl Jet Fuel (Kerosin) wie auch Autodiesel zu verwenden. Das ganze System kann durch eine C-130 Hercules transportiert werden und ist zwei Stunden nach dem Ausladen einsatzbereit. Die Bodenstation hat in einem auf einem Normlastwagen beladbaren MTV S-280-Container Platz.
Hersteller: General Atomics Aeronautical Systems Inc., San Diego, USA.

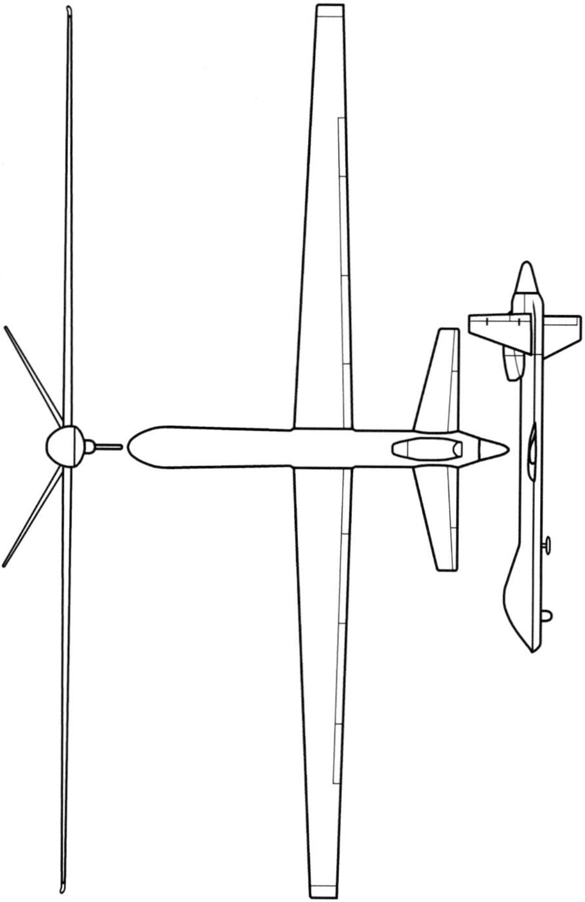

Abmessungen:
Spannweite 20,12 m
Länge 10,97 m

GENERAL ATOMICS MQ-9A REAPER

Ursprungsland: USA.
Kategorie: Unbemannte Drone für Erdkampf, Aufklärungs- und ELINT-Aufgaben in großen Höhen.
Triebwerke: Eine Propellerturbine Honeywell TPE331-10T von 900 WPS (670 kW) Leistung.
Leistungen: Höchstgeschwindigkeit ca. 410 km/h; Dauergeschwindigkeit 370 km/h; Dienstgipfelhöhe über 15400 m; Reichweite 4000 km; max. Flugdauer mehr als 30 Std.
Gewichte: Max. Startgewicht 4763 kg.
Zuladung/Bewaffnung: Aufklärungssysteme im Gesamtgewicht von intern 363 kg, extern 1361 kg. Es können beispielsweise bis zu zehn Hellfire-Panzerabwehrlenkwaffen oder sechs 225-kg-GPS-Bomben mitgeführt werden.
Entwicklungsstand: Im Februar 2001 startete ein Erprobungsträger zum Erstflug. 2002 bestellte die USAF zwei operationelle Prototypen (2005 abgeliefert). Vorläufigen Plänen zufolge werden etwa 60 beschafft. Etwa zehn davon sind bereits abgeliefert. Zwei Maschinen erhält die RAF, Deutschland prüft derzeit die Beschaffung. Unter der Bezeichnung Mariner plant die USN den Erwerb einer MQ-9-Ausführung für Seeüberwachung. Zwei Predator B erhielt die US Customs and Border Protection (CBP).
Bemerkungen: Das neue Triebwerk bietet gegenüber dem Ausgangsmuster RQ-1A Predator A (siehe Ausgabe 2006) in allen Bereichen wesentlich bessere Flugleistungen an. Zudem ist die Nutzlast deutlich höher, es können u.a. auch mehr Waffen mitgeführt werden. Der Flügel ist gegenüber dem Ausgangsmuster deutlich größer, der Rumpf dicker. Er kann dadurch mehr Treibstoff aufnehmen. Während die RQ-1 vorwiegend für Aufklärungsaufgaben vorgesehen ist, soll die MQ-9 vorab als Erdkämpfer/Aufklärer in besonderen Situationen eingesetzt werden. Dazu verfügt sie u.a. über ein synthetisches Breitband-Radar APY-8 Lynx mit hoher Auflösung. Unter der Bezeichnung Altair gibt es auch eine Ausführung für zivile Überwachungs- und Forschungsaufgaben. Die NASA setzt diese Weiterentwicklung der Reaper für Forschungsaufgaben in großen Höhen ein. Sie verfügt über einen verlängerten Flügel mit rund 26 m Spannweite und erreicht rund 15800 m Höhe. Das maximale Startgewicht beläuft sich auf 3266 kg.
Hersteller: General Atomics Aeronautical Systems Inc., San Diego, USA.

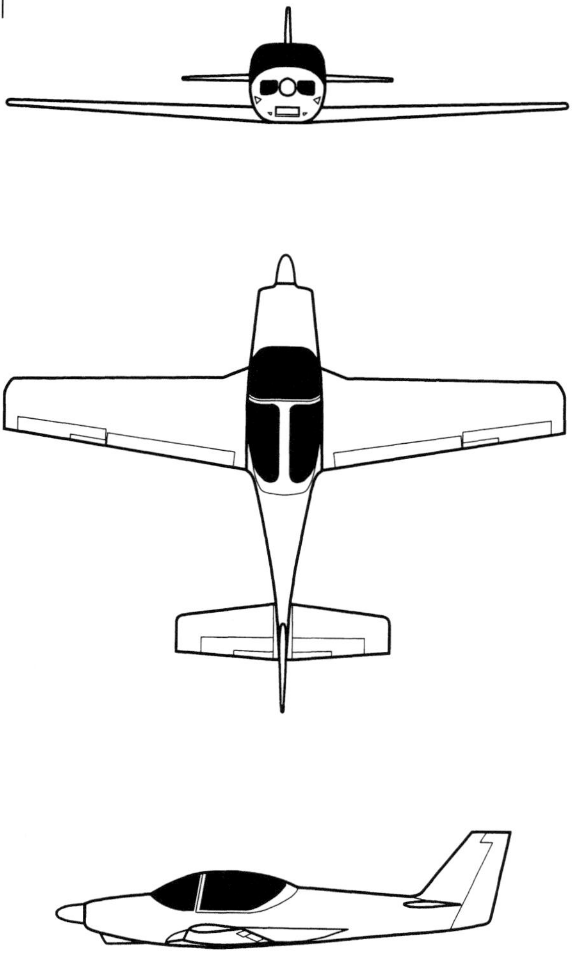

Abmessungen:
Spannweite 10,18 m
Länge 8,06 m
Höhe 2,57 m
Flügelfläche 13,30 m^2

GROB G 120A

Ursprungsland: Deutschland.
Kategorie: Basis-, Fortgeschrittenen- und Akrobatiktrainer.
Triebwerke: Ein luftgekühlter Sechszylinder-Boxermotor Textron Lycoming AEIO-540-D4D5 von 260 PS (194 kW) Leistung.
Leistungen: Höchstgeschwindigkeit auf Meereshöhe 320 km/h; Reisegeschwindigkeit bei 75 % Leistung 307 km/h auf 1525 m; Anfangssteiggeschwindigkeit 7,21 m/Sek; Reichweite 1535 km.
Gewichte: Max. Startgewicht für Akrobatik 1350 kg, für Schulung 1440 kg.
Zuladung: Flugschüler und Instruktor; max. Nutzlast zwischen 320 und 410 kg.
Entwicklungsstand: Der Erstflug fand im Jahre 2000 statt. Im Laufe von 2001 wurde die Produktion aufgenommen. Nach Erhalt der Zulassung anfangs 2002 begann man mit den ersten Auslieferungen. Bisherige Besteller: Israelische Luftwaffe (17), französische Luftwaffe (18), Kelowna Flightcraft für kanadische Luftwaffe (11), Lufthansa (6).
Bemerkungen: Mit diesem Flugzeugtyp will Grob den gesamten Bereich von der Anfängerschulung über das Fortgeschrittenentraining bis hin zur Akrobatik abdecken. Dank der umfassenden Avionik und einem EFIS-Cockpit eignet er sich aber auch für Ausbildung im Instrumentenflug. Im Gegensatz zur G 115 (siehe Ausgabe 2003) weist die G 120 ein Einziehfahrwerk auf. Wie alle Grob-Leichtflugzeuge ist die Konstruktion weitgehend aus Karbonfiber-Verbundwerkstoff. Dieses Prinzip ermöglicht hohe Festigkeit, lange Lebensdauer der Zelle, minimales Gewicht und günstige Verbrauchswerte. Die für Israel bestellten Maschinen werden von der privaten Elbit Systems Ltd. im Rahmen eines umfassenden Ausbildungssystems für die Luftwaffe betrieben.
Hersteller: Grob Luft- und Raumfahrt GmbH & Co. KG., Tussenhausen-Mattsies, Deutschland.

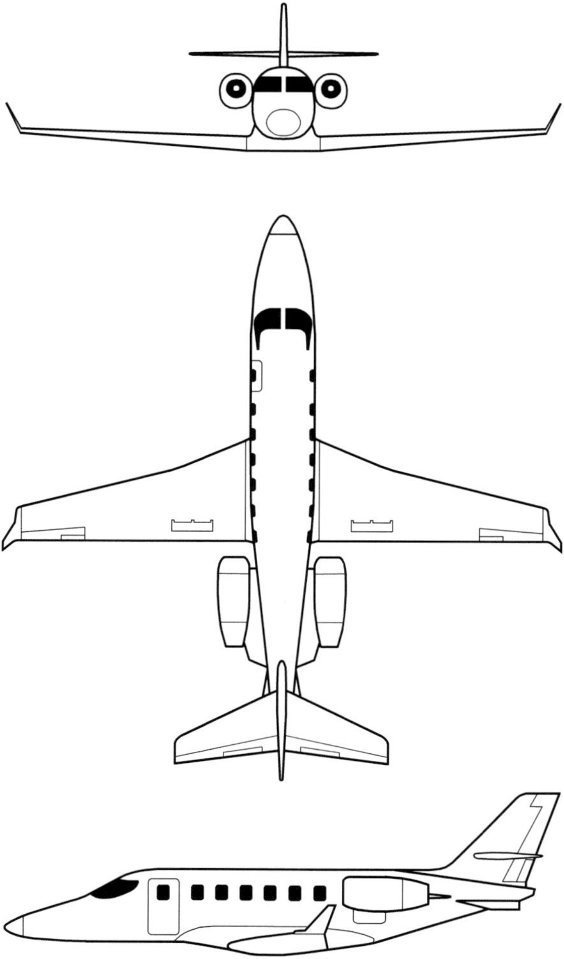

Abmessungen:
Spannweite 14,86 m
Länge 14,81 m
Höhe 5,12 m
Flügelfläche 25,00 m^2

GROB G180 SP^{n}

Ursprungsland: Deutschland.
Kategorie: Firmen- und Mehrzweckflugzeug.
Triebwerke: Zwei Mantelstromtriebwerke Williams International FJ44-3A von je 1270 kp (12,44 kN) Standschub.
Leistungen: Max. Reisegeschwindigkeit 769 km/h (Mach 0,70) auf 8840 m; Anfangssteiggeschwindigkeit 22,2 m/Sek; Dienstgipfelhöhe 12497 m; Reichweite bei maximaler Nutzlast 2371 km, mit sechs Passagieren und IFR-Reserven 3334 km.
Gewichte: Leergewicht 3510 kg; max. Startgewicht 6300 kg.
Zuladung: Ein oder zwei Piloten und bis zu neun Passagiere. Die Kabine kann aber auch für eine Kombination von Passagier- und Frachtbeladung eingerichtet werden; max. Nutzlast 1130 kg.
Entwicklungsstand: Als große Überraschung wurde der Prototyp G180 sp^{n} erstmals an der Luftfahrtausstellung 2005 in Paris vorgestellt. Die Flugerprobung begann am 20. Juli 2005. Ein zweiter Prototyp folgte im Oktober 2006. Nach Verzögerungen in der Erprobung soll die Zulassung im zweiten Quartal 2008 erfolgen. Bisher sind über 70 Maschinen bestellt.
Bemerkungen: Im heiß umkämpften Markt der leichten Düsen-Geschäftsflugzeuge will die G180 sp^{n} ebenfalls mitmachen. Vom Konzept her entfernt man sich etwas vom üblichen Firmenflugzeugangebot und versteht die spn als Mehrzweckflugzeug, welches u.a. auch für leichte Frachttransporte geeignet ist. Deshalb ist die Einstiegtüre mit 0,84 m breiter als in dieser Kategorie üblich. Grob hat sich bemüht, eine möglichst große Kabine zu konzipieren. Sie ist 5,10 m lang, 1,52 m breit und 1,64 m hoch. Zelle und Flügel bestehen aus Verbundwerkstoffen. Die sp^{n} ist eine robuste und dank Composite-Bauweise leichte Konstruktion. Sie weist kurze Start- und Landeeigenschaften auf. Eingebaut wird das Avionik-System Apex von Honeywell mit je zwei Primär- und Multifunktionsdisplays. Aus der sp^{n} soll eine ganze Familie von Modellen abgeleitet werden. Derzeit steht eine verlängerte Variante im Vordergrund.
Hersteller: Grob Aerospace, Werk Tussenhausen-Mattsies, Deutschland, Firmensitz Zürich, Schweiz.

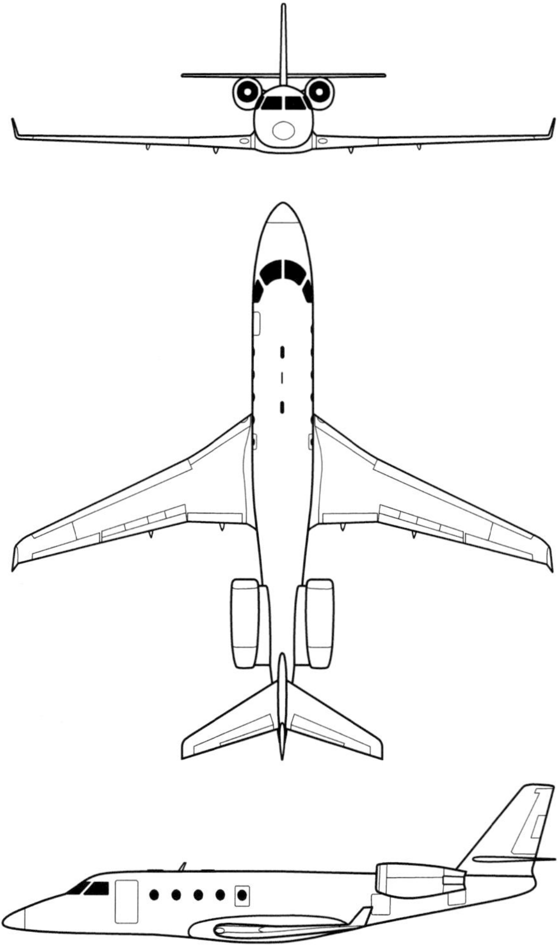

Abmessungen:
Spannweite 16,94 m
Länge 17,30 m
Höhe 5,82 m

Gulfstream G150

Ursprungsland: Israel/USA.
Kategorie: Mittelstrecken-Firmenflugzeug.
Triebwerke: Zwei Mantelstromtriebwerke Honeywell TFE731-40AR-200G von je 2005 kp (19,66 kN) Standschub.
Leistungen: Normale Reisegeschwindigkeit 850 km/h (Mach 0,85), Langstreckenreisegeschwindigkeit 796 km/h (Mach 0,75); Dienstgipfelhöhe 13716 m; Reichweite mit vier Passagieren bei Mach 0,75 5467 km.
Gewichte: Leergewicht 6849 kg; max. Startgewicht 11839 kg.
Zuladung: Zwei Mann Cockpitbesatzung und je nach Innenausstattung zwischen sechs und acht Passagiere. Max. Nutzlast 1089 kg, bei vollen Treibstofftanks 386 kg.
Entwicklungsstand: Der erste von zwei Prototypen nahm die Erprobung am 3. Mai 2005 auf, der zweite folgte am 2. September 2005. Im August 2006 wurde das erste Serienmuster dem Kunden übergeben. Der aktuelle Auftragsbestand ist nicht bekannt. 50 Maschinen (+ 50 Optionen) hat die NetJet bestellt.
Bemerkungen: Das Ausgangsmuster der G150, die G100 (siehe Ausgabe 2002), war für die ausgezeichneten Flugleistungen bekannt. Sie besaß jedoch nach heutigen Ansprüchen eine zu enge Kabine. Diesem Nachteil will die G150 begegnen. Bei etwa gleichen Leistungsparametern wurde ein völlig neuer Rumpf konstruiert. Er ist etwa 30 cm breiter und 5 cm höher, so dass sich bei fast quadratischem Querschnitt Innenmaße von 1,75 x 1,75 m ergeben. Auch die Platzverhältnisse im Cockpit wurden verbessert. Der Flügel ist von der G 100 übernommen, die Spannweite jedoch wegen des voluminöseren Rumpfes entsprechend größer. Wie bei vielen Konkurrenzmustern gelangt auch bei der G150 die Avionik Rockwell Collins Pro Line 21 mit vier Flüssigkristall-Displays zum Einbau. Die Fertigung erfolgt bei der israelischen IAI, während die Inneneinrichtung in den USA montiert wird. Gulfstream gibt als Basispreis US$ 13,75 Mio. an.
Hersteller: Gulfstream Aerospace Corp. (Tochtergesellschaft von General Dynamics), Savannah, Georgia, USA und Israel Aircraft Industries Ltd., Werk Ben-Gurion Airport, Israel.

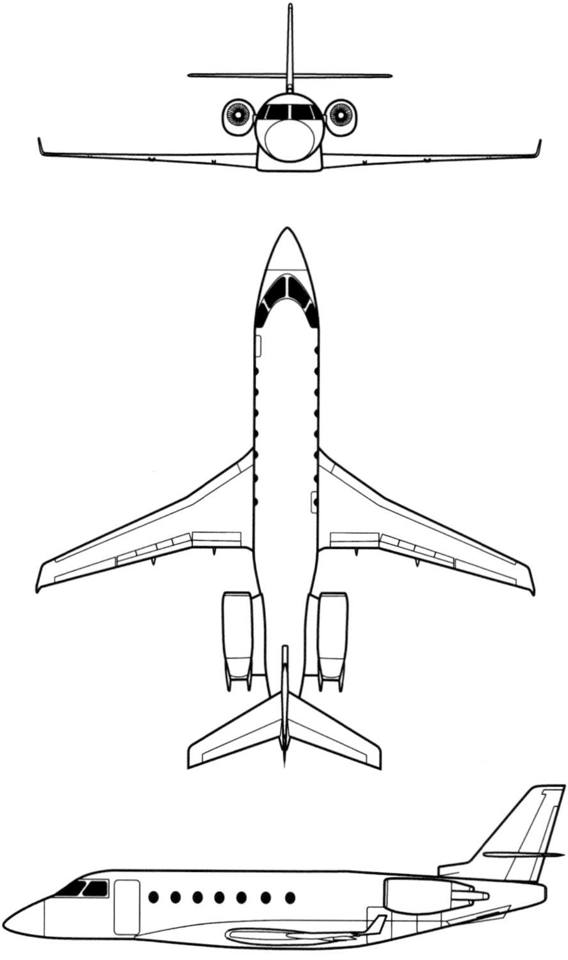

Abmessungen:
Spannweite 17,71 m
Länge 18,97 m
Höhe 6,53 m
Flügelfläche 34,28 m²

GULFSTREAM G200

Ursprungsland: Israel/USA.
Kategorie: Firmenflugzeug.
Triebwerke: Zwei Mantelstromtriebwerke Pratt & Whitney Canada PW306A von je 2740 kp (26,98 kN) Standschub.
Leistungen: Höchstgeschwindigkeit 870 km/h oder Mach 0,85; Langstrecken-Reisegeschwindigkeit 796 km/h (Mach 0,82); Dienstgipfelhöhe 13716 m; Reichweite mit vier Passagieren und IFR-Reserven 6301 km.
Gewichte: Leergewicht 8981 kg; max. Startgewicht 16080 kg.
Zuladung: Zwei Piloten und normalerweise acht Passagiere in Komfortausführung oder bis zu 18 Personen in enger Dreierbestuhlung mit Mittelgang; max. Nutzlast 1905 kg.
Entwicklungsstand: Der erste von vier Prototypen fliegt seit 25. Dezember 1997, gefolgt vom zweiten am 21. Mai 1998. Die Ablieferungen begannen Anfang 1999. Derzeit fliegen über 150 Einheiten. Jährlich stellt IAI in Israel etwa 24 Maschinen her, welche die Innenausstattung in den USA erhalten.
Bemerkungen: Die frühere Galaxy, neu als Gulfstream G200 bezeichnet, ist das Resultat einer Zusammenarbeit zwischen der israelischen IAI und einer amerikanischen Finanzgruppe und wurde aus der Astra SPX/G 100 (siehe Ausgabe 2003) weiterentwickelt. Während der Flügel weitgehend von ihr übernommen wurde, verfügt die G200 über einen völlig neu konstruierten, wesentlich größeren Rumpf. Mit einer Länge von 7,44 m, einer Breite von 2,18 m und einer Höhe von 1,91 m (Innenmaße) wird sie wesentlich höheren Ansprüchen gerecht. Wie bei den meisten Geschäftsflugzeugen neuester Generation ist das Cockpit mit Multifunktionsdisplays ausgerüstet; Lieferant ist Rockwell Collins. Der Verkaufspreis einer voll ausgerüsteten G200 beträgt rund US$ 17 Mio. Dank eines Gewichtreduzierungsprogramms von gegen 300 kg sollen die ursprünglich zugesicherten Nutzlast- und Reichweitenleistungen erreicht werden.
Hersteller: Gulfstream Aerospace Corp., (Tochtergesellschaft von General Dynamics), Savannah, Georgia, USA, Werk Israel Aircraft Industries Ltd., Ben-Gurion International Airport, Israel.

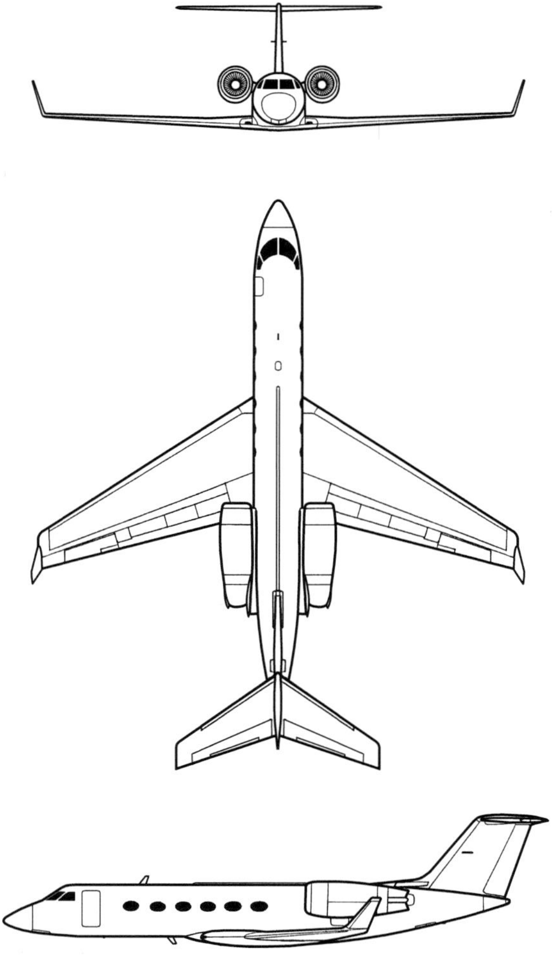

Abmessungen:
Spannweite 23,72 m
Länge 27,23
Höhe 7,67 m
Flügelfläche 88,29 m²

GULFSTREAM AEROSPACE GULFSTREAM G350/G450

Ursprungsland: USA.
Kategorie: Firmen- und Mehrzweckflugzeug für zivile und militärische Aufgaben.
Triebwerke (G450): Zwei Mantelstromtriebwerke Rolls-Royce (450) Tay 611-8C von je 6282 kp (61,60 kN) Standschub.
Leistungen: Max. Reisegeschwindigkeit Mach 0,88; Langstrecken-Reisegeschwindigkeit 850 km/h; Dienstgipfelhöhe 13715 m; Reichweite bei Mach 0,80 (G350) 7000 km, (G450) 8061 km.
Gewichte: Rüstgewicht (G350) 19369 kg, (G450) 19504 kg; max. Startgewicht (G350) 32116 kg, (G450) 33521 kg.
Zuladung: Zwei Piloten im Cockpit und je nach Innenausstattung (G350) bis zu 16, (G450) 12, 14 oder bis 19 Passagiere; Nutzlast bei vollen Tanks (G350) 1179 kg, (G450) 816 kg, max. (G350) 2858 kg, (G450) 2722 kg.
Entwicklungsstand: Die Weiterentwicklung der G400, die G450 absolvierte den Erstflug am 30. April 2003. Diese Variante ist seit zweitem Quartal 2005 erhältlich. Die Gulfstream G350 fliegt seit Anfang 2004. Die Auslieferungen begannen im dritten Quartal 2005.
Bemerkungen: Die Gulfstream-Familie wird konsequent weiter entwickelt. Die neueste Ausgabe ist die Gulfstream G350, welche den Rumpf und die Triebwerke der G450 übernimmt, jedoch das PlaneView-Cockpit der G500/550 aufweist. Sie ist die wirtschaftlichere und günstigere Ausführung der G 450 und kostet in der Basisausrüstung rund US$ 27,5 Mio statt US$ 33,5 Mio. für eine G 450. Gulfstream G350 und G450 haben eine überarbeitete Inneneinrichtung. Beide verfügen über eine integrierte Honeywell SPZ-8400-Avionik. Die G450 fällt zudem durch deutlich bessere Reichweitenleistungen auf, dies dank stärkeren Triebwerken. Zudem ist die Druckkabine verbessert. Mit der neuesten Ergänzung verfügt Gulfstream dank den G350, G450, G500 und G550 über eine Familie von modernst ausgestatteten Firmenflugzeugen, welche in der Grundausrüstung sehr ähnlich sind.
Hersteller: Gulfstream Aerospace Corp. (Tochterfirma von General Dynamics), Savannah, Georgia, USA.

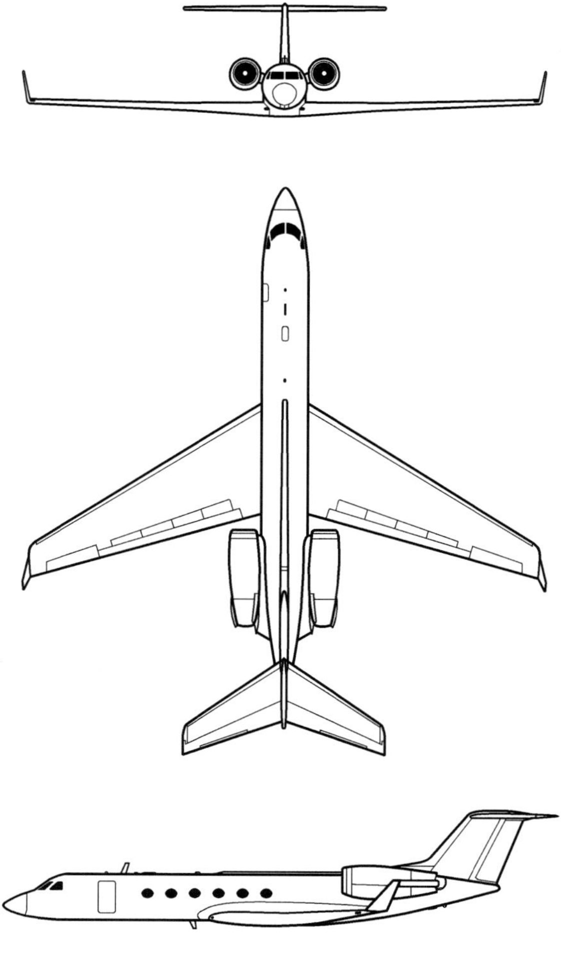

Abmessungen:
Spannweite 28,50 m
Länge 29,40 m
Höhe 7,90 m
Flügelfläche 105,63 m²

GULFSTREAM AEROSPACE GULFSTREAM G550

Ursprungsland: USA.
Kategorie: Langstrecken-Firmenflugzeug.
Triebwerke: Zwei Mantelstromtriebwerke BMW/Rolls-Royce BR 710 von je 6980 kp (68,4 kN) Standschub.
Leistungen: Max. Reisegeschwindigkeit 940 km/h (Mach 0,885); Langstrecken-Reisegeschwindigkeit 851 km/h; Anfangssteiggeschwindigkeit 21,3 m/Sek; Dienstgipfelhöhe 15545 m; Reichweite mit max. Treibstoffzuladung, acht Passagieren und IFR-Reserven 12500 km.
Gewichte: Rüstgewicht 21919 kg; max. Startgewicht 41277 kg.
Zuladung: Zwei Piloten im Cockpit und normalerweise 13 bis 15, max. 19 Passagiere. Nutzlast bei vollen Tanks 816 kg, max. 2950 kg.
Entwicklungsstand: Der noch als Gulfstream V bezeichnete Prototyp flog erstmals am 28. November 1995. Die Auslieferungen begannen Mitte 1997. Bis Ende 2005 waren rund 230 Gulfstream V bzw. G500 im Einsatz. Die USAF erhält 20 als C-37A bezeichnete VIP-Transporter, die US Army und die US Coast Guard je eine. Die Variante G550 startete am 18. Juli 2002 zum Erstflug, rund 130 Einheiten waren Ende 2007 abgeliefert. Jährlich werden etwa 30 Maschinen gebaut.
Bemerkungen: Das Ausgangsmuster Gulfstream IV (siehe Ausgabe 2001) wurde vollständig zur Gulfstream V bzw. G500 überarbeitet. Der Rumpf weist eine Streckung von 2,40 m auf und bietet somit einen wesentlich höheren Passagierkomfort mit größerer Gepäckzuladung. Die Kabine misst nun 15,30 m. Völlig neu wurde der Flügel konstruiert, um ihn für die erforderlichen Reichweiten zu optimieren. Es gelangt das digitale Avionik-System Honeywell PlaneView mit sechs Multifunktionsbildschirmen zum Einbau. Die G550 ist eine nochmals verbesserte Ausführung mit einer Reichweitenleistung von 12500 km und neuem Cockpit. Sie hat leistungsstärkere Triebwerke. Unbestätigten Berichten zufolge prüft Gulfstream derzeit unter der Bezeichnung G600 eine größere Ausführung zu entwickeln.
Hersteller: Gulfstream Aerospace Corp. (Tochterfirma von General Dynamics), Savannah, Georgia, USA.

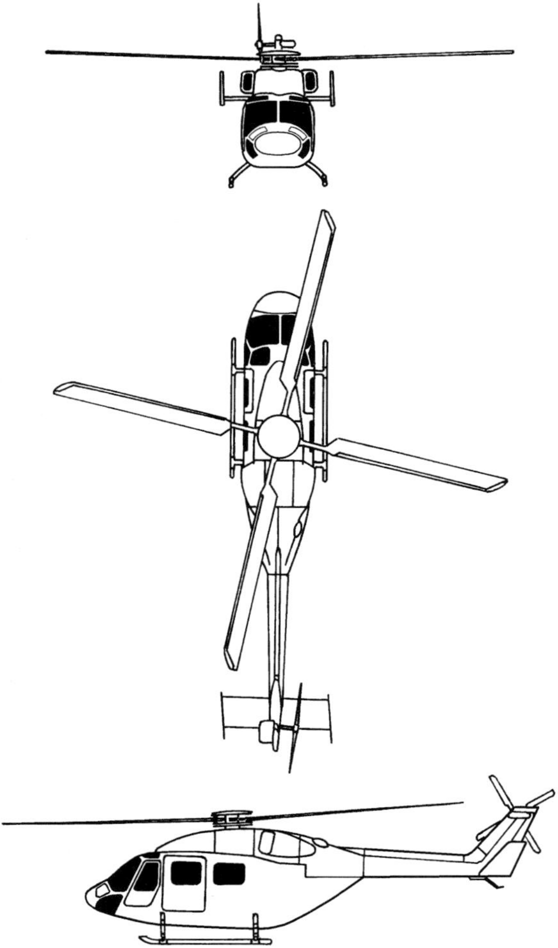

Abmessungen:
Rotordurchmesser 13,20 m
Rumpflänge 12,89 m
Höhe inkl. Rotorkopf 3,76 m

HAL DRUV

Ursprungsland: Indien.
Kategorie: Ziviler und militärischer Mehrzweckhubschrauber.
Triebwerke: Zwei Gasturbinen Turboméca TM 333-2B von je 1000 WPS (746 kW) Leistung.
Leistungen: Höchstgeschwindigkeit 280 km/h auf Meereshöhe; Reisegeschwindigkeit 245 km/h; max. Schrägsteiggeschwindigkeit 9,0 m/Sek; Dienstgipfelhöhe 6000 m; Schwebehöhe ohne Bodeneffekt 3000 m+; max. Reichweite 800 km.
Gewichte: Leer (Luftwaffenversion) 2216 kg, (Marineversion) 2352 kg; max. Startgewicht (Armeeversion) 5500 kg, (Luftwaffenversion) 4000 kg, (Marineversion) 5000 kg.
Zuladung: Zwei Piloten und bis zu 14 Passagiere. Max. Nutzlast als Aussenlast 1500 kg.
Entwicklungsstand: Der erste von vier Prototypen nahm die Flugerprobung im August 1992 auf. Die indischen Streitkräfte haben einen Bedarf von 300 ALH's (Armee 120, Luftwaffe 60, Marine 120). Zwei Maschinen erhielt die Luftwaffe Nepals, eine Mauretanien. Bis Ende 2007 waren rund 80 Druvs abgeliefert. Vorerst sollen jährlich 24, später rund 36 Maschinen gebaut werden. Vorderhand drei zivile Maschinen hat die indische ONGC für Off-Shore-Einsätze bestellt. Die INDMA (= indischer Zivilschutz) erhält zwölf SAR-Hubschrauber für den Katastrophenfall.
Bemerkungen: Die Druv gibt es in verschiedenen Varianten: (Armee) Truppentransporter und Nachschubhubschrauber, Antitank- und Minenlegemissionen, alle ausgerüstet mit einem Kufenfahrwerk; (Marine) Verbindungs- und Evakuationsaufgaben sowie SAR- und ASW-Aufträge, ausgerüstet mit einem einziehbaren Dreipunkt-Radfahrwerk, faltbarem Haupt- und Heckrotor und Sonar; (Luftwaffe) Rettungshubschrauber, Mehrzwecktransporter. Auch eine Zivilversion für normalerweise bis zu 12 Passagiere wird angeboten (Erstflug 1999). Haupt- wie Heckrotor sind gelenklos aus Faserverbundwerkstoffen, der Rumpf besteht nebst Aluminium aus Karbon und Kevlar. Seit Mitte 2007 fliegt eine neue Version mit stärkeren Shakti-Triebwerken mit einer Startleistung von 1200 WPS (895 kW). Die neue Wellenturbine wurde zusammen mit Turboméca entwickelt. Diese weist insbesondere bessere Flugleistungen in großen Höhen auf. Es ist vorgesehen, dass sie verschiedene Waffen an Auslegern neben dem Rumpf mitführen kann. Kürzlich wurde eine Attrappe eines von der Druv abgeleiteten Kampfhubschraubers vorgestellt.
Hersteller: HAL Hindustan Aeronautics Ltd., Bangalore, Indien.

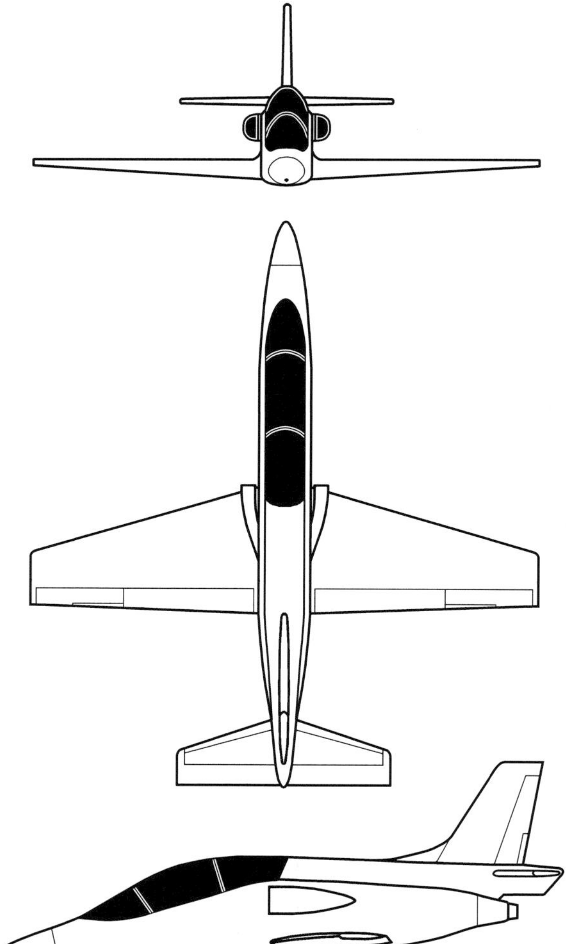

Abmessungen:
Spannweite 9,80 m
Länge 10,91 m
Höhe 4,13 m
Flügelfläche 17,50 m^2

HAL HJT-36

Ursprungsland: Indien.
Kategorie: Zweisitziger Basistrainer.
Triebwerke: Ein Mantelstromtriebwerk (Prototypen) Snecma Larzac 04H20 von 1430 kp (14,03 kN) Standschub, (Serienflugzeuge) NPO Saturn AL-55 von 2200 kp (12,6 kN) Leistung.
Leistungen (geschätzt): Höchstgeschwindigkeit Mach 0,8 bzw. in Stechflug 825 km/h, auf Meereshöhe 700 km/h; Dienstgipfelhöhe 12000 m; max. Flugdauer 3 Std.
Gewichte: Norm. Startgewicht 3500 kg; max. Startgewicht 4500 kg.
Bewaffnung: Eine Waffenlast von 1000 kg kann an Stationen unter den Flügeln mitgeführt werden.
Entwicklungsstand: Der erste von zwei Prototypen nahm die Flugerprobung am 7. März 2003 auf, der zweite folgte am 23. März 2004. Die indische Luftwaffe soll 187, die indische Marine 24 Einheiten erhalten. Bisher sind 16 Einheiten bestellt. Beginnen werden die Auslieferungen voraussichtlich im Laufe von 2008.
Bemerkungen: Die neue Generation von Kampfflugzeugen der indischen Luftwaffe erfordert auch neue Schulungsflugzeuge, welche deren Bedien-Philosophie und Systeme übernehmen Das Programm eines neuen Trainers für die sog. »Intermediate-Schulung« wurde 1999 angekündigt. Beim ersten Prototypen handelt es sich um einen aerodynamischen Erprobungsträger. Der zweite kommt der Serienversion sehr nahe. Er ist beispielsweise mit einem Glascockpit und einer Avionik mit offener Architektur ausgerüstet. Im vorderen Sitz wurde auch ein HUD eingebaut. Im Übrigen weist die HJT-36 eine konventionelle Konstruktion auf. Die Struktur ist weitgehend aus Aluminium, Verbundwerkstoffe werden nur vereinzelt eingebaut. Anfang 2005 wurde entschieden, bei den Serienflugzeugen das französische Larzac-Triebwerk durch das russische AL-55 von NPO Saturn zu ersetzen.
Hersteller: HAL Hindustan Aeronautics Ltd., Bangalore, Indien.

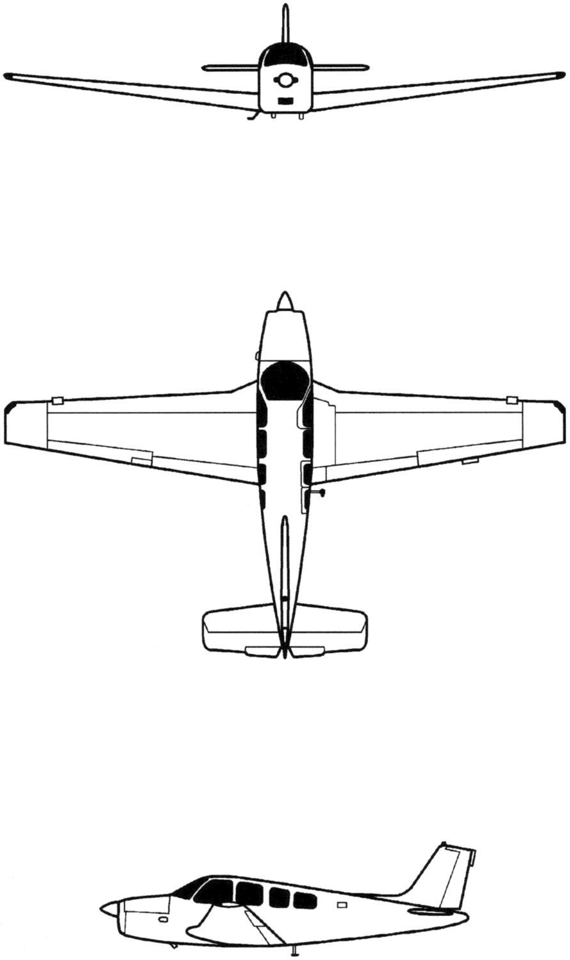

Abmessungen:
Spannweite 10,21 m
Länge 8,38 m
Höhe 2,62 m
Flügelfläche 16,80 m²

HAWKER (BEECHCRAFT) G36 BONANZA

Ursprungsland: USA.
Kategorie: Sport- und Reiseflugzeug.
Triebwerke: Ein luftgekühlter Vierzylinder-Boxermotor Teledyne Continental IO-550-B von 300 PS (223 kW) Leistung.
Leistungen: Max. Reisegeschwindigkeit 336 km/h auf 1825 m; norm. Reisegeschwindigkeit 306 km/h; Anfangssteiggeschwindigkeit 6,2 m/Sek; Dienstgipfelhöhe 5640 m; max. Reichweite mit fünf Insassen und IFR-Reserven 857 km.
Gewichte: Rüstgewicht 1148 kg; max. Startgewicht 1656 kg.
Zuladung: Pilot und bis zu fünf Passagiere, max. Nutzlast 482 kg.
Entwicklungsstand: Das erste Muster nahm die Flugerprobung im Dezember 1945 auf und wurde am 25. März 1947 zugelassen. 2007 feierte die Bonanza das weltweit einmalige Ereignis einer 60-jährigen ununterbrochenen Produktion! Seither sind über 18000 Bonanzas gebaut worden. Aktuell wird die Ausführung G36 angeboten.
Bemerkungen: Bei der Bonanza handelt es sich um ein vollständig aus Aluminium hergestelltes Muster, das während den Jahren laufend verbessert wurde. Während die früheren Ausführungen ein markantes V-förmiges Höhenleitwerk aufwiesen, erhielten die neueren Modelle eine konventionelle Anordnung. Im Übrigen wurde die Grundkonstruktion im Laufe der Produktion weitgehend unverändert belassen. Die Kabine ist mit den Innenmaßen 3,84 m Länge, 1,07 m Breite und 1,27 m Höhe recht geräumig. Derzeit wird nur noch die Ausführung G36 gebaut. Gegenüber den Vorläufern wurde der Flugkomfort optimiert, die Inneneinrichtung aufdatiert und ein Garmin G1000-Cockpit eingebaut. Aus Anlass des Produktionsjubiläums hat Hawker Beechcraft den Verkaufspreis auf US$ 574'000.– gesenkt. Zudem erhielten die Modelle des Jahres 2007 einen Spezialanstrich.
Hersteller: Hawker Beechcraft Corp., Beechcraft Division, Werk Wichita, Kansas, USA.

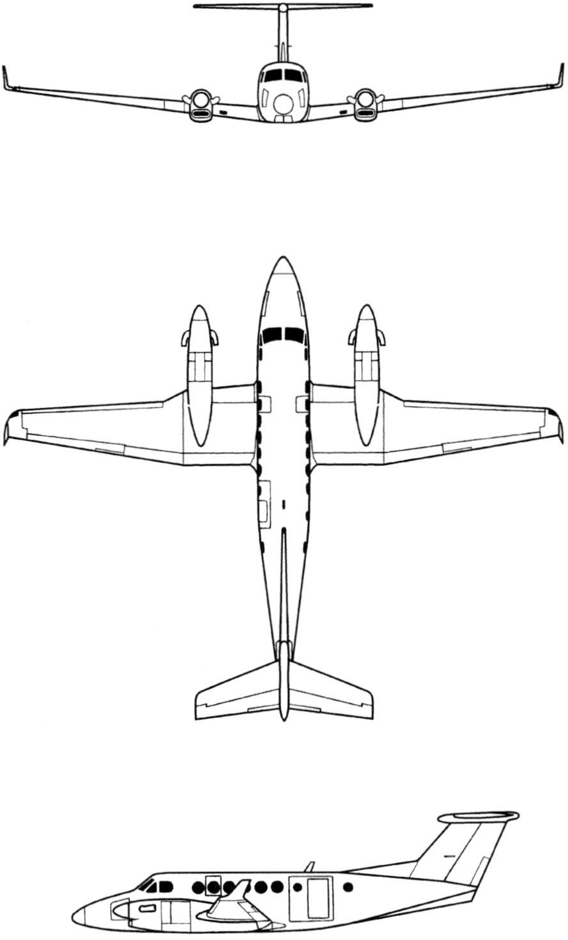

Abmessungen (350/C90):
Spannweite 17,65/15,32 m
Länge 14,22/10,82 m
Höhe 4,37/4,34 m
Flügelfläche 28,80/27,31 m^2

HAWKER BEECHCRAFT KING AIR 350/C90GT

Ursprungsland: USA.
Kategorie: Firmenflugzeug und (350ER) Land- und Seeaufklärer.
Triebwerke (350/C90GT): Zwei Propellerturbinen Pratt & Whitney Canada PT6A-60A von je 1050 WPS (783 kW) bzw. PT6A-135 von je 550 WPS (410 kW) Leistung.
Leistungen (350/C90GT): Höchstgeschwindigkeit 583/500 km/h; Reisegeschwindigkeit 570/385 km/h; Anfangssteiggeschwindigkeit 13,8/9,90 m/Sek; Dienstgipfelhöhe 10700/9144 m; Reichweite mit vier Passagieren und mit 45 Min Reserven 2840/1539 km.
Gewichte (350/C90GT): Leergewicht 4132/3152 kg; max. Startgewicht 6804/4581 kg.
Zuladung (350/C90GT): Ein bis zwei Mann Cockpitbesatzung und in der Kabine normalerweise neun/sieben Einzelsitze in vis-à-vis-Anordnung, max. jedoch bis zu 15/9 Passagiere.
Entwicklungsstand: Die King Air 350 fliegt seit September 1988 und wurde erstmals im März 1990 an Kunden ausgeliefert. Mit rund 6200 (18 Varianten) seit 1964 ununterbrochen produzierten Exemplaren ist die King Air-Familie das am meisten verkaufte zweimotorige Propellerturbinenflugzeug seiner Klasse. Derzeit werden die Versionen C90GT, B200 und 350 gebaut.
Bemerkungen: Die King Air 350 schließt die lange Reihe von Versionen nach oben ab. Sie ist die größte und am besten ausgerüstete Ausführung. Alle seit 1993 hergestellten Modelle sind weiter verbessert worden, besonders was die Startleistungen angeht. Im Cockpit ist ein EFIS-Flight-Deck Collins Pro Line II eingebaut. Der Kabinenkomfort wurde weiter verbessert. Für Frachteinsätze ist die Ausführung 350C mit einem Frachttor seitlich am Rumpf erhältlich. Ende 2006 erhielt die für längere Strecken ausgelegte King Air 350ER die Musterzulassung. 48 davon erhält die Luftwaffe Iraks in einer militärischen Überwachungsversion. Von der günstigsten Ableitung C90 wurde im Dezember 2005 die C90GT eingeführt. Nebst durch leistungsschwächere Triebwerke reduziertem Leistungsspektrum ist auch die Kabine einfacher gehalten. Ganz neu wurde die C90GTi lanciert, ausgerüstet mit Collins Pro Line 21-Avionik.
Hersteller: Hawker Beechcraft Corp., Beechcraft Division, Werk Wichita, Kansas, USA.

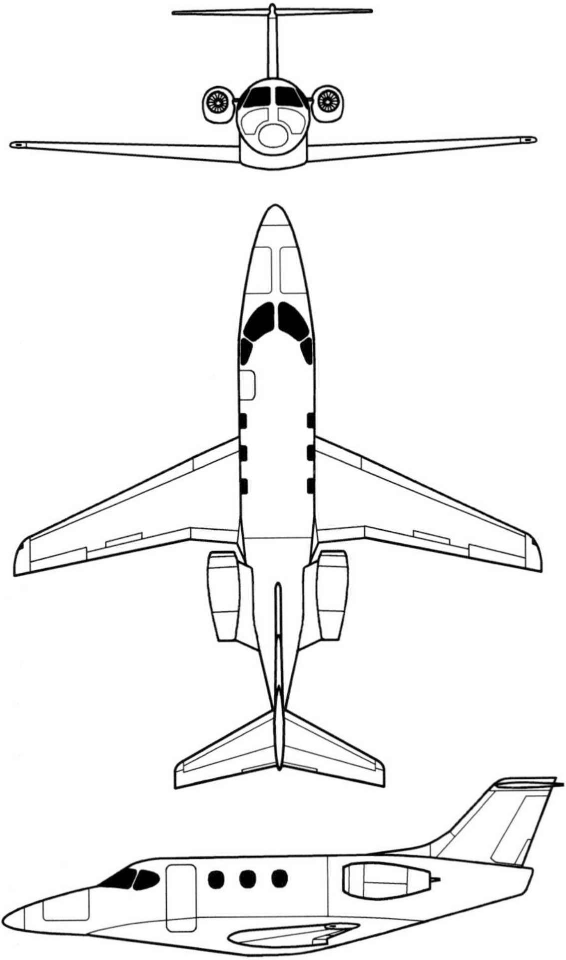

Abmessungen:
Spannweite 13,56 m
Länge 14,02 m
Höhe 4,67 m
Flügelfläche 20,90 m²

HAWKER BEECHCRAFT 300 PREMIER IA

Ursprungsland: USA.
Kategorie: Firmenflugzeug.
Triebwerke: Zwei Mantelstromtriebwerke Williams/Rolls-Royce FJ44-2A von je 1050 kp (10,23 kN) Standschub.
Leistungen: Max. Reisegeschwindigkeit 835 km/h; normale Reisegeschwindigkeit 680 km/h; Zeit um 11250 m zu erreichen 17 Min; Dienstgipfelhöhe 12500 m; Reichweite mit vier Passagieren und IFR-Reserven 2389 km.
Gewichte: Rüstgewicht 3740 kg; max. Startgewicht 5670 kg.
Zuladung: Ein bis zwei Piloten und bis zu sechs Passagiere in der Standard-Clubausführung; Nutzlast bei max. Treibstoffzuladung 222 kg, max. 712 kg.
Entwicklungsstand: Das erste von vier Erprobungsmustern startete am 22. Dezember 1998 zum Erstflug. Bisher sind Bestellungen für über 300 Einheiten eingegangen. Die Auslieferungen begannen nach längeren technischen Verzögerungen im Juni 2001 und bis Ende 2007 waren über 200 Premier I/IA hergestellt. Jährlich werden nun rund 40 Maschinen gebaut.
Bemerkungen: Der gesamte Rumpf besteht aus Verbundwerkstoffen (Kombination von Nomex-Wabenstruktur und Karbonfiber), der Flügel mit Pfeilung hingegen weiterhin aus Aluminium. Aufgrund der Erpobungsresultate musste dieser umgezeichnet werden, um die garantierten Flugleistungen zu erreichen. Die Konstruktion des ganzen Flugzeugs ist bewußt sehr einfach gehalten, so dass eine weitgehende Automatisierung in der Herstellung erreicht wird. Dadurch und dank neuer Produktionstechnologien kann die Premier I zum günstigen Preis ab rund US$ 5,26 Mio. angeboten werden. Im Verhältnis zu den Konkurrenzmustern ist das Innenvolumen der Kabine deutlich größer (Länge 4,10 m, Breite 1,70 m, Höhe 1,65 m). Das Cockpit, ausgerüstet mit ProLine 21-Avionik, ist für Ein-Piloten-Betrieb ausgelegt. Nachdem 135 Premier I gebaut waren, wechselte Hawker auf die Variante Premier IA. Die Inneneinrichtung ist überarbeitet und der Lärmpegel reduziert.
Hersteller: Hawker Beechcraft Corp., Beechcraft Division, Werk Wichita, Kansas, USA.

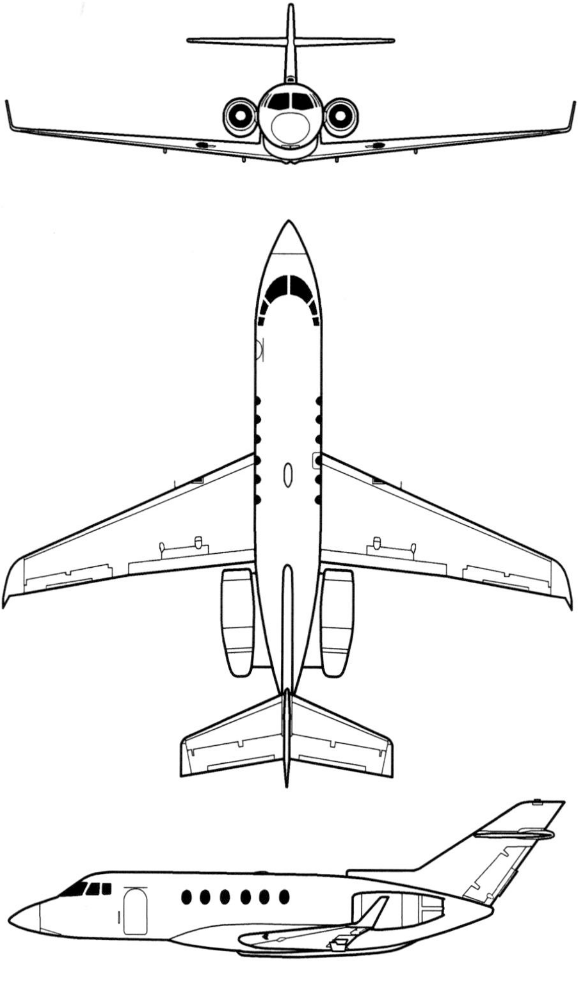

Abmessungen:
Spannweite mit Winglets 16,56 m
Länge 15,60 m
Höhe 5,51 m
Flügelfläche 34,75 m²

HAWKER BEECHCRAFT 750/850XP/900XP

Ursprungsland: Großbritannien/USA.
Kategorie: Firmenflugzeug.
Triebwerke: Zwei Mantelstromtriebwerke AlliedSignal TFE731-5BR von je 2113 kp (20,73 kN) Standschub.
Leistungen (850 XP): Max. Reisegeschwindigkeit 830 km/h auf 11270 m; norm. Reisegeschwindigkeit 793 km/h; Langstreckenreisegeschwindigkeit 745 km/h; Anfangssteiggeschwindigkeit 15,75 m/Sek; Dienstgipfelhöhe 15497 m; Reichweite mit max. Nutzlast 4430 km, mit max. Treibstoffzuladung und VFR-Reserven 5058 km.
Gewichte (850 XP): Leergewicht 7108 kg; max. Startgewicht 12701 kg.
Zuladung: Zwei Piloten und normalerweise acht Passagiere in Einzelsitzen, bzw. bis zu 14 Passagiere in enger Bestuhlung. Nutzlast mit vollen Treibstofftanks 812 kg, maximal 962 kg.
Entwicklungsstand: Erstflug des Prototyps der Ausführung 800XP im Juni 1995. Von allen Varianten sind bis heute über 1500 Einheiten, darunter über 850 der Versionen 800/800XP, hergestellt worden, womit dieses Modell weltweit zum erfolgreichsten Firmenflugzeug dieser Klasse geworden ist. Jährlich werden rund 50 Maschinen gebaut. Die Ausführung 850 XP fliegt seit Ende 2005, die Versionen 900XP und 750 wurden erstmals im September bzw. Dezember 2007 ausgeliefert.
Bemerkungen: Ende 2005 stellte Raytheon (heute neu Hawker Beechcraft) die Hawker 850 XP vor. Zur Verbreiterung des Angebots kommen nun noch die 750 und die 900XP hinzu. Vom Aussehen her identisch, sind die Unterschiede mehr technischer bzw. ausstattungsmäßiger Natur. Der 750 fehlen die Winglets. Mit kleineren Tanks ausgerüstet, ist die Reichweite entsprechend geringer. Dafür soll der Anschaffungspreis gegenüber dem Spitzenmodell 900XP um rund $ 2 Mio. niedriger sein. Am oberen Ende ist nun die Hawker 900XP angesiedelt. Dank leistungsstärkerer Triebwerke Honeywell TEF731-50R ist vor allem die Reichweite mit 5185 km größer. Aber auch die Startleistung besonders in höher gelegenen Flugplätze ist besser. Der Anschaffungspreis beträgt rund $ 14,3 Mio.
Hersteller: Hawker Beechcraft Corp., Beechcraft Division, Werk Wichita, Kansas, USA.

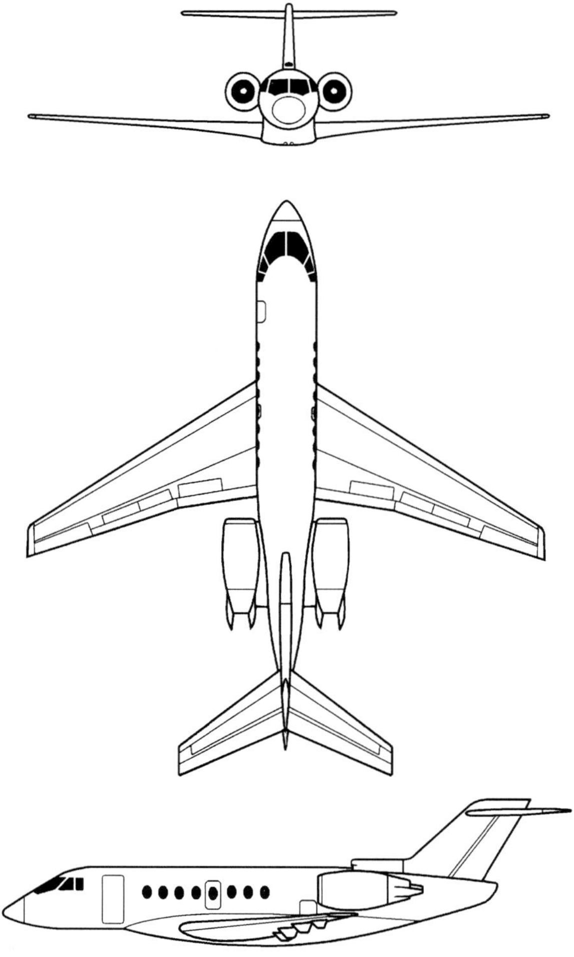

Abmessungen:
Spannweite 18,82 m
Länge 21,08 m
Höhe 5,97 m
Flügelfläche 49,33 m²

HAWKER BEECHCRAFT HAWKER 4000

Ursprungsland: USA.
Kategorie: Firmenflugzeug.
Triebwerke: Zwei Mantelstromtriebwerke Pratt & Whitney PW308A von je 3129 kp (30,7 kN) Standschub.
Leistungen: Höchstgeschwindigkeit Mach 0,84; max. Reisegeschwindigkeit 870 km/h (Mach 0,82); Langstreckenreisegeschwindigkeit 796 km/h; Dienstgipfelhöhe 13716 m; Reichweite mit IFR-Reserven 5139 km, maximal 6297 km.
Gewichte: Rüstgewicht 9877 kg; max. Startgewicht 17010 kg.
Zuladung: Zwei Piloten und normalerweise acht Passagiere in Klubbestuhlung, maximal jedoch 12 Personen; Nutzlast mit max. Treibstoffzuladung 283 kg, max. 1145 kg.
Entwicklungsstand: Mit der Erprobung konnte am 11. August 2001 begonnen werden. Derzeit sind rund 100 Einheiten bestellt, darunter 82 von NetJets. Die Zulassung dieses Musters erfolgte im November 2006, worauf die Ablieferung der ersten Exemplare stattfand. Bis Ende 2007 waren rund 30 Einheiten gebaut.
Bemerkungen: Obwohl gewisse Ähnlichkeiten zur Hawker 800XP bestehen (siehe Seiten 210/211), handelt es sich bei der 4000 (bisher als Horizon bezeichnet) um eine völlige Neukonstruktion. Mit diesem Muster wollte Raytheon (neu Hawker Beechcraft) einen neuen Komfortstandard im Mittelsegment der Firmenflugzeuge setzen. So ist die Kabine für diese Klasse ausgesprochen großräumig (Länge 7,62 m, Breite 1,92 m, Höhe 1,83 m). Das Flügelmittelstück verläuft vollständig unter dem Rumpf, so dass der Passagierraum in keinem Bereich dadurch eingeschränkt ist. Wie bei der Premier I ist auch bei der Horizon der Rumpf völlig aus Verbundwerkstoffen hergestellt, während der Flügel aus Aluminium besteht und zum größten Teil aus einem Werkstück herausgefräst wird. Im Cockpit sind fünf große LCD-Flachbildschirme vorhanden, das Flugmanagementsystem Honeywell Primus Epic wird erstmals in einem Flugzeug eingebaut. Die gesamte Avionik ist hinter dem Cockpit platziert und entsprechend gut zugänglich. Der Basispreis beträgt US$ 19,5 Mio.
Hersteller: Hawker Beechcraft Corp., Beechcraft Division, Werk Wichita, Kansas, USA.

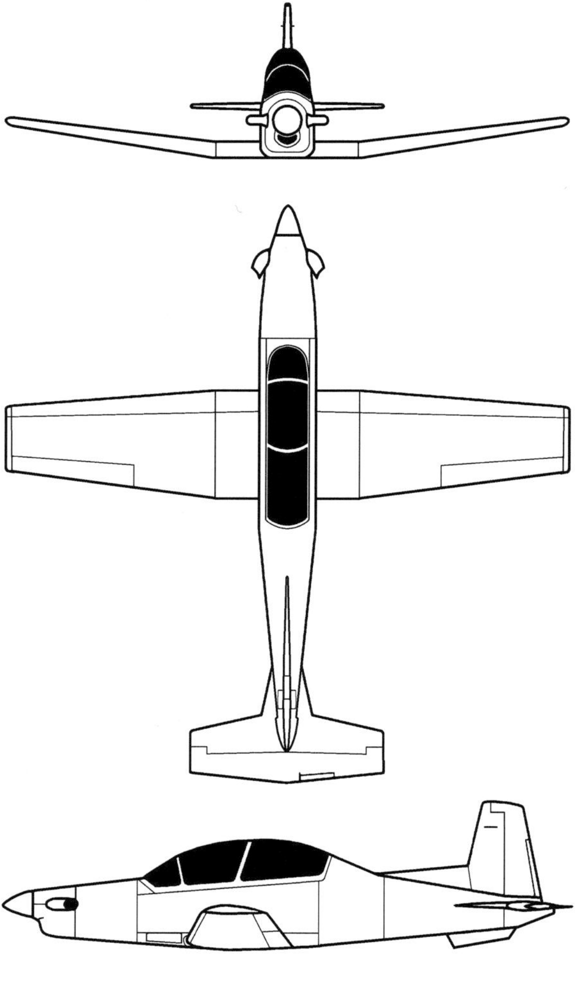

Abmessungen:
Spannweite 10,15 m
Länge 10,14 m
Höhe 3,26 m
Flügelfläche 16,29 m²

HAWKER BEECHCRAFT T-6A TEXAN II

Ursprungsland: USA/Schweiz.
Kategorie: Zweisitziger Basis- und Fortgeschrittenentrainer.
Triebwerke: Eine Propellerturbine Pratt & Whitney Canada PT6A-68 von 1708 WPS (1275 kW) Leistung, reduziert auf 1100 WPS (820 kW).
Leistungen: Höchstgeschwindigkeit in großen Höhen 575 km/h, auf Meereshöhe 500 km/h, Reisegeschwindigkeit auf 2285 m 426 km/h; Anfangssteiggeschwindigkeit 20,3 m/Sek; Dienstgipfelhöhe 10670 m; Reichweite 1574 km; max. Flugdauer 3 Std.
Gewichte: Leergewicht 2087 kg; max. Startgewicht 2857 kg.
Bewaffnung (T-6B): Sechs Stationen unter den Flügeln für eine Waffenlast von 680 kg.
Entwicklungsstand: Der erste Erprobungsträger (eine umgebaute PC-9) flog erstmals im September 1992. Darauf stellte Beech zwei weitere Produktionsprototypen her (Erstflug 23. Dezember 1993), gefolgt vom ersten Serienflugzeug am 15. Juli 1998. Vorgesehen ist, für die amerikanischen Streitkräfte insgesamt 769 Maschinen zu beschaffen: USAF 454, USN 315. Bisher sind seit 1999 etwa 380 abgeliefert worden (USAF 330, USN 50). Weitere T-6A/B erhielten Griechenland (45) und NATO Flying Training (NFTC) (26).
Bemerkungen: Obwohl der PC-9 (siehe Seiten 270/271) sehr ähnlich, wurde rund 70 % der Konstruktion neu definiert. Die wesentlichen Unterschiede sind: Verstärkte Rumpfstruktur und Cockpithaube, Druckkabine, Null-Null-Schleudersitze, neue digitale Elektronik (GPS, MLS, Antikollisionsanzeige, HUD), Einpunktbetankung. Die T-6A ist Bestandteil eines integrierten Trainingssystems, welches auch Simulatoren und übrige Logistik umfasst. Unter der bisherigen Bezeichnung T-6B, neu aber als AT-6 angepriesen, fliegt seit 2004 eine Ausführung für leichte Erdkampfaufgaben mit HUD, Cockpit von CMC-Electronics FV-4000 und Waffenstationen unter den Flügeln. 20 der 45 von Griechenland beschafften Texan II werden so geliefert.
Hersteller: Hawker Beechcraft Corp.,/Pilatus, Werk Wichita, Kansas, USA.

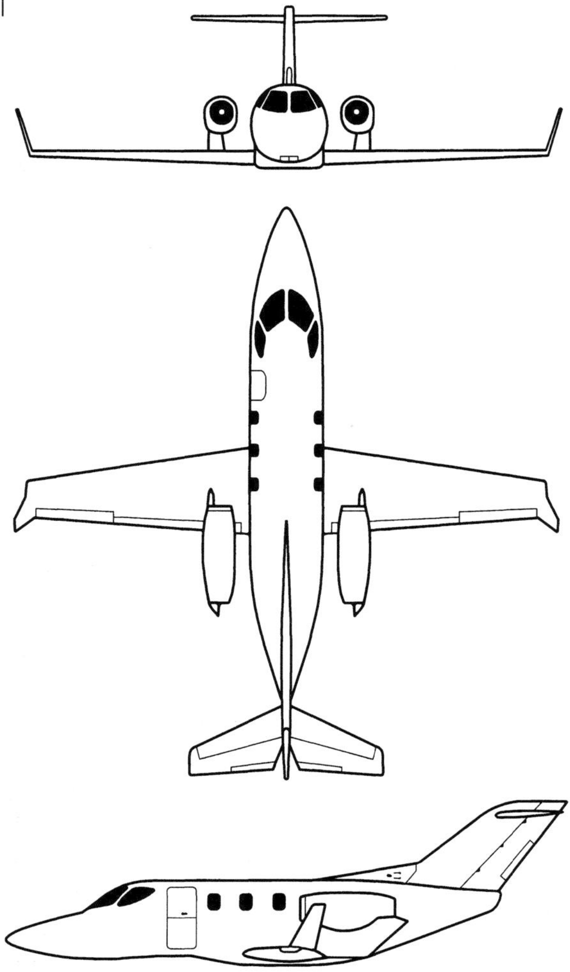

Abmessungen:
Spannweite 12,15 m
Länge 13,21 m
Höhe 4,03 m

HONDA JET

Ursprungsland: Japan.
Kategorie: Leichtes Firmenflugzeug.
Triebwerke: Zwei Mantelstromtriebwerke (Prototyp) Honda HF118 von je 757 kp (7,42 kN) bzw. (Serienmaschinen) HF120 von je 950 kp (9,30 kN) Standschub.
Leistungen (nach Angaben des Herstellers): Max. Reisegeschwindigkeit 775 km/h auf 9150 m; max. Steiggeschwindigkeit 20,3 m/Sek; Dienstgipfelhöhe 13100 m; max. Reichweite unter VFR-Bedingungen 2590 km.
Gewichte: Max. Startgewicht 4173 kg.
Zuladung: Zwei Piloten bzw. ein Pilot/Passagier im Cockpit und vier Personen im Passagierraum.
Entwicklungsstand: Am 16. Dezember 2003 startete ein erster Erprobungsträger zum Erstflug. Das erste der Serienausführung entsprechende Muster soll Anfang 2009 fliegen. Über 100 Maschinen sind bestellt, welche ab 2010 ausgeliefert werden.
Bemerkungen: Mit der Vorstellung eines leichten Businessjets gelang Honda eine große Überraschung. Die als Auto- und Motorradhersteller bekannte Firma macht mit diesem Typ den ersten Schritt in die Luftfahrt. Einzigartig ist, dass Flugzeug wie Triebwerk vom gleichen Hersteller stammen. Der Rumpf ist eine kompakte und leichte Konstruktion aus Verbundwerkstoffen und soll die größten Platzverhältnisse seiner Klasse aufweisen. Die Flügelstruktur wurde aus einem einzigen Aluminumblock gefräst und weist dank eines Laminarprofils beste aerodynamische Werte auf. Ungewöhnlich ist die Anordnung der Triebwerke über den Flügeln. So erspart man sich teure und schwere Aufhängevorrichtungen am Rumpf. Alle diese Maßnahmen und dank des innovativen Triebwerks lassen sich gegenüber einem konventionellen Muster Treibstoffreduktionen von 40 % erzielen. Das Cockpit ist mit einem Avionik-Set Garmin G1000 ausgerüstet. Der Verkaufspreis beläuft sich auf US$ 3,65 Mio.
Hersteller: Honda Motor Co. Ltd., Honda Aero Inc., Werk Greensboro, North Carolina, USA, Tokyo, Japan.

Abmessungen:
Spannweite 9,77 m
Länge 12,27 m
Höhe 4,80 m

HONGDU L-15 Lie Ying

Ursprungsland: Volksrepublik China.
Kategorie: Zweisitziger Fortgeschrittenentrainer und leichter Erdkämpfer.
Triebwerke: Zwei Mantelstromtriebwerke ZMKB Progress AI-222-25F von je 2500 kp (24,5 kN) Standschub und Nachbrenner noch unbekannter Leistung.
Leistungen (noch sehr vorläufige Angaben): Höchstgeschwindigkeit Mach 1,4; Anfangssteiggeschwindigkeit 150 m/Sek; Dienstgipfelhöhe 16000 m; Reichweite 3100 km.
Gewichte: Normales Startgewicht 6800 kg; maximales Startgewicht 9500 kg.
Bewaffnung: Eine Waffenlast von rund 3000 kg kann an Stationen unter den Flügeln mitgeführt werden.
Entwicklungsstand: Der erste von drei Prototypen nahm die Flugerprobung am 13. März 2006 auf. Je nach Ausgang der Erprobung der L-15 sowie des Konkurrenzmusters FTC-2000 (siehe Ausgabe 2006) wird einer der beiden Trainer von der chinesischen Luftwaffe beschafft. Dies dürfte etwa 2008 der Fall sein.
Bemerkungen: Die L-15 wird in Zusammenarbeit mit Yakowlew entwickelt. Daher ist die Ähnlichkeit mit der Yak-130 (siehe Seiten 314/315) nachvollziehbar. Es handelt sich um eine recht moderne Konstruktion. Große Teile der Struktur bestehen aus Verbundwerkstoffen. Das Cockpit verfügt über die heute übliche Ausrüstung mit Multifunktionsbildschirmen, HUD und HOTAS. Die Steuerung erfolgt mit einem vierfach redundanten Fly-By-Wire-System. In der chinesischen Luftwaffe ist die L-15 vorgesehen, als Fortgeschrittenentrainer den Übergang zu den neuen Kampfflugzeugen Su-27/30 bzw. F-10 zu erleichtern, da sie von den Flugeigenschaften und von der Steuerung her ein sehr ähnliches Verhalten aufweisen wird. Die Bezeichnung der Serienmaschinen wird voraussichtlich JL-15 sein.
Hersteller: Hongdu Aviation Industry Group (HAIG), Nanchang, VR China.

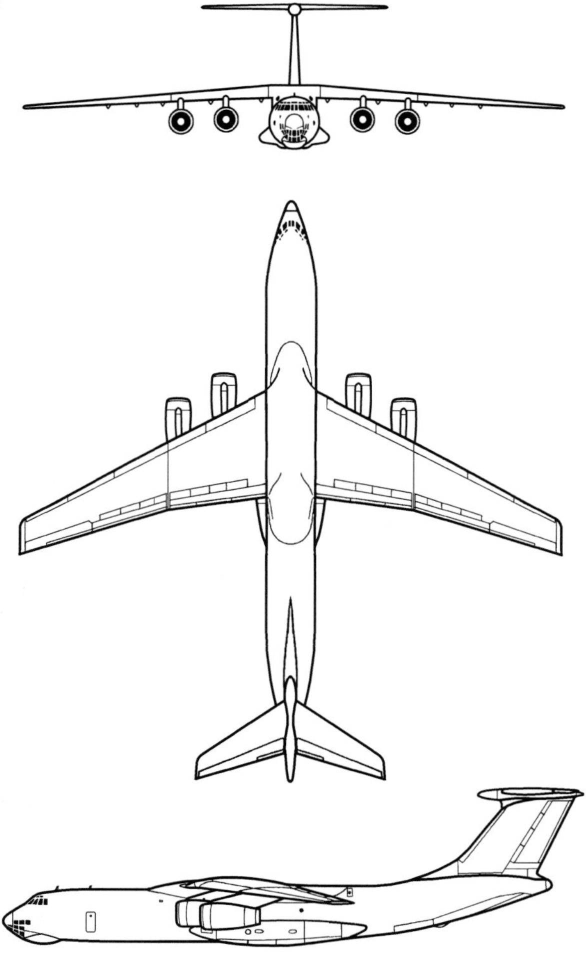

Abmessungen:
Spannweite 50,50 m
Länge (Il-76MF) 53,19 m, (Il-76TD) 46,59 m
Höhe 14,76 m
Flügelfläche 300 m^2

ILJUSCHIN IL-76MF/IL-76TD-90V

Ursprungsland: Russland.
Kategorie: Schwerer ziviler wie militärischer Mittel- und Langstreckentransporter; Tanker und Radarfrühwarnflugzeug.
Triebwerke: Vier Mantelstromtriebwerke Aviadvigatel/Perm PS-90A-76 von je rund 16000 kp (157,8 kN) Standschub.
Leistungen (Il-76MF geschätzt): Höchstgeschwindigkeit 850 km/h auf 10000 m; max. Reisegeschwindigkeit 800 km/h; Anfangssteiggeschwindigkeit 9,0 m/Sek; Dienstgipfelhöhe ca. 15500 m; Reichweite mit max. Nutzlast von 52000 kg 4500 km, mit 40000 kg 5200 km.
Gewichte: Rüstgewicht 101000 kg; max. Startgewicht 210000 kg.
Zuladung: Bis zu sechs Mann Besatzung, einschließlich zwei Lademeister und einem Navigator. Max. Nutzlast je nach Einsatzzweck zwischen 40000 und 52000 kg.
Entwicklungsstand: Die neueste Version Il-76TD-90VD hat den Erstflug am 5. August 2005 absolviert, der Prototyp der Il-76MF fliegt seit 1995. 50 Il-76TD der russischen Luftwaffe sollen in die Version Il-76MD-90 umgebaut werden. Drei davon sind bereits fertig. Folgende aktuelle Bestellungen bzw. Ablieferungen sind erfolgt: Volga-Dnepr vier Il-76TD-90VD (+ 10 Optionen), Jordanien zwei Il-76MF (+ 2 Optionen), Indien sieben Tanker Il-78MKI, VR China 34 Il-76MD bzw. vier Il-78. Von den früheren Varianten der Il-76 wurden bisher rund 920 Maschinen hergestellt.
Bemerkungen: Nach Jahren der Ungewissheit wurden Neuentwicklungen der bewährten Il-76 reaktiviert. Die Il-76MF (siehe Dreiseitenriss) und die neueste Ausführung Il-76TD90VD (siehe Foto) unterscheiden sich hauptsächlich durch die Rumpflänge. Letztere übernimmt den ursprünglichen Rumpf, während jener der Il-76MF um rund 6,60 m länger ist. Beide setzen die neuen PS90A-Triebwerke ein, welche nebst größerer Leistung u.a. die verschärften Lärm- und Abgaslimiten erfüllen. Weiterhin gebaut werden die Ursprungsvariante Il-76TD sowie der Tanker Il-78. In Vorbereitung befindet sich eine Il-76 der »vierten Generation«, vorläufig Il-476 genannt. Sie wird verbesserte Triebwerke PS-90A76 erhalten, welche eine Treibstoffersparnis von zwischen 13 und 17% versprechen. Die Il-476 erhält zudem ein heute übliches Zweimann-Glas-Cockpit.
Hersteller: Iljuschin Design Bureau, Moskau, Werk Aviastar, Ulyanovsk, Russland.

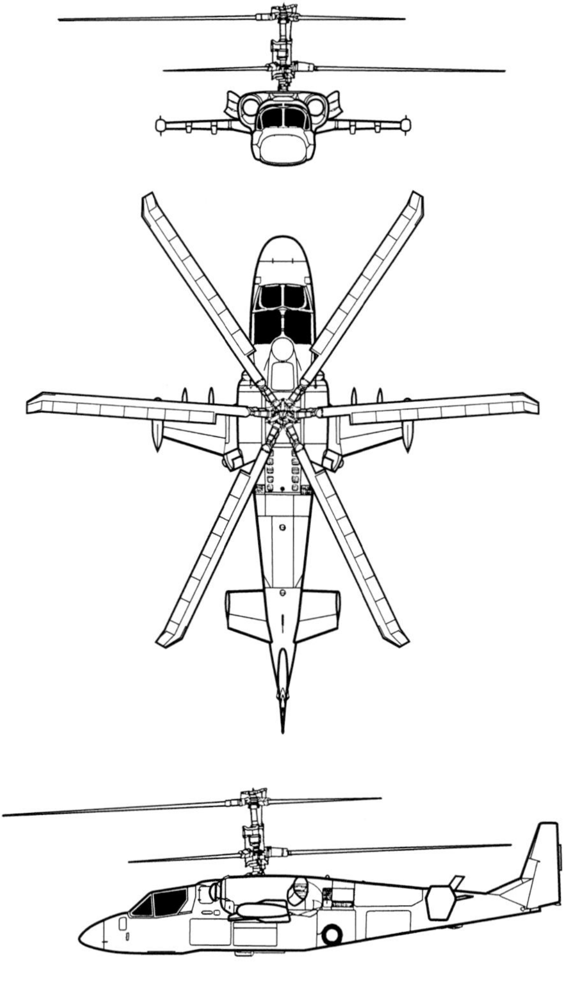

Abmessungen:
Rotordurchmesser 14,50 m
Rumpflänge bei drehenden Rotoren 15,96 m
Höhe über Rotorkopf 4,93 m

KAMOW KA-52 ALLIGATOR

Ursprungsland: Russland.
Kategorie: Zweisitziger Kampfhubschrauber.
Triebwerke: Zwei Gasturbinen Klimow/St. Petersburg (Prototyp) TV3-117VMA von je 2200 WPS (1641 kW) Leistung bzw. (Serienhubschrauber) TV3-117VMA-SB3 von je 2500 WPS (1864 kW) Leistung.
Leistungen (Ka-50): Höchstgeschwindigkeit in einem Bahnneigungsflug 350 km/h; max. Dauergeschwindigkeit 310 km/h; max. Schrägsteiggeschwindigkeit 8 m/Sek; Dienstgipfelhöhe 5500 m; Schwebehöhe ohne Bodeneffekt 3600 m; Einsatzradius 250 km; Reichweite 460 km; Überführungsreichweite 1160 km.
Gewichte (Ka-50): Leergewicht 7700 kg; max. Startgewicht 10800 kg.
Bewaffnung: Eine einläufige 30-mm-Kanone Shipunow 2A42 an der rechten Rumpfseite und beispielsweise bis zu 16 Panzerabwehrlenkwaffen AT-9 Whirlwinds oder ungelenkte 80 x 80-mm- bzw. 20 x 130-mm-Raketen an vier Pylonen unter den beiden Stummelflügeln; max. Nutzlast 2300 kg.
Entwicklungsstand: Das Ausgangsmuster Ka-50 Hokum (siehe Ausgabe 1997) nahm die Flugerprobung am 27. Juli 1982 auf. Vermutlich sind an Prototypen und Serienhubschraubern gegen 20 Einheiten gebaut und zum Teil der russischen Armee geliefert worden. Die Ka-52 fliegt seit 25. Juli 1997. 40 Ka-50/52 wird Russland nun definitiv ab 2008 beschaffen.
Bemerkungen: Die Ka-52 dient primär für Luftnahunterstützungs-Aufgaben, in zweiter Linie auch für Luftkampfeinsätze. Die Grundkonzeption aller Kamow-Hubschrauber und der koaxiale, gegenläufige Doppelrotor wurde auch vom Alligator übernommen. Cockpit, Triebwerke, Rotoren und Getriebe sind so gepanzert, dass sie einer Beschießung mit 20-mm-Geschossen standhalten können. Vermutlich als erste Helikopter der Welt, sind die einsitzige Ka-50 und die zweisitzige Ka-52 mit Schleudersitzen ausgerüstet. Vor dem Ausstieg werden die Koaxialrotoren abgesprengt. Die Ka-50N sowie die Ka-52 sind für Nacht- und Allwettereinsätze konzipiert und sind zu 80 % baugleich.
Hersteller: OKB Nikolai I. Kamow, Werk Arsenyew, Moskau, Russland.

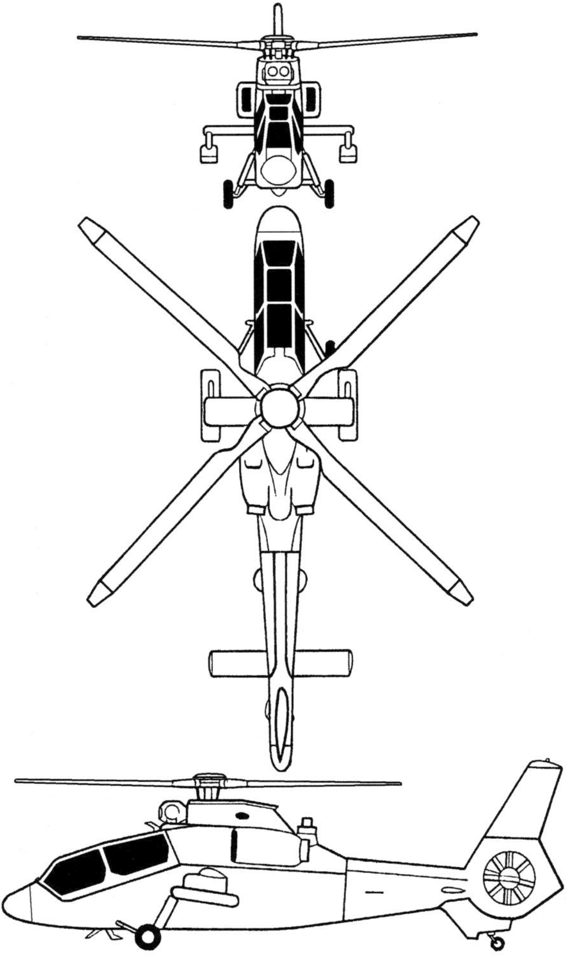

Abmessungen:
Rotordurchmesser 11,60 m
Rumpflänge 12,00 m
Höhe 3,80 m

KAWASAKI OH-1 NINJA

Ursprungsland: Japan.
Kategorie: Zweisitziger leichter Kampf- und Beobachtungshubschrauber.
Triebwerke: Zwei Gasturbinen Mitsubishi TS1-10 von je 888 WPS (663 kW) Leistung.
Leistungen (nach provisorischen Angaben des Herstellers): Maximalgeschwindigkeit im Horizontalflug 270 km/h; Aktionsradius ohne Außentanks 200 km, Reichweite 550 km.
Gewichte: Leergewicht 2450 kg; max. Startgewicht rund 4000 kg.
Bewaffnung: An zwei Auslegern seitlich am Rumpf vier Kurzstrecken-Luft-Luft-Infrarot-Lenkwaffen Toshiba Type 91 sowie zwei Zusatztanks von je 160 l.
Entwicklungsstand: Der erste von sechs Prototypen (davon zwei nicht fliegende Muster zur statischen Erprobung) absolvierte den Erstflug am 6. August 1996. Die Auslieferungen begannen im Januar 2000. Die japanischen Bodenstreitkräfte haben einen Bedarf von neu nur noch rund 45 OH-1 als Ersatz der Kawasaki/MDD OH-6D angemeldet, die ersten 25 sind abgeliefert. Angesichts von Budgetrestriktionen werden derzeit nur zwei Maschinen pro Jahr gebaut.
Bemerkungen: Nebst Kawasaki beteiligten sich auch Fuji und Mitsubishi mit je 20 % an der Entwicklung der OH-1. Die Konzeption des ursprünglich als OH-X bezeichneten Entwurfs folgt dem heute üblichen Muster eines schlanken Tandemzweisitzers, wobei der Pilot im Frontcockpit und der Beobachter/Systemoperateur hinten sitzt. Die Zelle ist weitgehend aus Verbundwerkstoffen, das Cockpit gepanzert. Auch der gelenklose Hauptrotor ist aus Kunststoff und der Heckrotor aus Sicherheitsgründen ummantelt. Die Kampfelektronik umfasst u.a. TV, FLIR und Laser-Entfernungsmesser. Alle Systeme sind durch einen MIL-STD-1553B-Databus gesteuert. Mit dieser Ausrüstung ist die OH-1 vollständig nacht- und allwettertauglich. 2007 wurde die Entwicklung einer Mehrzweckversion als Ersatz für die Fuji/Bell UH-1 der japanischen Streitkräfte aufgenommen.
Hersteller: Kawasaki Heavy Industries Ltd., Tokio, Japan.

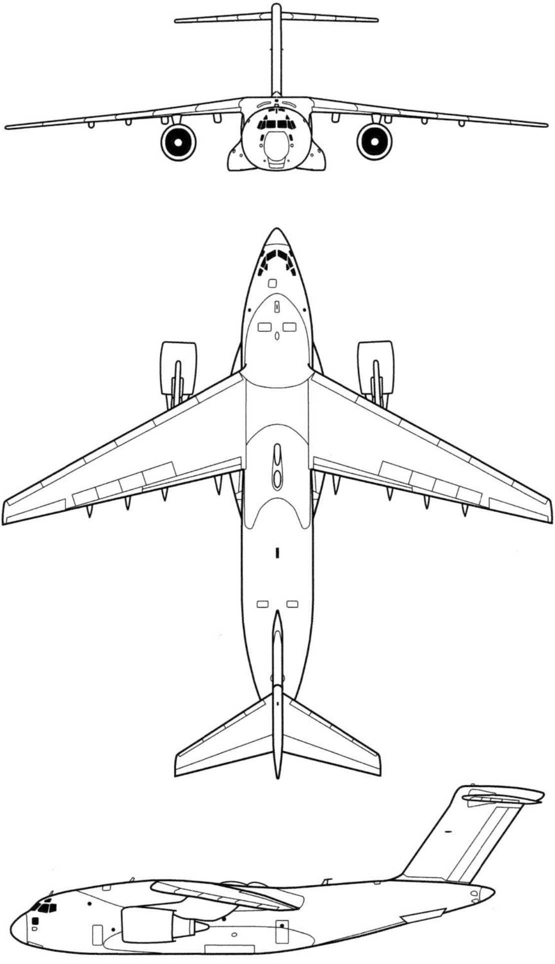

Abmessungen:
Spannweite 44,40 m
Länge 43,90 m
Höhe 14,20 m

KAWASAKI C-X

Ursprungsland: Japan.
Kategorie: Mittelschwerer militärischer Transporter.
Triebwerke: Zwei Mantelstromtriebwerke General Electric CF6-80C2L1F von je 28750 kp (282,0 kN) Standschub.
Leistungen (nach Angaben des Herstellers): Max. Reisegeschwindigkeit 980 km/h, normale Reisegeschwindigkeit 890 km/h; Dienstgipfelhöhe 12200 m; Reichweite bei einer Nutzlast von 12000 t 8900 km, mit max. Nutzlast 5600 km, max. Reichweite 10000 km.
Gewichte: Leergewicht 60800 kg; max. Startgewicht 141400 kg.
Zuladung: Zwei Mann Cockpitbesatzung und normal 30000 kg Fracht, max. bis zu 37000 kg.
Entwicklungsstand: Der Erstflug wird für Mitte 2008 erwartet. Zwei Prototypen werden gebaut. Bei den japanischen Streitkräften soll die C-X den Kawasaki C-1 ersetzen. 60 voraussichtlich als C-2 bezeichnete Einheiten sind geplant, welche gemäß heutiger Planung ab 2010 abgeliefert werden.
Bemerkungen: Um Synergieeffekte zu erzielen und Kosten zu sparen, wurde die C-X parallel mit der XP-1 (siehe Seiten 228/229) entwickelt. Wenn auch äußerlich wenige Gemeinsamkeiten zu erkennen sind, weisen beide Muster doch viele gleiche Komponenten auf. Dazu gehören die Grundkonstruktion des Flügels, viele Systeme und die Cockpits. Mit diesem Typ bekommen die japanischen Selbstverteidigungsstreitkräfte einen Transporter, welcher ausreichende Nutzlasten auch über strategische Distanzen verlegen kann. Dabei kann er auch von unvorbereiteten und relativ kurzen Pisten starten und landen. Bei maximaler Nutzlast benötigt die C-X jedoch eine Startbahn von mindestens 2300 m Länge. Wie heute üblich, ist das Cockpit mit Multifunktionsbildschirmen ausgerüstet. Die Besatzung wird durch ein taktisches Flight Management System unterstützt. Die C-X kann im Fluge betankt werden.
Hersteller: Kawasaki Heavy Industries, Werk Gifu, Japan.

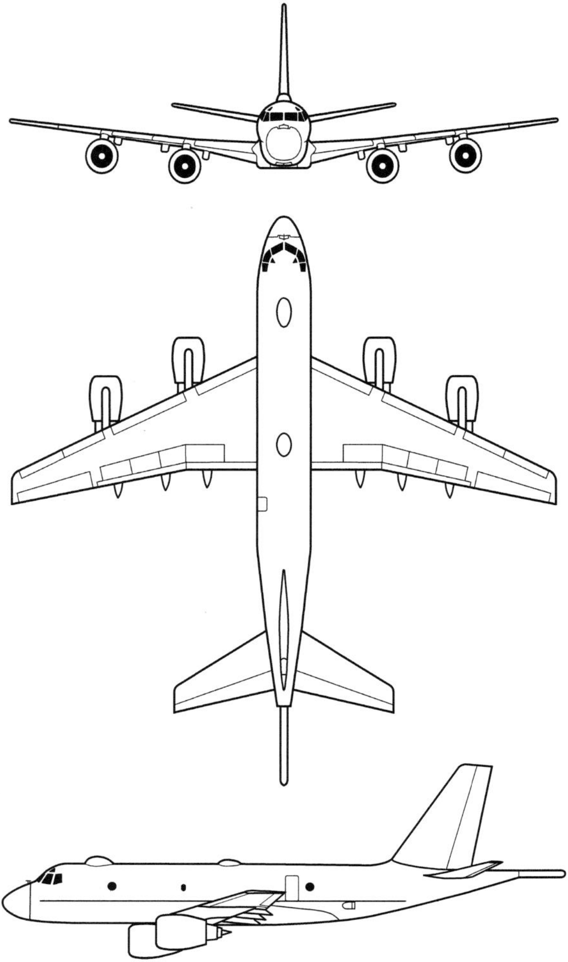

Abmessungen:
Spannweite 35,00 m
Länge 38,00 m
Höhe 12,00 m

KAWASAKI XP-1

Ursprungsland: Japan.
Kategorie: Seeaufklärungs- und Mehrzweckkampfflugzeug.
Triebwerke: Vier Mantelstromtriebwerke Ishikawajima-Harima XF7-10 von je rund 5900 kp (58,0 kN) Standschub.
Leistungen (nach Angaben des Herstellers): Höchstgeschwindigkeit 830 km/h; Dienstgipfelhöhe 13250 m; max. Reichweite 8000 km.
Gewichte: Max. Startgewicht 80000 kg.
Zuladung: Drei Mann Cockpitbesatzung und eine noch unbekannte Zahl von Systemoperateuren.
Bewaffnung: Antischiffslenkwaffen, Tiefwasserbomben, Torpedos usw. in einem Gesamtgewicht von 9000 kg.
Entwicklungsstand: Zwei Prototypen sollen die Erprobung absolvieren, der erste fliegt seit 28. September 2007. Die japanische Marine will etwa 90 Einheiten beschaffen, welche ab 2010 die Lockheed P-3 Orion ersetzen sollen. Vier davon sind bereits bestellt.
Bemerkungen: Obwohl äußerlich sehr unterschiedlich, ist die P-X der C-X (siehe Seiten 226/227) konstruktiv sehr ähnlich. Als große Innovation ist die XP-1 mit einem Flight-by-Light-System ausgerüstet. Dieses soll wesentlich schnellere Befehle ausführen und gegen elektromagnetische Felder weniger störanfällig sein. Zur Ortung von Unterseebooten wird die XP-1 mit diversen Sensoren, mit einem Phased Array Radar von Toshiba, magnetischen Detektoren, Infrarot-Scheinwerfersystem usw. ausgerüstet sein. Weiter sind verschiedene Systeme zum Ergreifen von elektronischen Gegenmaßnahmen vorgesehen.
Hersteller: Kawasaki Heavy Industries, Werk Gifu, Japan.

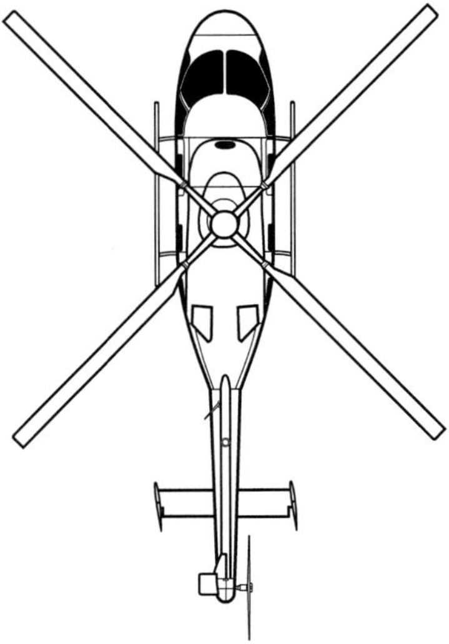

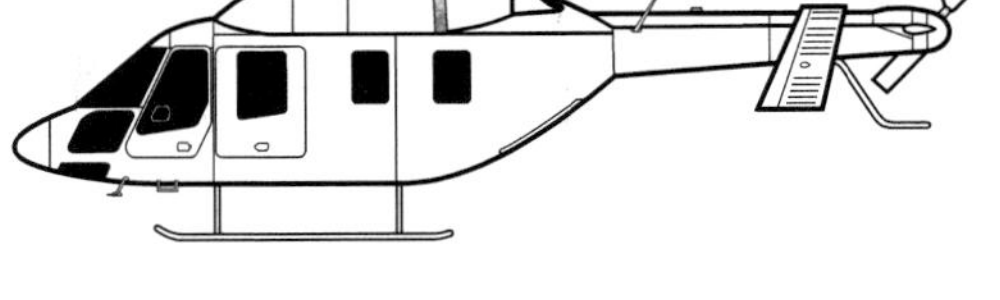

Abmessungen:
Rotordurchmesser 11,50 m
Rumpflänge einschließlich drehendem Heckrotor 11,54 m
Höhe inkl. Rotor 3,44 m

KAZAN ANSAT

Ursprungsland: Russland.
Kategorie: Leichter ziviler und militärischer Mehrzweckhubschrauber.
Triebwerke: Zwei Gasturbinen Pratt & Whitney Canada (Serie) PW207K (Lizenzbau Klimow) von je 630 WPS (561 kW) Leistung.
Leistungen: Max. Reisegeschwindigkeit 250 km/h, normal 238 km/h; Schwebehöhe ohne Bodeneffekt 2700 m; Dienstgipfelhöhe 5700 m; Reichweite mit einer Nutzlast von 1300 kg 520 km, max. ohne Zusatztanks 635 km; max. Flugdauer 3 Std.
Gewichte: Leergewicht ca. 2000 kg; max. Startgewicht 3300 kg.
Zuladung: Pilot und neun Personen; als Ambulanzhubschrauber bis zu zwei liegende Patienten und zwei Sanitäter; als Frachter normale Zuladung 1300 kg, maximal aber 1650 kg.
Entwicklungsstand: Der erste von drei Prototypen flog erstmals am 17. August 1999. Die Zulassung erfolgte Anfang 2005. Südkorea hat sechs Einheiten beschafft, die Regierung von Tatarstan eine. Die russische Grenzwacht will offenbar bis zu 100 Ansat bestellen, während die russische Luftwaffe diesen Typ als zukünftigen Trainingshubschrauber ausgewählt hat.
Bemerkungen: Mit der Ansat will die neu aus der ehemaligen Mil entstandene Kazan Helicopter einen Hubschrauber anbieten, welcher sämtliche internationalen Vorschriften erfüllt und sich somit in alle Länder verkaufen lässt. Er ist für die verschiedensten Einsatzzwecke geeignet und kann dafür eine Vielfalt von Zusatzgeräten mitführen. Dabei wurde auf kostengünstige Konstruktion und wirtschaftlichen Betrieb besonders geachtet. Je nach Kundenwunsch kann westliche oder russische Avionik bestellt werden. Neu will man auch eine Version mit dem russischen Triebwerk VK-800 anbieten. Der Hubschrauber ist mit einem Fly-By-Wire-System ausgerüstet, weite Teile der Struktur bestehen aus Verbundwerkstoffen. Eine Weiterentwicklung als leichter Kampf- und Aufklärungshubschrauber Ansat-2RC (siehe Ausgabe 2006) startete am 29. Juli 2005 zum Erstflug. Dieser Zweisitzer hat in einem Kinnturm elektro-optische Sensoren sowie ein 12,7-mm-Maschinengewehr. Weitere Waffen können an Flügelstummeln seitlich des Rumpfes mitgeführt werden. Das Abfluggewicht beträgt 3500 kg, die Höchstgeschwindigkeit wird mit 300 km/h angegeben.
Hersteller: Kazan Helicopter Plant, Kazan, Russland.

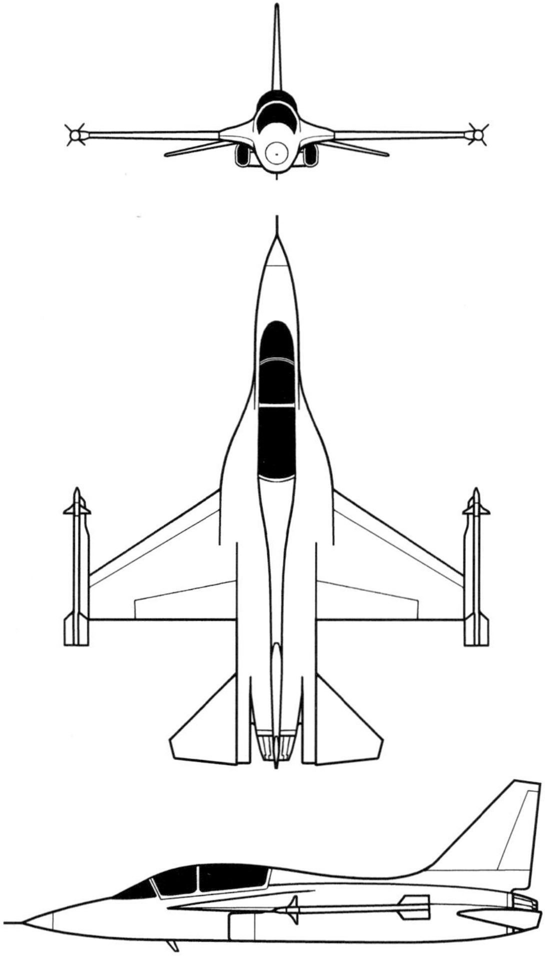

Abmessungen:
Spannweite 9,50 m
Länge 13,13 m
Höhe 4,94 m

KOREAN AEROSPACE INDUSTRIES T-50/A-50 GOLDEN EAGLE

Ursprungsland: Südkorea.
Kategorie: Zweisitziger Trainer T-50 und leichtes Mehrzweckkampfflugzeug A-50.
Triebwerke: Ein Mantelstromtriebwerk General Electric F404-GE-402 von 5400 kp (53,9 kN) Standschub ohne und 8000 kp (78,7 kN) mit Nachverbrennung.
Leistungen: Höchstgeschwindigkeit Mach 1,4; Anfangssteiggeschwindigkeit 137 m/Sek; Dienstgipfelhöhe 14630 m; Reichweite 1850 km.
Gewichte: Leergewicht 6355 kg; max. Startgewicht ohne Außenlasten 8890 kg, mit Außenlasten 13485 kg.
Bewaffnung: Eine dreiläufige 20-mm-Kanone M61A2 im Vorderrumpf mit Austrittsöffnung unter der linken Flügelvorderkante. An sieben Aufhängepunkten, einem unter dem Rumpf, vier unter den Flügeln und zwei an den Flügelenden Luft-Luft- bzw. Luft-Boden-Lenkwaffen sowie Bomben aller Art.
Entwicklungsstand: Der erste von vier Prototypen hatte am 20. August 2002 seinen Erstflug, gefolgt vom zweiten am 3. November 2002. Bisher plant die koreanische Luftwaffe 47 Fortgeschrittenentrainer T-50A, 47 Jagdflugzeugtrainer T-50B (Erstflug 29. August 2003) und später bis zu 100 leichte Kampfflugzeuge A-50 zu beschaffen. 63 T-50 bzw. 22 A-50 wurden bisher fest bestellt. Die Ablieferung der T-50A begann Ende 2005.
Bemerkungen: Samsung Aerospace wurde bei der Entwicklung dieses Musters von Lockheed Martin unterstützt. Das amerikanische Werk zeichnete sich für die Entwicklung des Flügels, der Flugkontrollsysteme sowie für die Avionik verantwortlich. Drei Ausführungen sind vorgesehen: Der Fortgeschrittenentrainer T-50A, der sog. Lead-in Fighter-Trainer T-50B mit einem Bordradar APG-67 sowie das leichte einsitzige Kampfflugzeug A-50. Letztere Ausführung könnte eventuell sogar unter der Bezeichnung F/A-50 als leichter Mehrzweckjäger ausgelegt werden, versehen mit einem leistungsfähigeren Bordradar APG-67, Kampfelektronik und größerer Treibstoffkapazität. Konstruktiv unterscheiden sich diese Ausführungen kaum voneinander, sondern nur durch ihre Ausrüstung. Alle verfügen über ein Fly-By-Wire-Steuerungssystem und Cockpitausrüstung mit HUD. Der Erstflug dieser Variante soll 2009 stattfinden.
Hersteller: Korea Aerospace Industries (KAI), Inchon, Werk Sachon, Republik Südkorea.

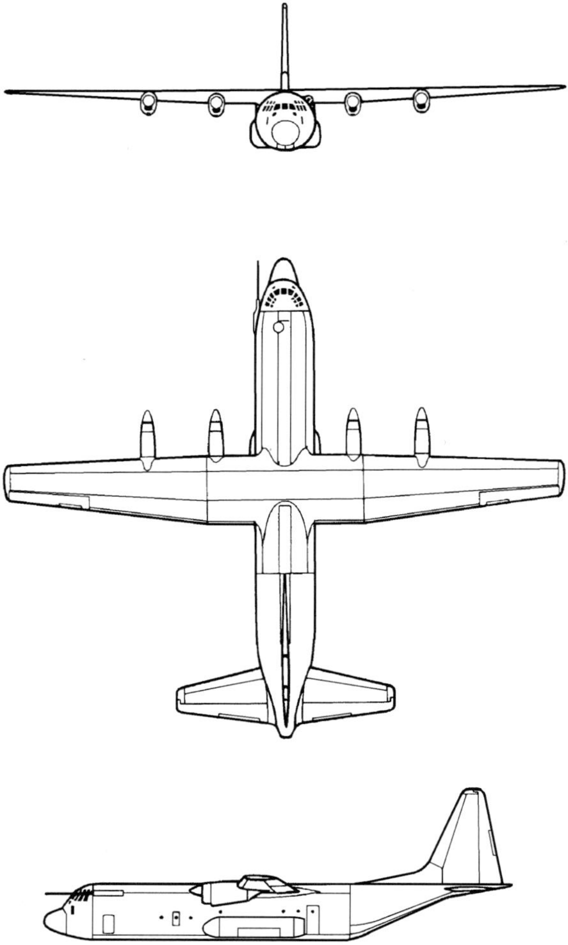

Abmessungen:
Spannweite 40,41 m
Länge (C-130J) 29,79 m, (C-130J-30) 34,36 m
Höhe 11,71 m
Flügelfläche 162,12 m²

LOCKHEED MARTIN C-130J HERCULES II

Ursprungsland: USA.
Kategorie: Mittelschwerer militärischer und ziviler Transporter.
Triebwerke: Vier Propellerturbinen Allison AE2100 von je 6000 WPS (4500 kW) reduziert auf 4640 WPS (3460 kW) Leistung.
Leistungen: Max. Reisegeschwindigkeit 645 km/h, norm. Reisegeschwindigkeit 556 km/h; Anfangssteiggeschwindigkeit 10,7 m/Sek; Dienstgipfelhöhe 9315 m; Reichweite mit einer Nutzlast von 21625 kg über 2600 km, mit 18144 kg 5250 km.
Gewichte: Rüstgewicht (J) 34274 kg, (J-30) 35965 kg; max. Abfluggewicht 79380 kg.
Zuladung: Zwei Piloten und eine Nutzlast von 22000 kg.
Entwicklungsstand: Die erste C-130J fliegt seit 5. April 1996. Bisherige Bestellungen 198, u.a. Dänemark 4, RAF 25, RAAF 12 C-130J-30, Italien 22 C-130J/-30, Kanada 16, neu Norwegen 4, USAF 85 (70 C-130J/CC-130J, 10 WC-130J, 5 EC-130J), USMC 36 KC-130J, USCG 6 HC-130J. Weitere 30 haben die USA 2007 bestellt. Die C-130 wird seit bald 50 Jahren ununterbrochen produziert und zwar bisher in über 2300 Exemplaren. Von der Ausführung C-130J waren Ende 2007 rund 170 Einheiten hergestellt. Jährlich werden rund ein Dutzend gebaut.
Bemerkungen: Die Version C-130J ist gegenüber der bisherigen C-130H in wesentlichen Teilen überarbeitet und verbessert worden. Nebst neuen Triebwerken mit Sechsblattrotoren neuester Technologie ist ein völlig neues Zweimann-Cockpit mit vier großen LCD-Anzeigen und einem HUD eingebaut. Weiter hat Lockheed zur Leistungserhöhung und zur Vereinfachung der Wartung das elektrische System, die Betankungsanlage sowie die gesamte Elektronik neu konzipiert. Alle diese Maßnahmen führen dazu, dass bei um 17 % reduziertem Treibstoffverbrauch sowie einer um 15% höheren Geschwindigkeit die Nutzlast-/Reichweitenleistung um nicht weniger als 61 % verbessert wird. Zudem hat man Teile der Struktur verstärkt. Die Ausführungen C-130J und C-130J-30 bzw. CC-130J unterscheiden sich nur durch die unterschiedliche Rumpflänge.
Hersteller: Lockheed Martin Marietta Corp., Marietta, Georgia, USA.

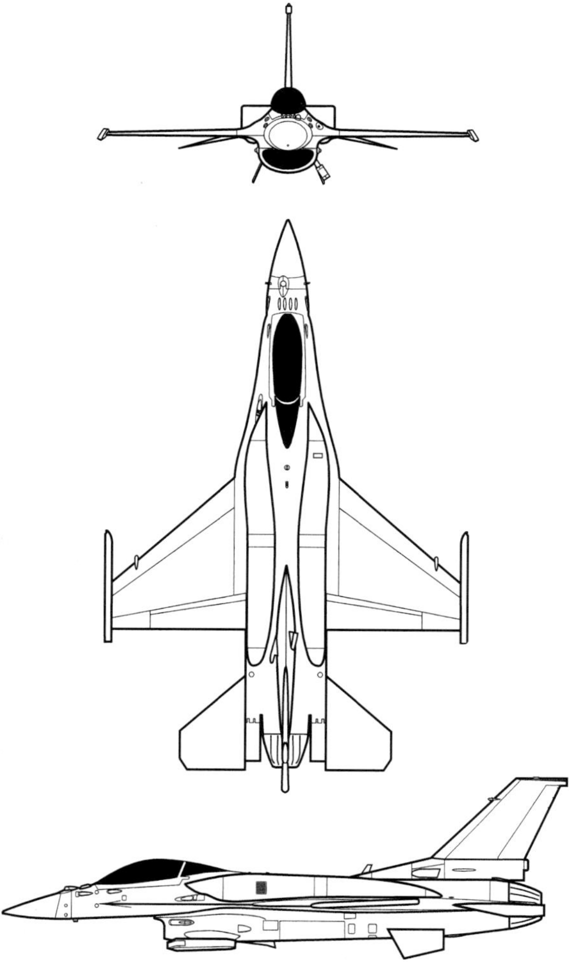

Abmessungen:
Spannweite 9,45 m
Länge 15,03 m
Höhe 5,09 m
Flügelfläche 27,87 m²

LOCKHEED MARTIN F-16E/F FIGHTING FALCON

Ursprungsland: USA.
Kategorie: Einsitziger Mehrzweckjäger (F-16E) und zweisitziger operationeller Trainer (F-16F).
Triebwerke: Ein Mantelstromtriebwerk General Electric F110-132 von 8075 kp (79,2 kN) Standschub ohne und 14514 kp (142,0 kN) mit Nachbrenner. Leistungen (mit F-100): Kurzzeitig erreichbare Höchstgeschwindigkeit 2145 km/h auf 12190 m (Mach 2,02), andauernde Höchstgeschwindigkeit 2007 km/h (Mach 1,89); Dienstgipfelhöhe 15240 m; (Block 50/52) taktischer Einsatzradius mit sechs 227-kg-Bomben 580 km; Überführungsreichweite mit Zusatztanks 3943 km.
Gewichte: Leergewicht 9300 kg; max. Startgewicht 22700 kg.
Bewaffnung: Eine mehrläufige 20-mm-Revolverkanone M61A-1 und, als Abfangjäger, bis zu sechs Luft-Luft-Lenkwaffen AIM-9L/M oder AIM-120, als Erdkämpfer bis zu 5638 kg Außenlasten.
Entwicklungsstand: Die erste F-16C Block 60, heute neu als F-16E bezeichnet, startete im Dezember 2003 zum Erstflug. 80 Einheiten (55 Einsitzer F-16E und 25 Doppelsitzer F-16F) erhält der bisher einzige Besteller, die Vereinigten Arabischen Emirate ab 2005. Von allen Ausführungen sind bisher fast 4400 Einheiten für 25 Luftwaffen hergestellt worden. Derzeit werden pro Jahr rund 50 Einheiten gebaut. Neueste Besteller: Griechenland weitere F-16C/D Block 52, Türkei weitere 30 F-16C/D Block 50+.
Bemerkungen: Gegenwärtig werden die Blöcke 50/52 (siehe Foto) und 60 abgeliefert. Zwischen den Produktionsblöcken 50/52 und 60 bestehen erhebliche Unterschiede. Nebst dem leistungsstärkeren Triebwerk sind Systeme und Avionik in wesentlichen Teilen neu. Besonders zu erwähnen ist das Bordradar Northrop Grumman APG-80, welches nach dem sog. »Active Array«-Prinzip (= Breitband mit elektronischer Strahlschwenkung) arbeitet. Das Cockpit hat man verbessert und im Helm des Piloten ist ein Display eingebaut. Die Verbindung zwischen den einzelnen Avionikelementen stellt ein High-speed Datennetzwerk aus Glasfaser sicher. Bedingt durch das höhere Einsatzgewicht musste die Struktur in einigen Bereichen überarbeitet werden. Schließlich hat Lockheed dank zweier konformer Zusatztanks seitlich am oberen Rumpf die Tankkapazität von 3986 l auf 7390 l erhöht.
Hersteller: Lockheed Martin Marietta Corp., Fort Worth Division, Fort Worth, Texas, USA.

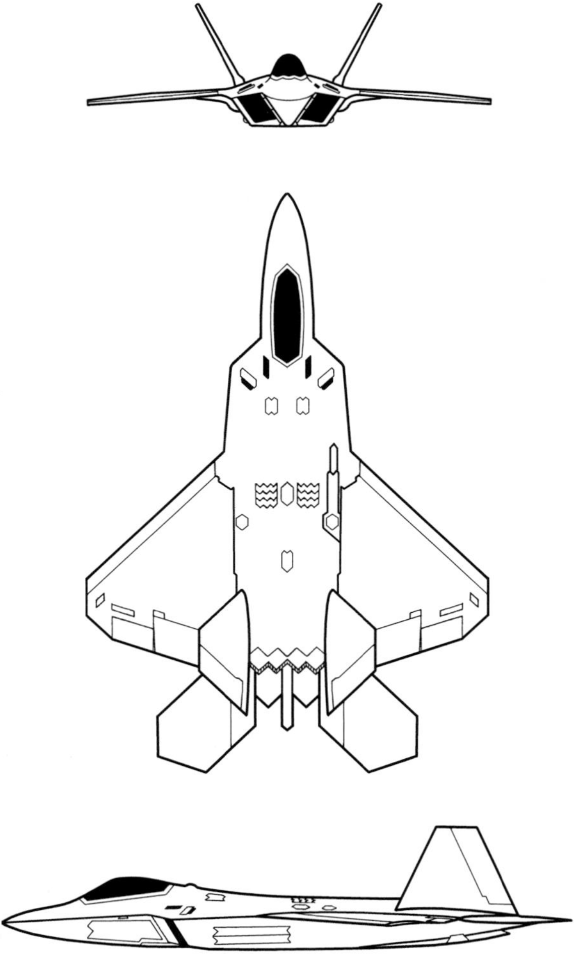

Abmessungen:
Spannweite 13,56 m
Länge 18,87 m
Höhe 5,05 m
Flügelfläche 77,1 m^2

LOCKHEED MARTIN/BOEING F/A-22 RAPTOR

Ursprungsland: USA.
Kategorie: Luftüberlegenheits- und Mehrzweckkampfflugzeug.
Triebwerke: Zwei Mantelstromtriebwerke Pratt & Whitney YF119-PW-100 von je 11900 kp (116 kN) Standschub ohne und 15900 kp (156 kN) mit Nachverbrennung und schwenkbarem Triebwerkstrahl.
Leistungen: Höchstgeschwindigkeit in geringer Höhe 1470 km/h (Mach 1,20) oder 1915 km/h über 10975 m (Mach 1,80); max. Dauergeschwindigkeit 1595 km/h über 10975 m (Mach 1,50); Dienstgipfelhöhe 16700+ m; Aktionsradius mit interner Treibstoffzuladung und voller Zahl Luft-Luft-Lenkwaffen 1450 km.
Gewichte: Leergewicht 14365 kg; max. Startgewicht 27216 kg.
Bewaffnung: Eine sechsläufige 20-mm-Revolverkanone M61A2 und zwei Kurzstrecken-Luft-Luft-Lenkwaffen AIM-9 je in einem separaten Schacht seitlich am Rumpf sowie bis zu sechs Mittelstrecken-Luft-Luft-Lenkwaffen AIM-120 im zentralen Waffenschacht. Für Erdkampfeinsätze können darin auch spezielle 450-kg-Bomben sowie Lenkwaffen oder Zusatztanks an vier Aufhängungen unter den Flügeln mitgeführt werden; max. Außenlasten 2270 kg.
Entwicklungsstand: Der Serienprototyp der F-22 startete am 7. September 1997 zum Erstflug, das erste Serienflugzeug am 16. September 2002. Ende 2007 flogen über 100 F-22. Die Trainingseinheit hat im September 2003 die ersten F-22 Raptor erhalten. 2005 folgte die erste Einsatzstaffel. Voraussichtlich erhält die USAF bis 2011 nur noch 183 Maschinen, neu in jährlichen Tranchen von 20 Maschinen.
Bemerkungen: Die Raptor ist auch für Tiefangriffe ausgelegt und kann entsprechende Munition in den Waffenschächten, als auch an Aufhängepunkten unter den Flügeln mitführen. Deshalb hat man die ursprünglich als F-22 bezeichnete Raptor neu auf F/A-22 umbenannt. Stealth-Eigenschaften, hohe, kaum Einschränkungen unterworfene Wendigkeit, modernste Kampfelektronik mit AESA-Radar und die Fähigkeit, ohne Nachbrenner eine Dauergeschwindigkeit von Mach 1,58 zu erzielen, machen die Raptor zum derzeit leistungsfähigsten Jagdflugzeug der Welt.
Hersteller: Lockheed Martin Marietta Corp., Marietta, Georgia und Boeing Military Airplanes, Seattle, Washington, USA.

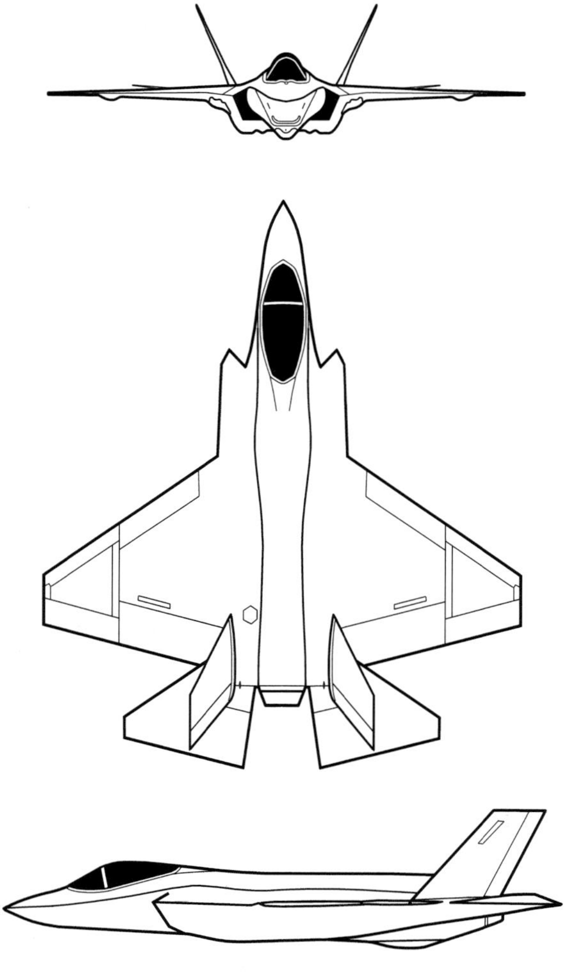

Abmessungen:
Spannweite 10,67 m
Länge 15,67 m
Flügelfläche 42,70 m²

LOCKHEED MARTIN F-35A Lightning II

Ursprungsland: USA (Großbritannien).
Kategorie: Landgestütztes Mehrzweckkampfflugzeug.
Triebwerke: Ein Mantelstromtriebwerk Pratt & Whitney F135 von 10615 kp (104,10 kN) ohne und 18487 kp (181,30 kN) mit Nachbrenner oder als Alternative General Electric/Rolls Royce F136 mit etwa gleichen Leistungen.
Leistungen (geschätzt): Höchstgeschwindigkeit etwa Mach 1,6; Dienstgipfelhöhe 15240 m+; Aktionsradius mehr als 1100 km.
Gewichte: Leergewicht 11370 kg; max. Startgewicht 22280 kg.
Bewaffnung: Eine 27 mm-Mauserkanone BK-27 und 6800 kg Waffen.
Entwicklungsstand: Das erste weitgehend der Serienausführung entsprechende Muster F-35AA-1 nahm die Flugerprobung am 15. Dezember 2006 auf. Insgesamt sind 15 Testflugzeuge der Ausführungen F-35A, B, C geplant. Die USAF will heutigen Plänen zufolge 1763 F-35A Lightning II beschaffen. Großbritannien und Italien planen rund 150 bzw. 130 Einheiten verschiedener Ausführungen zu erwerben. Insgesamt sollen rund 3000 F-35 gebaut werden. Bisher hat die USAF nebst den Prototypen acht F-35A bestellt, die ab 2010 abgeliefert werden.
Bemerkungen: Folgende Ausführungen sind vorgesehen: Landversion F-35A für die USAF sowie für die meisten der Entwicklungs- und Industriepartner (z.Z. Australien, Dänemark, Kanada, Niederlande, Norwegen, Türkei); STOVL-Version F-35B für das USMC, Italien und die RN, das trägergestützte CTOL-Mehrzweckkampfflugzeug F-35C für die USN (für beide siehe Seiten 242/243). Allen gemeinsam sind der Flügel, die Seitenleitwerke und das Höhenleitwerk. Konstruktiv werden die drei Ausführungen zu weiten Teilen gleich sein. Das Cockpit neuester Technologie weist hoch auflösende Bildschirme auf. Viele Funktionen lassen sich durch Sprachbefehle oder via Pilotenhelm-Display steuern. Neu wird ab den Modellen des sog. Blocks 3 ein anstelle des synthetischen Normalband-Bordradars ein Breitband-Bordradar eingebaut.
Hersteller: Lockheed Martin Marietta Corp., Marietta, Georgia, Werk Fort Worth, Texas, USA.

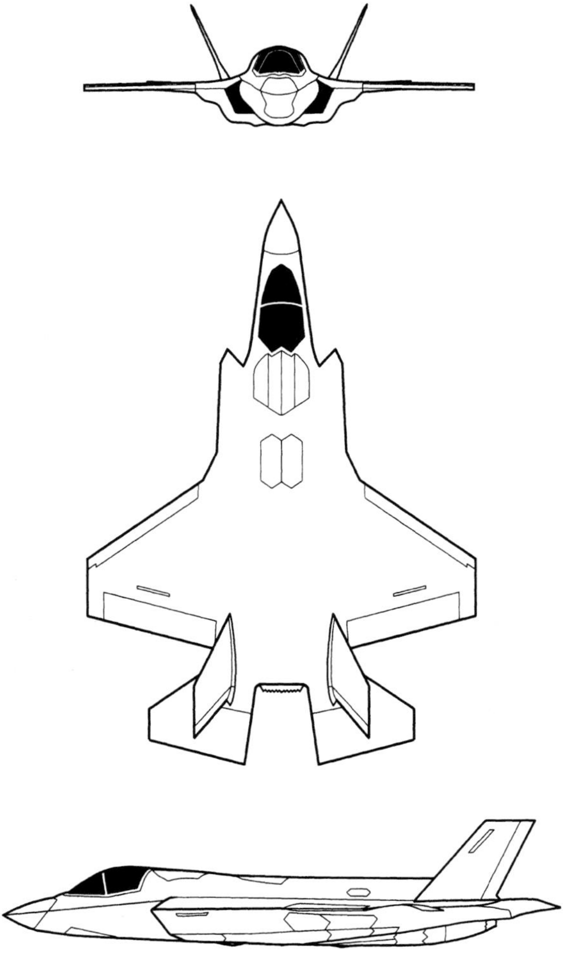

Abmessungen:
Spannweite (F-35B) 10,67 m, (F-35C) 13,11 m
Länge (F-35B) 15,61 m, (F-35C) 15,67 m
Flügelfläche 42,70 m², (F-35C) 62,06 m²

LOCKHEED MARTIN F-35B/C Lightning II

Ursprungsland: USA (Großbritannien).
Kategorie: Bordgestütztes (F-35B) STOVL- bzw. (F-35C) CTOL-Mehrzweckkampfflugzeug.
Triebwerke: Ein Mantelstromtriebwerk Pratt & Whitney F135 von 10615 kp (104,10 kN) ohne und 18487 kp (181,30 kN) mit Nachbrenner oder als Alternative General Electric/Rolls Royce F136 mit etwa gleichen Leistungen.
Leistungen (geschätzt): Höchstgeschwindigkeit etwa Mach 1,6; Dienstgipfelhöhe 15240 m+; Aktionsradius (F-35B) mehr als 830 km, (F-35C) 1110 km.
Gewichte: Leergewicht (F-35B) 14588 kg, (F-35C) 14478 kg; max. Startgewicht 22280 kg.
Bewaffnung: Eine 27 mm-Mauserkanone BK-27 und ca. 7000 kg Waffen.
Entwicklungsstand: Die X-35B entstand aus dem Umbau der X-35C und flog in dieser Konfiguration erstmals am 24. Juni 2001. Der erste eigentliche Prototyp F-35B nimmt im Mai 2008 die Flugerprobung auf. Großbritannien wird einen großen Teil der geplanten 130 Maschinen in dieser Version beschaffen, vorwiegend zur Stationierung auf den neu zu bauenden Flugzeugträgern. Das USMC beschafft ausschließlich diese Variante, Italien nur eine kleine Anzahl F-35B. Die ersten F-35B erhält das USMC frühestens ab 2012. Als letzte der drei Basisversionen wird die bordgestützte F-35C im Mai 2009 den Erstflug ausführen. USMC und USN wollen zusammen 680 F-35B bzw. F-35C erwerben.
Bemerkungen: Bei der STOVL-Version F-35B ist das Triebwerk mit einem durch eine Gelenkwelle verbundenen Lift-Fan ausgerüstet, mit Einlassöffnung und Austrittsdüse unten am vorderen Teil des Rumpfs. Zudem lässt sich der Heckteil des Triebwerks um bis zu 90° nach unten schwenken. Damit werden vollständige VTOL-Eigenschaften erreicht. Im Übrigen ist die F-35B mit den F-35A/C zu rund 90 % baugleich. Die konventionell startende und landende F-35C verzichtet auf Schwenkmechanismus und Lift-Fan, erhält aber für den Einsatz ab Flugzeugträgern Flügel mit deutlich größerer Fläche und verändertem Klappenmechanismus. Damit werden deutlich bessere Start- und Landeeigenschaften erzielt.
Hersteller: Lockheed Martin Marietta Corp., Marietta, Georgia, Werk Fort Worth, Texas, USA.

Abmessungen:
Spannweite 11,41 m
Länge 17,16 m
Höhe 4,36 m
Flügelfläche (MiG-29SMT/MiG-35) 38,00 m^2, (MiG-29K) 42,00 m^2

MIKOJAN MIG-29SMT/MIG-35

Ursprungsland: Russland.
Kategorie: Ein- oder zweisitziges Mehrzweckkampfflugzeug.
Triebwerke: Zwei Mantelstromtriebwerke (MiG-29SMT) Klimow/Sarkisow RD-33 Serie 3/RD-33MK von je 5035 kp (49,40 kN) Standschub ohne und 9300 kp (91,00 kN) mit Nachbrenner bzw. (MiG-35) RD33MKB mit etwa gleicher Leistung und optionaler Schubvektor-Steuerung.
Leistungen (MiG-29SMT): Höchstgeschwindigkeit mit vier Luft-Luft-Lenkwaffen 2445 km/h auf 11000 m (Mach 2,3) oder 1500 km/h auf Meereshöhe (Mach 1,3); max. Anfangssteiggeschwindigkeit 330 m/Sek; Dienstgipfelhöhe 17700 m; Einsatzradius (Abfangmission mit 1500-l-Zusatztanks und vier Luft-Luft-Lenkwaffen) 1015 km; max. Reichweite mit drei Zusatztanks 3500 km.
Gewichte (-29SMT/-35): Norm. Startgewicht 16200/17500 kg; max. Startgewicht 20600/23500 kg.
Bewaffnung: Eine 30-mm-Revolverkanone GSh-301 und eine maximale Waffenlast von 4500 kg an zehn Außenstationen.
Entwicklungsstand: Die Umbauversion MiG-29SMT fliegt seit 20. April 1998. 200 ältere Versionen der russischen Luftwaffe sollen entsprechend modifiziert werden. Die MiG-35 wurde erstmals im August 2005 vorgestellt. Rund 1600 MiG-29 aller Versionen sind für etwa 30 Luftwaffen hergestellt worden. Jüngste Bestellungen: Algerien 36 MiG-29SMT-2 (+ Optionen), Südjemen 32 MiG-29SMT.
Bemerkungen: Merkmale der MiG-29SMT sind u.a.: Neues Kampfradar N-019, Head-Up-Display, MIL-STD-1553 Databus sowie Cockpit mit multifunktionalen Flachbildschirmen. Ein Satteltank hinter dem Cockpit ermöglicht zudem bessere Reichweitenleistungen. Die Trägerversion MiG-29K (siehe Dreiseitenriss) basiert auf der MiG-29SMT, ist aber u.a. mit vergrößerten Faltflügeln und verstärktem Fahrwerk ausgerüstet. Die Steuerung erfolgt via digitalem Dreifach-Fly-By-Wire-System. Die jüngste Ausführung heißt MiG-35 (siehe Foto), früher als MiG-29OVT bezeichnet. Sie hat neue Triebwerke mit Schubvektor-Steuerung, welche dieser Version eine außergewöhnliche Manövrierfähigkeit bescheren. Dazu kommt noch ein modifiziertes Fly-By-Wire-Steuersystem und das elektronisch aktiv scannende Bordradar Phazotron-NIIR Zhuk-MA, welches Flugzeuge bis zu einer Distanz von 160 km erkennt.
Hersteller: Russian Aircraft Corporation MiG und MAPO, Moskau, Russland.

Abmessungen:
Spannweite 13,46 m
Länge 22,69 m
Höhe 6,15 m
Flügelfläche 61,60 m²

MIKOJAN MIG31M/BM

Ursprungsland: Russland.
Kategorie: Zweisitzer Allwetter-Abfangjäger.
Triebwerke: Zwei Strahltriebwerke Perm/Sokowiew D-30F-6 von je 9500 kp (93,10 kN) Standschub ohne und 15300 kp (151,90 kN) mit Nachbrenner.
Leistungen (MiG-31): Kurzzeitig erreichbare Höchstgeschwindigkeit 3000 km/h oder Mach 2,8 auf über 11000 m bzw. 1500 km/h auf Meereshöhe; max. Dauergeschwindigkeit 2496 km/h oder Mach 2,35; Dienstgipfelhöhe 24400 m; Aktionsradius mit vier Luft-Luft-Lenkwaffen AA-9 Amos und vier AA-8 Aphid 720 km bei Mach 2,35, mit zwei Zusatztanks an den äußeren Flügelstationen 1400 km.
Gewichte: Leergewicht 21825 kg; norm. Startgewicht ca. 30000 kg, max. mit Zusatztanks 46200 kg.
Bewaffnung: Eine 23-mm-Kanone an der linken Flügelunterseite und bis zu acht radargelenkte Mittelstrecken-Luft-Luft-Lenkwaffen Vympel R-77 oder sechs Vympel R-37.
Entwicklungsstand: Die erste MiG-31M flog erstmals 1984 und wurde nur in geringer Zahl produziert. Vom Ursprungsmuster MiG-31 (Erstflug 16. September 1975) hat Mikojan bis 1994 rund 500 Einheiten für die damalige sowjetische Luftwaffe in verschiedenen Ausführungen hergestellt. Die Produktion der MiG-31BM wird nun wieder aufgenommen, um primär Aufträge Syriens und Kasachstans für eine unbekannte Anzahl abzuwickeln. Zudem will Russland rund 250 MiG-31 in diese Version umbauen. Zwei entsprechend ausgerüstete und als MiG-31BM bezeichnete Maschinen befinden sich seit einiger Zeit in Erprobung.
Bemerkungen: Bei der Version M ist das wesentlich leistungsfähigere Scanner-Bordradar Zaslon-M mit elektronischer Strahlschwenkung eingebaut. Dieses soll Reichweiten bis zu 300 km erzielen. Neu gegenüber dem Ausgangsmuster MiG-31 sind zudem die Elektronikbehälter an den Flügelspitzen sowie die einteilige Frontscheibe. Zudem ist die interne Treibstoffkapazität erhöht. Zwei Spezialausführungen der MiG-31M können Lenkwaffen mitführen, die gegen Statelliten einsetzbar sind. Die neueste Ausführung MiG-31BM verfügt über ein nochmals verbessertes Radar, überarbeitetes Cockpit und neue Elektronik. Sie kann die neuen Luft-Luft-Lenkwaffen K-37M und R-73 mitführen.
Hersteller: Russian Aircraft Corporation MiG und MAPO, Moskau, Werk Sokol in Nizhny Novgorod, Russland.

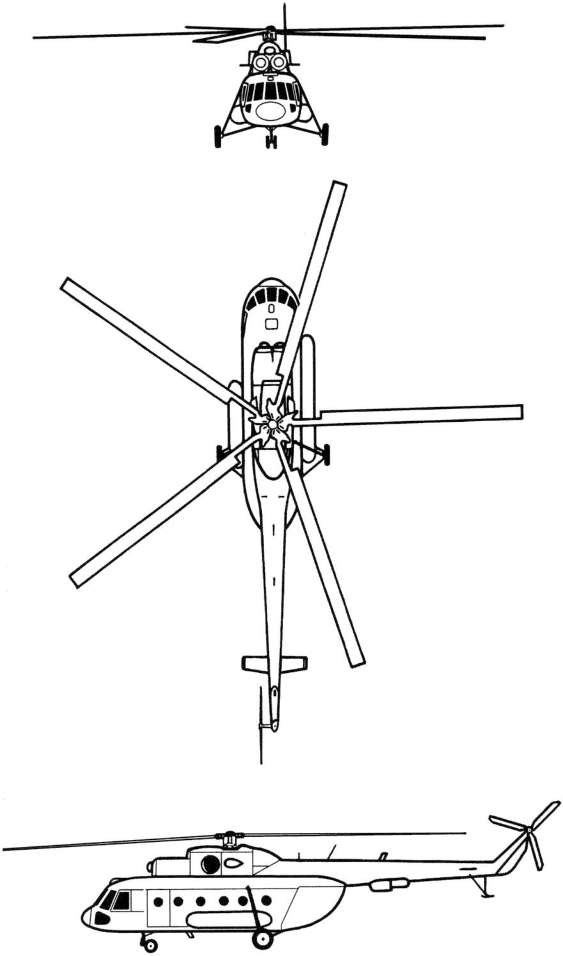

Abmessungen:
Rotordurchmesser 21,29 m
Rumpflänge ohne rotierenden Heckrotor 18,50 m
Höhe inkl. Rotorkopf 4,75 m

MIL/KAZAN MI-17M/MD

Ursprungsland: Russland.
Kategorie: Mittelschwerer militärischer und ziviler Mehrzweckhubschrauber.
Triebwerke: Zwei Gasturbinen Klimow TV3-117VM von je 2200 WPS (1620 kW) Leistung.
Leistungen: Höchstgeschwindigkeit in 1000 m 250 km/h; bei max. Startgewicht 230 km/h; Reisegeschwindigkeit 220 km/h; Dienstgipfelhöhe 6000 m; Schwebehöhe mit Bodeneffekt 4000 m, ohne Bodeneffekt 1760 m; Reichweite mit normaler Zuladung 500 km, mit vier externen Zusatztanks bis zu 1600 km.
Gewichte: Rüstgewicht 7100 kg; max. Startgewicht 13000 kg.
Zuladung: Zwei Piloten im Cockpit und bis zu 36 Soldaten bzw. 40 Passagiere; max. Nutzlast intern 4000 kg, extern 5000 kg.
Entwicklungsstand: Ein Prototyp der Version MD fliegt seit 1995. Die Mi-17 in ihren verschiedenen Ausführungen erfreut sich weiterhin großer Nachfrage, sowohl von militärischen Stellen als auch von zivilen Nutzern. Neuester Besteller: Iranisches Rotes Kreuz 5 Mi-171, indonesische Armee 10 Mi-17. Von allen Typen der Mi-8/-17-Familie sind mittlerweile rund 18700 Exemplare gebaut worden.
Bemerkungen: Als vorläufig letzte Ausführung wird die Mi-17MD bzw. Mi-171 vom Werk Kazan angeboten. Äußerlich unterscheidet sie sich durch eine neue Buggestaltung mit Farb-Wetterradar. Weitere Merkmale: Notschwimmausrüstung mit aufblasbaren Ballonen, größere Schiebetüren auf beiden Seiten, mechanische Frachttransportausrüstung im Heck, Platz für vier zusätzliche Passagiere. Als Option kann eine Rettungswinde mit einer Tragkraft von 300 kg installiert werden. Unter der Bezeichnung Mi-172 fliegt eine Ausführung mit Honeywell Glas-Cockpit, 1553-Databus, Multi-Sensor-Optiksystem und Missionssystem von BAE als Option. Weitere verbesserte Varianten befinden sich in Prüfung. Neuesten Plänen zufolge sollen die verschiedenen Varianten der Mi-17 inskünftig in einem Werk hergestellt werden. Heute sind es noch drei separate Firmen bzw. Werke (Kazan, Ulan-Ude und Rostvertol).
Hersteller: Mil/Kazan Helicopters, Moskau/Kazan, Russland.

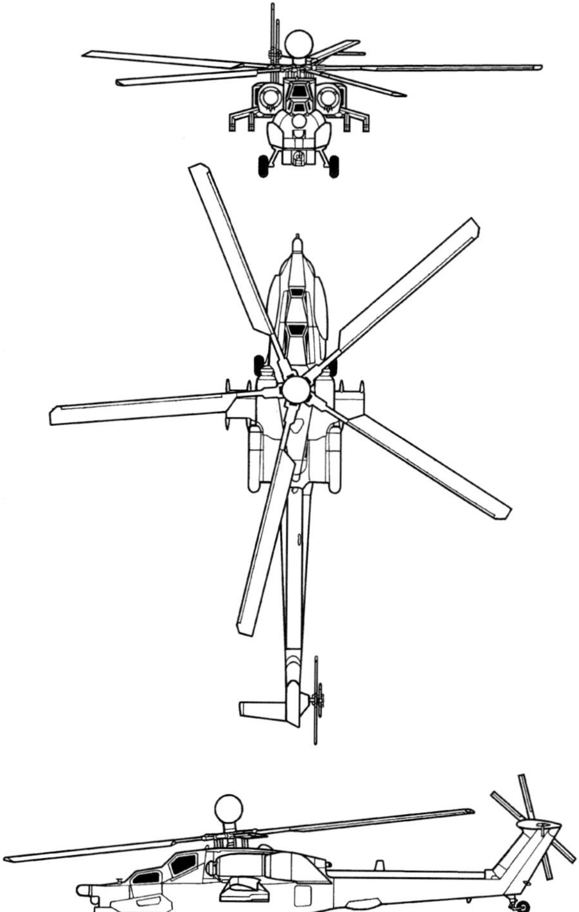

Abmessungen:
Rotordurchmesser 17,30 m
Rumpflänge 16,85 m
Höhe inkl. Rotorkopf 4,86 m

MIL/ROSTVERTOL MI-28N

Ursprungsland: Russland.
Kategorie: Zweisitziger Kampfhubschrauber.
Triebwerke: Zwei Gasturbinen Klimow (Serienausführung) VK-2500 von je 2400 WPS (1790 kW) Leistung.
Leistungen: Höchstgeschwindigkeit 305 km/h; max. Reisegeschwindigkeit 270 km/h; max. Schrägsteiggeschwindigkeit 13,6 m/Sek; Dienstgipfelhöhe 5800 m; Schwebehöhe ohne Bodeneffekt 3600 m; Reichweite mit max. Treibstoffzuladung 990 km; Flugdauer 2 Std.
Gewichte: Leergewicht 8590 kg; norm. Startgewicht 11000 kg; max. Startgewicht 12100 kg.
Bewaffnung: Eine 30-mm-2A42-Kanone in einem Turm unter der Rumpfnase und je zwei Waffenstationen mit einer Tragkraft von 480 kg an beiden Stummelflügeln. Typische Bewaffnung: Panzerabwehrlenkwaffen 9M114 »Shturm« und Luft-Luft-Lenkwaffen 9M39 »Igla«; max. Nutzlast 2000 kg.
Entwicklungsstand: Der Prototyp der Weiterentwicklung Mi-28N nahm am 14. November 1996 die Flugerprobung auf. Eine erste Serienmaschine flog erstmals im Dezember 2005. Aktueller Planung zufolge erhält die russische Luftwaffe ab 2006 67 Einheiten. Rund ein Dutzend davon sind bereits abgeliefert.
Bemerkungen: Die Mi-28N ist der zurzeit kampfstärkste Hubschrauber dieser Klasse. Sie verfügt über Panzerung aus Titan und Verbundwerkstoffen, um die Piloten, die Rumpftanks sowie weitere lebenswichtige Systeme zu schützen. Ähnlich wie die AH-64D (siehe Seiten 88/89) ist die Mi-28N mit einem im Mastvisier eingebauten 360°-Millimeter-Wellenradar ausgerüstet. Dank der hoch entwickelten elektronischen Kampfausrüstung ist sie allwetter- und nachtkampftauglich. Die Serienausführung erhält neue Kunststoff-Rotorblätter mit nach hinten gepfeilten Spitzen.
Hersteller: Mil/Rostvertol, Werk Rostow, Moskau, Russland.

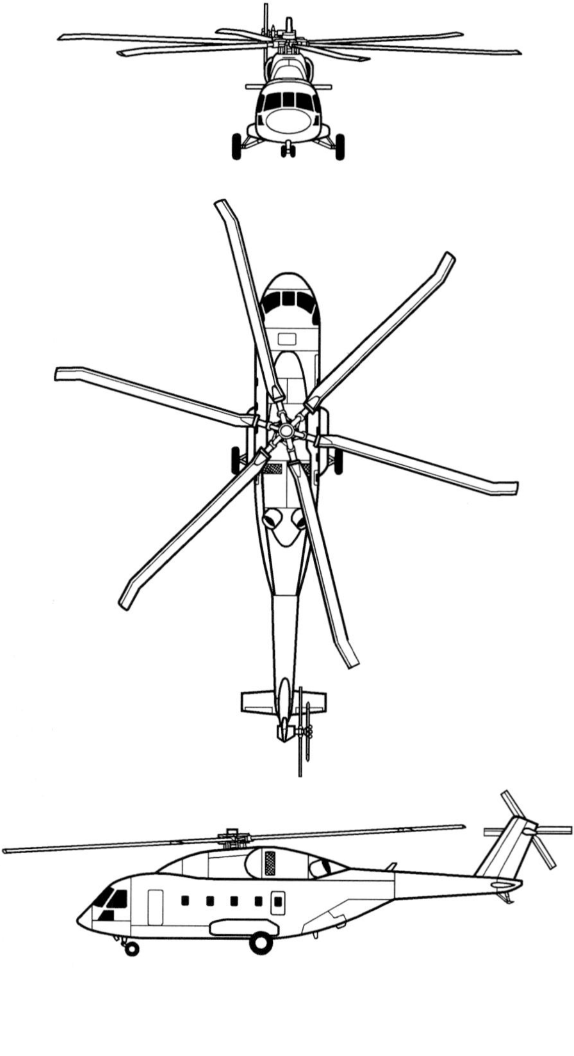

Abmessungen:
Rotordurchmesser 21,10 m
Rumpflänge 19,95 m
Höhe inkl. Rotor 5,20 m

Mil/KAZAN Mi-38

Ursprungsland: Russland.
Kategorie: Mittelschwerer militärischer und ziviler Mehrzweckhubschrauber.
Triebwerke: Zwei Gasturbinen Pratt & Whitney Canada PW127T/S von je 2500 WPS (1865 kW) oder Klimow VK-3000/127 von je auf 2465 WPS (1838 kW) reduzierter Leistung.
Leistungen (nach Angaben des Herstellers): Höchstgeschwindigkeit 275 km/h; Reisegeschwindigkeit 250 km/h; Dienstgipfelhöhe 6500 m; Schwebehöhe ohne Bodeneffekt 2500 m; Reichweite mit einer Nutzlast von 3500 kg 800 km, mit Zusatztanks maximal 1300 km.
Gewichte: Max. Startgewicht 15600 kg.
Zuladung: Zwei Piloten und 30 bis zu 44 Passagiere. Max. Nutzlast intern 5000 bis 6000 kg, extern 7000 kg.
Entwicklungsstand: Nach jahrelangen Verzögerungen nahm der Prototyp Mi-38 die Flugerprobung am 22. Dezember 2003 auf. Drei Erprobungsmuster werden gebaut. Die bisherigen Tests erforderten einige Modifikationen, was eine weitere Verschiebung des Programms nach sich zieht. Der Hersteller rechnet nun mit dem Start der Serienproduktion 2008. Bisher sind jedoch noch keine Bestellungen bekannt geworden.
Bemerkungen: Die Mi-38 soll die große Zahl von Mi-8-Helikoptern ersetzen. Zwei Versionen sind geplant: Die militärische Mi-383 mit einer Frachtkapazität von 6000 kg sowie die zivile Mi-382 in Passagierkonfiguration. In Konzeption und Auslegung gleicht die Mi-38 sehr der AW101 (siehe Seiten 24/25). Sie weist den gleichen sechsblättrigen Hauptrotor aus Verbundwerkstoffen und elastomeren Gelenken der Mi-28N (siehe Seiten 250/251) auf. Der Heckrotor besteht aus zwei unabhängigen zweiblättrigen Rotoren in einer X-Anordnung. Das Fahrwerk ist einziehbar. Die Kabine weist folgende Innenmaße auf: Länge 6,80 m, Breite 2,20 m, Höhe 1.80 m. Zur Erleichterung des Ladevorganges ist eine große Heckladeklappe vorhanden. Die gesamte Flugsteuerung erfolgt durch ein Fly-By-Wire-System. Zur Entwicklung und zum Vertrieb ist Mil mit Eurocopter eine Beteiligung unter dem Namen Euromil eingegangen. Der Verkaufspreis soll zwischen US$ 12 und 15 Mio. liegen.
Hersteller: Mil/Kazan (Euromil) Helicopters, Moskau/Kazan, Russland.

Abmessungen:
Spannweite 11,13 m
Länge 15,52 m
Höhe 4,96 m
Flügelfläche 34,84 m²

MITSUBISHI F-2

Ursprungsland: Japan (USA).
Kategorie: (F-2A) Einsitziger bzw. (F-2B) doppelsitziger Mehrzweckjäger.
Triebwerke: Ein Mantelstromtriebwerk General Electric F110-GE-129 von 7711 kp (75,5 kN) Standschub ohne und 13880 kp (131,7 kN) mit Nachverbrennung.
Leistungen (Schätzungen): Höchstgeschwindigkeit in großen Höhen Mach 2,0, in Bodennähe mehr als Mach 1,0; Anfangssteiggeschwindigkeit 255 m/Sek; Dienstgipfelhöhe 17900 m; Einsatzradius mit Antischiffs-Lenkwaffen › 830 km; Überführungsreichweite 3500 km.
Gewichte: Leergewicht 9527 kg; norm. Startgewicht 18500 kg, max. 22000 kg.
Bewaffnung: Die max. Waffenlast soll 9000 kg betragen, die u.a. die japanischen Eigenentwicklungen Mitsubishi AAM-3-Luft-Luft- sowie die XASM-2-Anti-Schiffs-Lenkwaffen umfasst.
Entwicklungsstand: Erstflug des ersten von vier Prototypen FS-X am 7. Oktober 1995, des letzten am 24. Mai 1996. Die Ablieferungen an die japanischen Luftstreitkräfte begannen im September 2000. Bisher sind 86 Einheiten bestellt und rund 75 abgeliefert. Die erste Staffel war im Jahr 2001 einsatzbereit. Aus Budgetgründen wird die ursprünglich geplante Anzahl von 130 Einheiten auf 94 gekürzt und die Produktion voraussichtlich 2009 eingestellt.
Bemerkungen: Die F-2 ist von der Lockheed F-16 abgeleitet. Im Laufe der Entwicklung hat sie sich technisch vom Ausgangsmuster immer weiter entfernt, so dass heute fast von einem vollständig neu entwickelten Typ gesprochen werden kann. Vorderrumpf und Heck sind leicht länger und der Flügel aus Kunststoff ist eine völlige Neuentwicklung. In amerikanisch-japanischer Zusammenarbeit wurde auch ein neuartiges Mehrzweck-Bordradar mit Aktiv-Steuerung und einer Reichweite bis zu 190 km konstruiert, welches gleichzeitig zehn Ziele verfolgen kann. Die übrige Elektronik stammt vollständig aus japanischer Entwicklung, wie das Weitwinkel-Head-Up Display, die fünf Flüssigkristallanzeigen im Cockpit sowie ein umfangreiches integriertes System für die elektronische Kampfführung. Diverse Teile des Rumpfes sind mit Radar-absorbierendem Material ausgestattet.
Hersteller: Mitsubishi Heavy Industries Ltd., Werk Nagoya, Tokio, Japan.

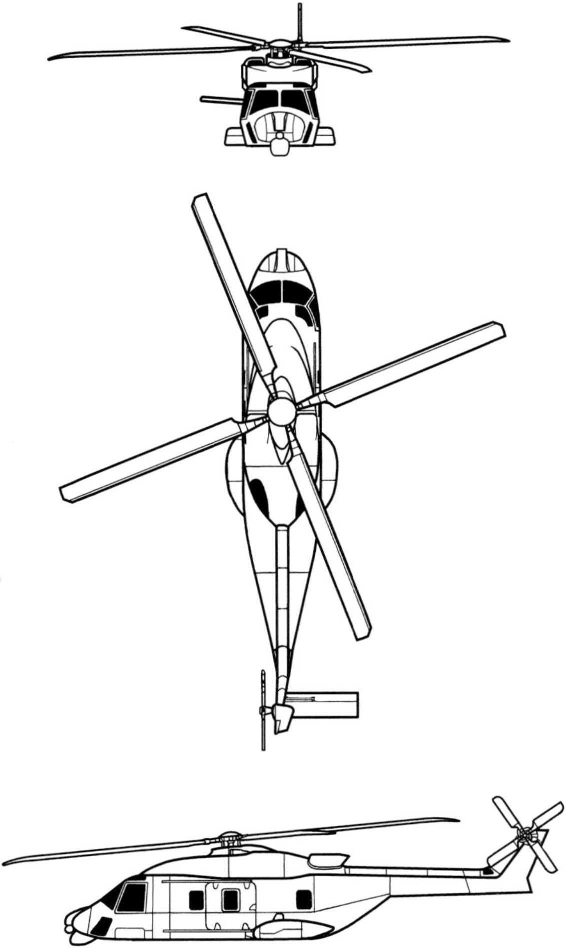

Abmessungen:
Rotordurchmesser 16,30 m
Rumpflänge 16,23 m
Höhe über Heckrotor 5,44 m

NH INDUSTRIES NH90 TTH

Ursprungsland: Deutschland, Frankreich, Italien, Niederlande.
Kategorie: Mittelschwerer militärischer Mehrzweckhubschrauber.
Triebwerke: Zwei Gasturbinen Rolls-Royce-Turboméca RTM322-01/9 bzw. General Electric T700-T6E von je 1680 WPS (1253 kW) Leistung.
Leistungen: Höchstgeschwindigkeit 305 km/h; normale Reisegeschwindigkeit 260 km/h; Schrägsteiggeschwindigkeit 11 m/Sek; Dienstgipfelhöhe 6000 m; max. Einsatzhöhe 6000 m; Schwebehöhe mit Bodeneffekt 2960 m, ohne Bodeneffekt 2355 m; Einsatzradius mit 2000 kg Nutzlast 300 km; Überführungsreichweite 1200 km; Einsatzdauer 4 Std 35 Min.
Gewichte: Leer 5945 kg; normales Startgewicht 10600 kg, max. 11400 kg.
Zuladung: Zwei Piloten und 20 Soldaten bzw. 12 Verwundete; Nutzlast 2500 kg.
Bewaffnung: Kanonenbehälter und zwei schwenkbare Maschinengewehre bei den Seitentüren.
Entwicklungsstand: Der erste von fünf Erprobungsmustern (vier TTH, ein NFH) fliegt seit dem 18. Dezember 1995, die ersten Serienmuster seit Mitte 2004. Bisher wurden 422 NH90 TTH fest bestellt: Australien 46 als MRH 90 bezeichnete Hubschrauber, Belgien 4 (+ 2 Optionen), Deutschland (Luftwaffe 42, Heer 80), Finnland 20, Griechenland 20 (+ 14 Optionen), Italien 60, Neuseeland 8, Oman 20, Portugal 10, Saudi Arabien 54, Schweden 13, Spanien 45. Mit Anschlussaufträgen wird gerechnet. Erste Ablieferungen an Kunden erfolgten 2004. Bis Ende 2007 waren rund 20 Einheiten hergestellt.
Bemerkungen: In der Grundkonzeption sind die NH90 TTH sowie die NH90 NFH (siehe Seiten 258/259) weitgehend gleich. Die vorwiegend für taktische Aufgaben konzipierte TTH besitzt eine Heckladerampe. Recht umfangreiche Lasten können in der Kabine transportiert werden. Sie weist folgende Innenmaße auf: Länge ohne Rampe 4,80 m, Breite 2,05 m und Höhe 1,58 m (Schweden 1,82 m). Die NH90 verfügt über eine weitgehend aus Verbundstoff bestehende Zelle und eine Fly-By-Wire-Steuerung. Derzeit wird geprüft, eine CSAR-Variante (**C**ombat-**S**earch-**a**nd-**R**escue, Rettungseinsätze in Kampfgebieten) zu entwickeln. Aufträge dafür liegen jedoch noch nicht vor.
Hersteller: NH Industries, Aix-en-Provence, Frankreich.

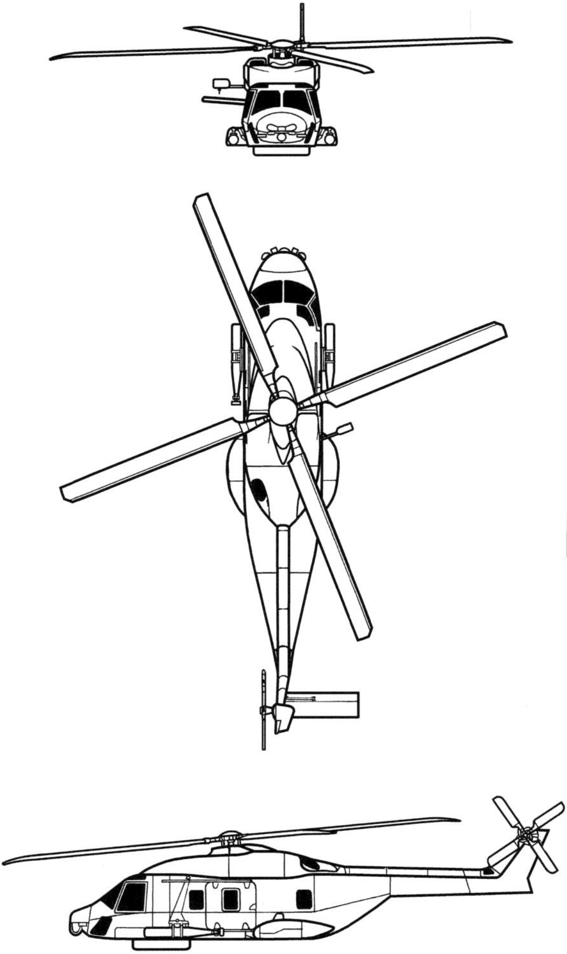

Abmessungen:
Rotordurchmesser 16,30 m
Rumpflänge 15,88 m
Höhe über Heckrotor 5,44 m

NH INDUSTRIES NH90 NFH

Ursprungsland: Deutschland, Frankreich, Italien, Niederlande.
Kategorie: Mittelschwerer bordgestützter U-Bootjagdhubschrauber.
Triebwerke: Zwei Gasturbinen Rolls-Royce-Turboméca RTM322-01/9 bzw. General Electric T700-T6E von je 1680 WPS (1253 kW) Leistung.
Leistungen: Max. Reisegeschwindigkeit 290 km/h; normale Reisegeschwindigkeit auf Meereshöhe 245 km/h; Schrägsteiggeschwindigkeit 11 m/Sek; Dienstgipfelhöhe 6000 m; Schwebehöhe mit Bodeneffekt 3140 m, ohne Bodeneffekt 2515 m; Flugzeit rund 110 km vom Schiff entfernt 3 Std. 20 Min; max. Einsatzdauer 4 Std. 45 Min; Überführungsreichweite 1200 km.
Gewichte: Leergewicht ohne Missionsausrüstung 6288 kg; normales Startgewicht 10600 kg, max. 11400 kg.
Zuladung: Zwei Piloten und bis vier Systemoperateure.
Bewaffnung: Je zwei Torpedos oder Anti-Schiffslenkwaffen an Trägern seitlich am Rumpf.
Entwicklungsstand: Der bisher einzige Prototyp der Marineausführung NFH nahm die Flugerprobung 1997 auf. Das erste Serienmuster für die Aéronavale startete am 12. Mai 2006 zum Erstflug. Geplante Beschaffungen: Belgien 4, Deutschland 30, Frankreich 27, Italien 46, Niederlande 20, Norwegen 14 (+ 10 Optionen), Saudi Arabien 10, Schweden 5. Mit der Indienststellung wird 2009 gerechnet.
Bemerkungen: NH90 TTH (siehe Seiten 256/257) und NH90 NFH sind in ihrer Grundkonzeption weitgehend gleich. Die Marineausführung NFH verzichtet auf die Rampe, besitzt dafür faltbare Rotoren, ein beiklappbares Rumpfheck und zwei Schwimmer. Die Bordavionik umfasst u.a. taktisches Radar, FLIR, Sonar sowie zahlreiche weitere Sensorsysteme. Im Hinterrumpf befindet sich ein Ausstoß-System für Düppel, Infrarotfackeln und Sonarbojen. Die NH90 verfügt über eine weitgehend aus Verbundstoff bestehende Zelle und eine Fly-By-Wire-Steuerung.
Hersteller: NH Industries, Aix-en-Provence, Frankreich.

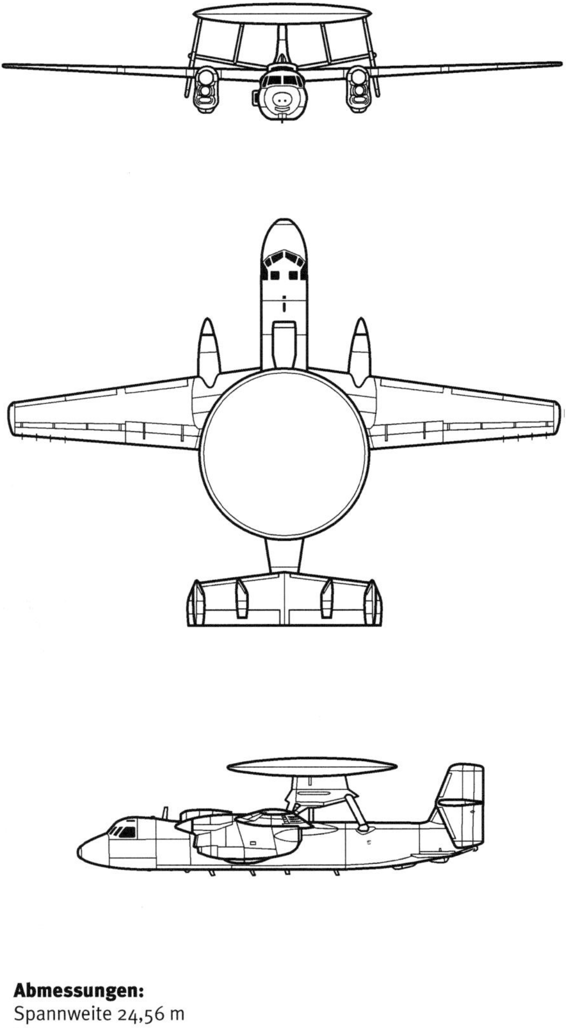

Abmessungen:
Spannweite 24,56 m
Länge 17,55 m
Höhe 5,69 m
Flügelfläche 65,03 m^2

NORTHROP GRUMMAN E-2D ADVANCED HAWKEYE

Ursprungsland: USA.
Kategorie: Bordgestütztes Frühwarn- und Überwachungsflugzeug sowie fliegende Kommandozentrale.
Triebwerke: Zwei Propellerturbinen Rolls-Royce (Allison) T56-A-427A von je 5250 WPS (3917 kW) Leistung.
Leistungen: Höchstgeschwindigkeit 598 km/h; max. Reisegeschwindigkeit 576 km/h; Anfangssteiggeschwindigkeit 12,8 m/Sek; Dienstgipfelhöhe 9390 m; Einsatzdauer 4 Std. bei einem Aktionsradius von 370 km; max. Flugdauer 6,1 Std; Überführungsreichweite 2580 km.
Gewichte: Leer 17265 kg; max. Startgewicht 25850 kg.
Zuladung: Fünf Mann Besatzung, bestehend aus zwei Piloten und drei Ingenieuren im zentralen Einsatzraum.
Entwicklungsstand: Die neueste Ausführung E-2D absolvierte ihren Erstflug am 3. August 2007. Ein zweiter Prototyp folgte Anfang 2008. Aktuellen Plänen zufolge soll die USN insgesamt 75 Einheiten beschaffen, welche ab 2011 zu liefern sind. Von den verschiedenen Ausführungen der E-2C sind bisher beschafft worden: USN 101, Ägypten 6, Frankreich 3 (+ 1), Japan 13, Mexico 3 (ex. Israel), Singapur 4 und Taiwan 6. Die US Küstenwache setzt vier, die US Zollbehörde eine von der US Navy gemietete E-2C zur Drogenbekämpfung ein.
Bemerkungen: Die E-2D stellt gegenüber der Vorversion Hawkeye 2000 in verschiedener Hinsicht einen wesentlichen Fortschritt dar. Obwohl von außen kaum Unterschiede feststellbar sind, ist das »Innenleben« weitgehend neu. Das Herz der E-2D ist das neue Radar AN/APY-9. Es arbeitet ebenfalls im UHF-Frequenzbereich, kann jedoch besonders kleine Ziele auf große Distanzen auch in einem gestörten Umfeld besser erkennen. Dank der hohen Rechenleistung ist es in der Lage, kleine bewegliche Ziele wie beispielsweise Marschflugkörper knapp über dem Boden zu verfolgen. Auf einer Höhe von 7600 m deckt die E-2D mit einem Radius von 550 km eine um 250 Prozent größere Fläche als die E-2C ab. Später soll die Advanced Hawkeye mit einer Luftbetankungssonde ausgerüstet werden.
Hersteller: Northrop Grumman Corporation, Werk St. Augustine, Florida, Los Angeles, Kalifornien, USA.

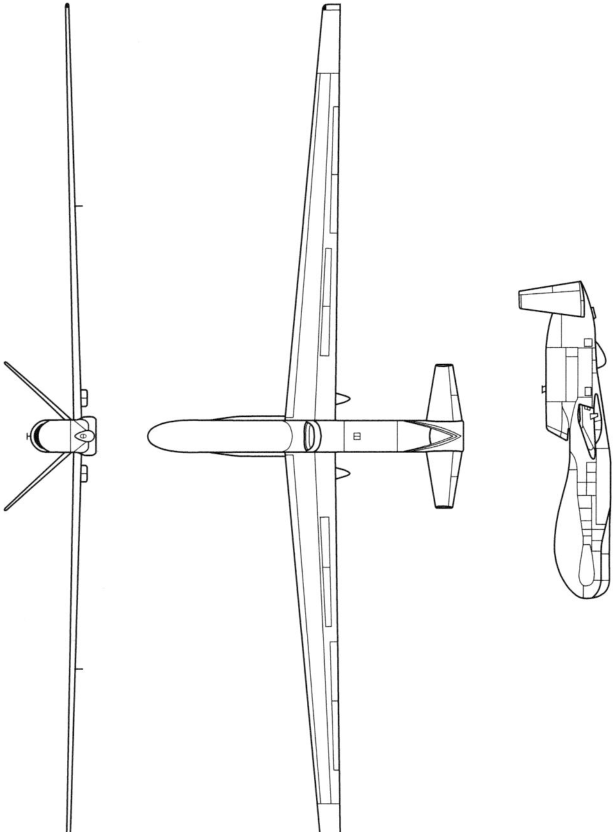

Abmessungen:
Spannweite (RQ-4A) 35,42 m, (RQ-4B) 39,89 m
Länge (RQ-4A) 13,53 m, (RQ-4B) 14,50 m
Höhe 4,63 m
Flügelfläche (RQ-4A) 50,1 m²

NORTHROP GRUMMAN RQ-4A/B GLOBAL HAWK

Ursprungsland: USA.
Kategorie: Unbemannter hochfliegender Langstreckenaufklärer.
Triebwerke (RQ-4B): Ein Mantelstromtriebwerk Rolls-Royce Allison AE3007H von 3760 kp (36,8 kN) Standschub.
Leistungen: Höchstgeschwindigkeit ca. Mach 0,60, Patrouillengeschwindigkeit 635 km/h; Dienstgipfelhöhe 19800 m; max. Flugdauer 36 Std; Aktionsradius mit einer Aufenthaltsdauer von 24 Std. am Zielort 5500 km, Reichweite bis zu (RQ-4A) 25015 km, (RQ-4B) 22780 km.
Gewichte: Leergewicht 4173 kg; max. Startgewicht (RQ-4A) 11612 kg, (RQ-4B) 14640 kg.
Zuladung: Aufklärungssysteme im Gesamtgewicht von (RQ-4A) 907 kg, (RQ-4B) 1360 kg.
Entwicklungsstand: Der erste Prototyp RQ-4A nahm die Flugerprobung am 28. Februar 1998 auf. 15 Prototypen bzw. RQ-4A Block 10 (siehe Foto) wurden für die USAF und die USN (2) gebaut. Ab dem neunten Serienexemplar stellte man auf die leistungsfähigere RQ-4B Block 20 um (Erstflug im November 2006). Bei einem Bedarf von 54 Einheiten gab die USAF bisher 30 Systeme in Auftrag, fast 20 davon waren Ende 2007 gebaut.
Bemerkungen: Die Global Hawk kann unbemannt aus 20 km Höhe in 24 Std. ein Gebiet der Größe Griechenlands flächendeckend aufklären und die gewonnenen Daten via Satellit weltweit online übertragen. Zur Erfüllung dieser Aufgaben ist sie mit modernsten Systemen ausgerüstet, u.a. allwettertaugliches Seitensichtradar, CCD-Kamera für hochauflösende Bilder, Wärmebildsensoren usw. Während der Rumpf konventionell aus Aluminium besteht, sind die Flügel vollständig aus Kohlefasern hergestellt und trotz großer Spannweite äußerst steif ausgelegt. Auch das gesamte Leitwerk ist aus Verbundwerkstoffen. Um ein hohes Maß an Ausfallsicherheit zu erreichen, ist die gesamte Flugsteuerung doppelt vorhanden, das gleiche gilt auch für die meisten Computer. Seit 2005 wird die RQ-4B (auch RQ-4A Block 20 genannt) gebaut. Sie unterscheidet sich hauptsächlich durch die etwas größeren Abmessungen, ein stärkeres Triebwerk und die höhere Nutzlast. Das Fahrwerk ist neu positioniert, um mehr Raum für Nutzlasten zu schaffen. Fünf als EuroHawk bezeichnete ELINT-Variante der RQ-4B werden als Ersatz der deutschen Breguet Atlantic ELINT sowie für die NATO beschafft (Ablieferung ab 2010).
Hersteller: Northrop Grumman Corp., Werk San Diego, Kalifornien, USA.

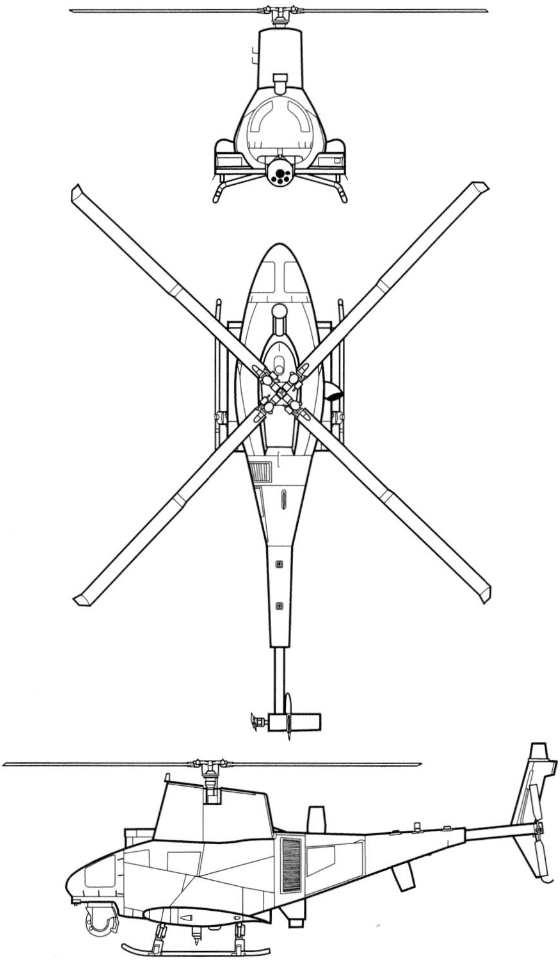

Abmessungen:
Rotordurchmesser 8,38 m
Rumpflänge 7,01 m
Höhe 2,87 m

NORTHROP GRUMMAN RQ-8A/MQ-8B FIRE SCOUT

Ursprungsland: USA.
Kategorie: Unbemannter Überwachungs- und Aufklärungshubschrauber.
Triebwerke: Eine Gasturbine Rolls-Royce 250-C20W von 420 WPS, reduziert auf (RQ-8A) 250 WPS (186,3 kW) bzw. (MQ-8B) 340 WPS (253,5 kW) Leistung.
Leistungen: Höchstgeschwindigkeit 230 km/h; Dienstgipfelhöhe 6100 m; Aufenthaltsdauer max. 6 Std, 200 km vom Mutterschiff entfernt 4 Std.
Gewichte (RQ-8A/MQ-8B): Startgewicht 1200/1425 kg.
Zuladung: Aufklärungsmittel, Elektronik- und Sensorenausrüstung von max. (RQ-8A) 57 kg, (MQ-8B) 272 kg.
Entwicklungsstand: Ein firmeneigener Prototyp begann die Erprobung am 19. Mai 2002. Derzeit befinden sich drei in der Flugversuchsphase. Die Weiterentwicklung MQ-8B der Fire Scout gelangt bei der US Army auf Brigadeebene zum Einsatz. Sieben Prototypen werden gebaut, der erste fliegt seit 20. Dezember 2006. Daneben hat die US Navy vorerst neun, die US Army acht Seriensysteme bestellt, welche ab 2008 zur Ablieferung gelangen.
Bemerkungen: Der unbemannte Drehflügler RQ-8A ist eine Ableitung des Leichthubschraubers Schweizer 333 (siehe Ausgabe 2004). Sein Aufgabengebiet umfasst Real-Time-Aufklärungs- und Überwachungseinsätze sowie Zieldarstellungen ab kleinen Schiffen in einem Radius von etwa 200 km. Dazu verfügt er über elektro-optische Sensoren, Infrarotausrüstung und einen Laser-Zielzuweiser. Zum gesamten Integral-System gehört nebst dem Fluggerät auch eine containerisierte Boden- bzw. Schiffstation S-280 zur Lenkung der Einsätze und zum Empfang der Informationen. Hubschrauber und Empfangsstation lassen sich schnell mit einem Transporter C-17 verlegen. Später sind auch leichte Waffeneinsätze denkbar. Es sind daher Versuche mit der Luft-Boden-Lenkwaffe AGM-114 Hellfire durchgeführt worden. Die Serienausführung heißt MQ-8B und umfasst einen Vierblattrotor, größere Treibstoffkapazität und erlaubt ein höheres Startgewicht. Auch die USN beschafft anstelle der RQ-8A diese Variante.
Hersteller: Northrop Grumman Corp., Los Angeles, Kalifornien, USA.

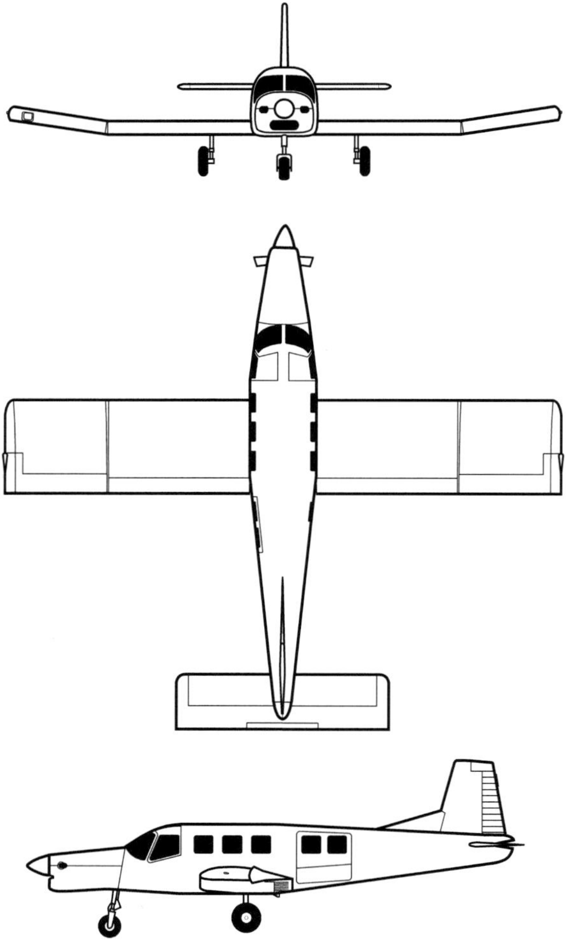

Abmessungen:
Spannweite 12,80 m
Länge 11,85 m
Höhe 3,63 m
Flügelfläche 27,31 m²

PACIFIC AEROSPACE PAC-750XL

Ursprungsland: Neuseeland.
Kategorie: Mehrzweckflugzeug.
Triebwerke: Eine Propellerturbine Pratt & Whitney Canada PT6-34A von 750 WPS (559 kW) Leistung.
Leistungen: Höchstgeschwindigkeit 326 km/h; Reisegeschwindigkeit 312 km/h auf 3050 m; Anfangssteiggeschwindigkeit 8,64 m/Sek; Dienstgipfelhöhe 6095 m; Reichweite bei 75 % Leistung 1070 km; max. Flugdauer 5 Std.
Gewichte: Leergewicht 1393 kg; max. Startgewicht 3410 kg.
Zuladung: Ein bis zwei Piloten und in der Standardausführung neun Passagiere, maximal jedoch 17 Fallschirmspringer ohne Sitze, Nutzlast als Frachter 1995 kg.
Entwicklungsstand: Der einzige Prototyp flog erstmals am 5. September 2001. Nach der Zulassung wurden die ersten Exemplare 2003 abgeliefert. Bis Ende 2007 waren über 30 Maschinen gebaut. Der aktuelle Bestellungsstand ist nicht bekannt.
Bemerkungen: Die PAC-750XL übernahm wesentliche Elemente des Landwirtschaftsflugzeugs Aerospace Fletcher FU-24. Zu nennen sind vor allem der Flügel, das Leitwerk sowie das Triebwerk. Richtig neu ist der Rumpf. Die ganze Struktur besteht weitgehend aus Aluminium und ist besonders robust für die vielfältig vorgesehenen Einsätze ausgelegt. Als Hauptaufgaben werden Fracht- und allgemeine Transporteinsätze sowie das Absetzen von Fallschirmspringern bezeichnet. Dies wird durch ein breites Frachttor hinter dem Hauptflügel erleichtert. Dank robustem Festfahrwerk und kurzen Start- und Landeeigenschaften kann die PAC-750XL von unvorbereiteten Pisten aus operieren. Generell ist dieses Muster für sehr wirtschaftlichen Betrieb bei ausreichendem Komfort konzipiert. Der Basispreis beläuft sich auf rund US$ 925'000.–. Eine Ausführung mit Schwimmern ist geplant.
Hersteller: Pacific Aerospace Corp. Ltd., Hamilton, Neuseeland.

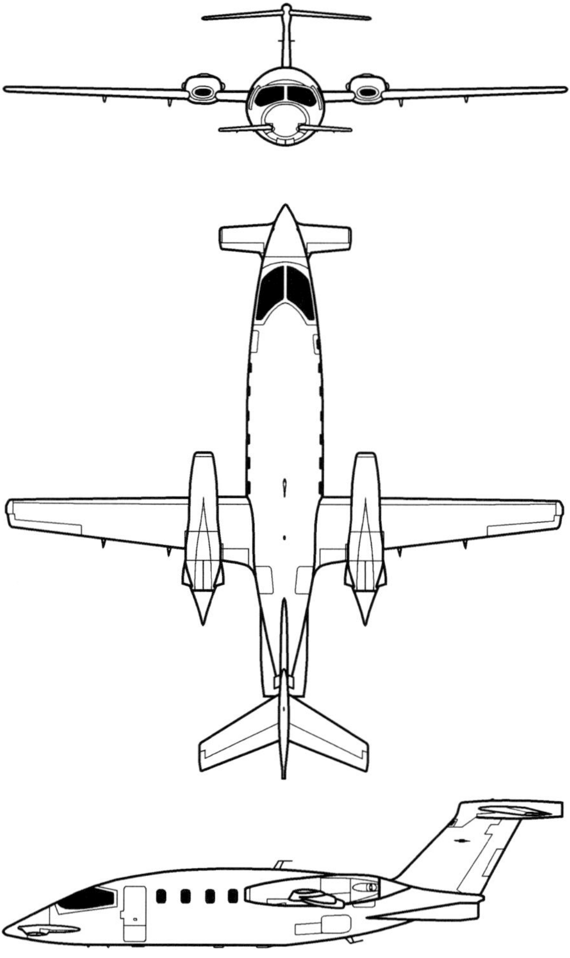

Abmessungen:
Spannweite 14,03 m
Länge 14,41 m
Höhe 3,98 m
Flügelfläche 16,00 m²

PIAGGIO P180 AVANTI II

Ursprungsland: Italien.
Kategorie: Firmenflugzeug und militärisches Mehrzweckflugzeug.
Triebwerke: Zwei Propellerturbinen Pratt & Whitney Canada PT6A-66B von je auf 850 WPS (634 kW) reduzierter Leistung.
Leistungen: Höchstgeschwindigkeit 737 km/h auf 8538 m; max. Dauergeschwindigkeit 644 km/h auf 11885 m; Anfangssteiggeschwindigkeit 15,0 m/Sek; Dienstgipfelhöhe 12500 m, Reichweite mit einer Nutzlast von sechs Personen und IFR-Reserven 2637 km; max. Reichweite mit VFR-Reserven 3148 km.
Gewichte: Rüstgewicht 3538 kg; max. Startgewicht 5489 kg.
Zuladung: Ein oder zwei Piloten und sieben bis acht Passagiere bei Standard-Innenausstattung. Für EMS-Einsätze zwei liegende Verwundete, als Frachter max. 1860 kg.
Entwicklungsstand: Erstflug des ersten von zwei Prototypen am 23. September 1986, das erste Serienflugzeug folgte am 29. Januar 1990. Ab dem 105. Exemplar wurde die Produktion auf die Avanti II umgestellt. Bisher sind von beiden Ausführungen rund 140 gebaut. Bei einem Bestellungsstand von weiteren 120 Einheiten ist geplant, jährlich gegen 40 Maschinen herzustellen. Zwei Einheiten erhält die italienische Küstenwache als Überwachungsflugzeuge.
Bemerkungen: Die Avanti basiert mit ihrem futuristischen Aussehen auf dem sog. »Drei-Flächen-Konzept«, wobei der vorn platzierte kleine Stützflügel das Flugzeug in allen Flugphasen ausbalanciert und das Höhenleitwerk nur für die Richtungsänderungen benötigt wird. Der Flügel besitzt ein Laminarprofil und eine hohe Streckung bei vergleichsweise geringer Fläche. Die Avanti besteht zum großen Teil aus Leichtmetall, doch sind Kunststoffteile am Leitwerk, den Triebwerkverkleidungen, an der Rumpfspitze, dem Stützflügel und dem Hauptflügel eingesetzt. Die unkonventionelle Form beschert der Avanti eine der größten Kabinen ihrer Klasse (Länge 4,55 m, Breite 1,85 m, Höhe 1,75 m). Daher eignet sie sich besonders gut für Ambulanzeinsätze. Die 2005 neu lancierte Avanti II verfügt über das Avionik-Set Pro Line 21 von Rockwell Collins. Leistungsstärkere Triebwerke und ein erhöhtes Abfluggewicht verbessern insbesondere das Nutzlast-/Reichweiteverhältnis.
Hersteller: Rinaldo Piaggio S.p.A., Genua-Sestri, Italien.

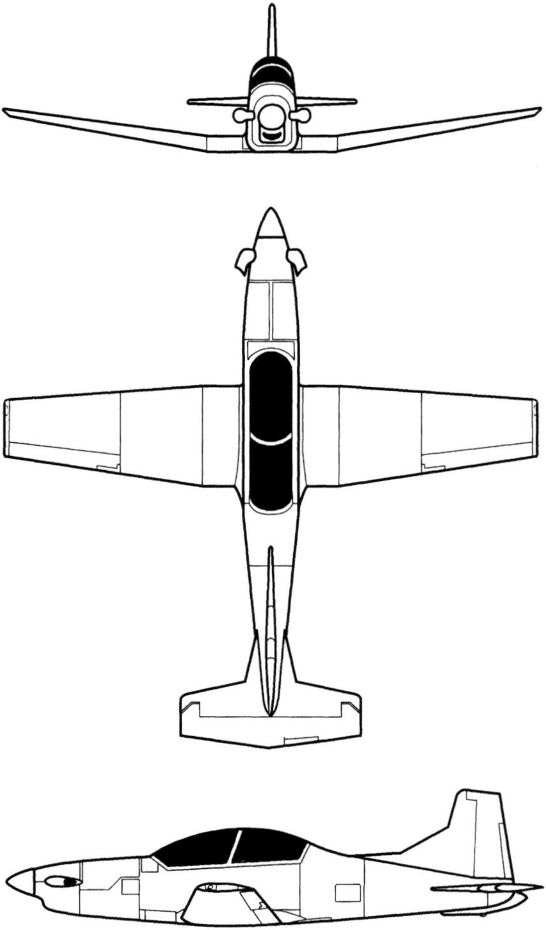

Abmessungen:
Spannweite 10,12 m
Länge 10,14 m
Höhe 3,26 m
Flügelfläche 16,29 m²

PILATUS PC-9M TURBO TRAINER

Ursprungsland: Schweiz.
Kategorie: Zweisitziger Basis- und Fortgeschrittenentrainer sowie Zielschlepper.
Triebwerke: Eine Propellerturbine Pratt & Whitney Canada PT6A-62 von 1150 WPS (857 kW), reduziert auf 950 WPS (708 kW) Leistung.
Leistungen: Höchstgeschwindigkeit 593 km/h auf 6100 m, auf Meereshöhe 500 km/h; Reisegeschwindigkeit 463 km/h auf 3050 m oder 556 km/h auf 6100 m; max. Anfangssteiggeschwindigkeit 20,83 m/Sek; max. Reichweite mit 20 Min. plus fünf Prozent Treibstoffreserven 1642 km auf 7620 m.
Gewichte: Leer 1725 kg; Startgewicht (Akrobatik) 2350 kg bzw. max. 3200 kg.
Entwicklungsstand: Die Version M der PC-9 wurde 1997 eingeführt. Von der Ursprungsausführung (Erstflug 7. Mai 1984) und der PC-9M sind bisher rund 280 Einheiten gebaut und an über ein Dutzend Luftwaffen oder paramilitärische Organisationen geliefert worden, u.a. Australien 67, Kroatien 20, Saudi Arabien 50, Thailand 36. Von der Zielschlepperausführung erhielt die schweizerische Luftwaffe 12, der Condor Luftdienst 10 Einheiten. Neuester Auftrag: Mexico 2 (+ ev. 16). Malaysia hat zudem 10 PC-7 Mk. II nachbestellt.
Bemerkungen: Die Weiterentwicklung PC-9M übernimmt das vergrößerte Seitenleitwerk der PC-7 Mk. II (siehe Ausgabe 1999), womit die Längsstabilität erhöht wurde. Auch die Flügelwurzeln sind modifiziert und verhelfen zu einer geringeren Langsamgeschwindigkeit. Schließlich ist ein neues Triebwerk-/Propellerkontroll-System eingebaut worden. Hawker Beechcraft (ex. Raytheon) entwickelte dieses Muster weiter zur T-6A Texan II (siehe Seiten 214/215). Die PC-7 Mk. II ist eine Hybridvariante zwischen PC-7 und PC-9. Von letzterer übernimmt sie das Triebwerk, aber mit reduzierter Leistung. Ebenfalls von der PC-9 abgeleitet sind das erhöhte hintere Cockpit, die Flügelspitzen, die Sturzflugbremse, die Schleudersitze sowie das robustere Fahrwerk.
Hersteller: Pilatus Flugzeugwerke AG, Stans, Schweiz.

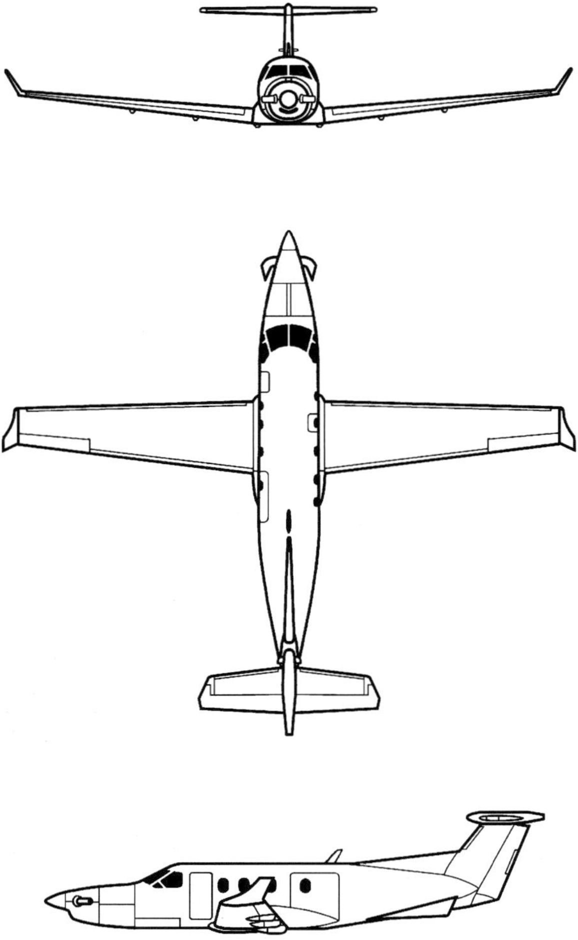

Abmessungen:
Spannweite 16,27 m
Länge 14,40 m
Höhe 4,26 m
Flügelfläche 25,81 m²

PILATUS PC-12/47

Ursprungsland: Schweiz.
Kategorie: Leichtes Mehrzweck- und Firmenflugzeug.
Triebwerke: Eine Propellerturbine Pratt & Whitney Canada PT6A-67B mit einer von 1605 WPS auf 1200 WPS (895 kW) reduzierten Leistung.
Leistungen: Max. Reisegeschwindigkeit 500 km/h auf 7620 m; Anfangssteiggeschwindigkeit 8,00 m/Sek; Dienstgipfelhöhe 9150 m; Reichweite auf 9150 m 4260 km, mit neun Passagieren 3020 km.
Gewichte: Leergewicht Frachter 2484 kg, mit Passagiereinrichtung 2600 kg; max. Startgewicht 4740 kg.
Zuladung: Pilot und Copilot/Passagier im Cockpit und bis zu neun Passagiere in Einzelsitzen; als Firmenflugzeug sechs bis acht Passagiere. Zuladung mit vollen Treibstofftanks bis zu 800 kg, max. Zuladung 1410 kg.
Entwicklungsstand: Der erste von zwei Prototypen startete am 31. Mai 1991 zum Erstflug. Im Mai 1994 begannen die Kundenauslieferungen. Bisher wurden über 700 Maschinen gebaut. Die Jahresproduktion beläuft sich auf rund 100 Exemplare.
Bemerkungen: Das Mehrzweckflugzeug ist für den Einsatz in der Geschäftsfliegerei bis hin zum Transporter für Fracht geeignet. Die Zelle vermag Fracht bis zu 9,34 m³ zu laden. Eine kombinierte Variante für vier Passagiere und 5,95 m³ Fracht wird ebenfalls angeboten. Dank einer Passagiertüre vorn und einer großen Frachttüre hinten wird der Ladevorgang erleichtert. Die PC-12 ist mit einer umfangreichen Avionik von AlliedSignal Bendix/King ausgerüstet. Die 2006 vorgestellte Ausführung PC-12/47 bietet bei einem höheren Startgewicht entweder eine um 240 kg größere Nutzlast oder eine Reichweitenverbesserung von rund 550 km an. Zudem sind die Winglets überarbeitet. Eine weiterentwickelte Variante wurde angekündigt, u.a. mit Primus Apex Avionik, neuem Cockpit-Design und Verbesserungen in der Ergonomie. Außerdem findet durch den Einbau der PT6A-67P-Turbine eine generelle Leistungssteigerung statt.
Hersteller: Pilatus Flugzeugwerke AG, Stans, Schweiz.

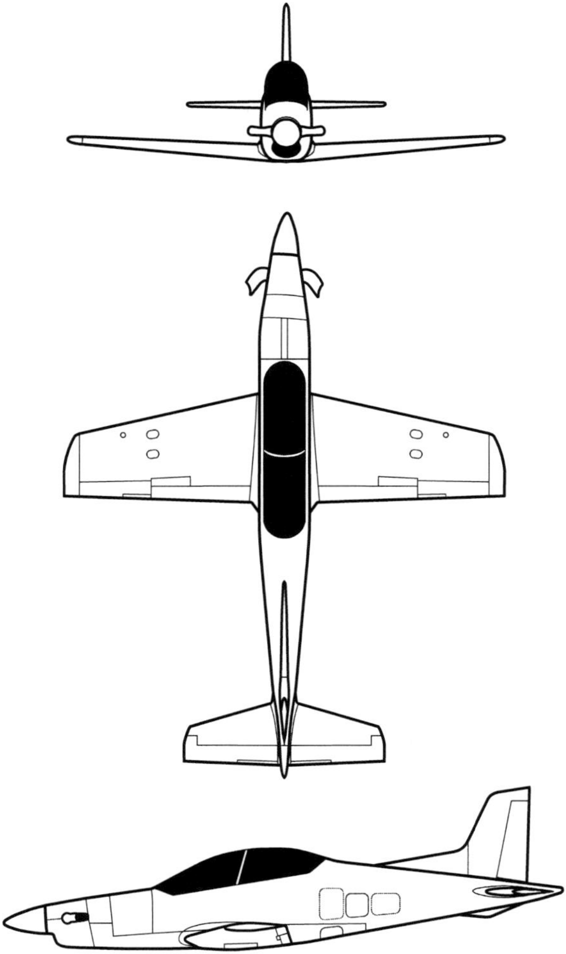

Abmessungen:
Spannweite 9,10 m
Länge 11,19 m
Höhe 3,91 m
Flügelfläche 15,22 m^2

PILATUS PC-21

Ursprungsland: Schweiz.
Kategorie: Zweisitziges Trainingsflugzeug für Basic-, Advanced- und Fighter-Lead-In-Training.
Triebwerke: Eine Propellerturbine Pratt & Whitney Canada PT6A-68B mit einer von 1962 WPS (1463 kW) auf 1609 WPS (1200 kW) reduzierten Leistung.
Leistungen: Höchstgeschwindigkeit 625 km/h auf 3050 m, 600 km/h auf Meereshöhe; Anfangssteiggeschwindigkeit 22 m/Sek; Dienstgipfelhöhe 11400 m; Reichweite 1200 km.
Gewichte: Leergewicht 2270 kg; Startgewicht für Akrobatik-Einsätze 3100 kg; max. Startgewicht 4250 kg.
Entwicklungsstand: Ein Erprobungsträger fliegt seit Mai 2001, der eigentliche Prototyp nahm die Flugerprobung am 1. Juli 2002 auf. Ein zweiter folgte am 7. Juni 2004. Das Vorserienflugzeug fliegt seit 29. August 2005. Folgende Bestellungen sind bisher erfolgt: Schweiz sechs (Ablieferung 2008), Singapur 19.
Bemerkungen: Unter der Bezeichnung PC-21 entwickelte Pilatus ein vollständig neues Flugzeug als Nachfolge der PC-7/9 (siehe Seiten 270/271). Die Besonderheit des integrierten, flexiblen PC-21-Trainingssystems besteht darin, dass man das ganze Spektrum vom Anfangstraining bis hin zur Fortgeschrittenenschulung mit einem einzigen Muster abdeckt. Die Einsatz-Software wird so programmiert, dass verschiedene Kategorien von Flugzeugtypen realistisch dargestellt und geübt werden können. Jedes Cockpit mit drei EFIS-Hauptbildschirmen ist voll digitalisiert und NVG-kompatibel. Im vorderen Cockpit ist ein HUD installiert. Die Systemeingaben erfolgen u.a. über das HOTAS. Gegenüber der PC-9 unterscheidet sich die PC-21 nebst neuer Flugzeugstruktur durch ein leistungsstärkeres Triebwerk mit elektronischer Leistungsregelung, Fünfblattpropeller, Hochleistungs-Pfeilflügel mit Spoilern, Druckkabine mit automatischer Klimaanlage und Anit-g-System. Eingebaut ist auch das neueste Modell des Mk.16L-Schleudersitzes von Martin Baker mit Zero-Zero-Ausschussleistung.
Hersteller: Pilatus Flugzeugwerke AG, Stans, Schweiz.

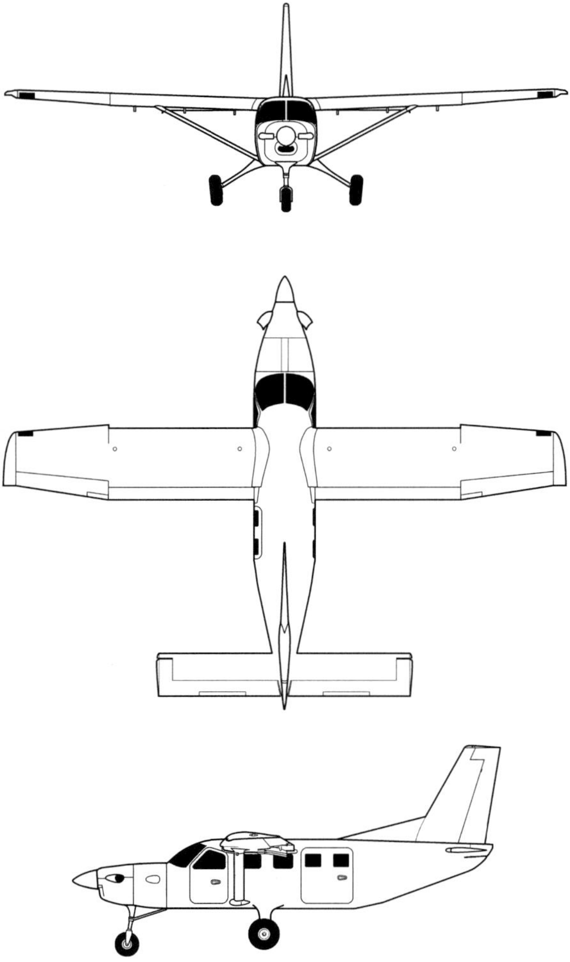

Abmessungen:
Spannweite 13,72 m
Länge 10,16 m
Höhe 4,67 m
Flügelfläche 22,31 m²

QUEST AIRCRAFT KODIAK

Ursprungsland: USA.
Kategorie: Einmotoriges STOL-Mehrzweckflugzeug.
Triebwerke: Eine Propellerturbine Pratt & Whitney Canada PT6A-34 von 750 WPS (559,30 kW) Leistung.
Leistungen: Max. Reisegeschwindigkeit 350 km/h; Anfangssteiggeschwindigkeit 8,7 m/Sek; Dienstgipfelhöhe 7710 m; max. Reichweite 1990 km, max. Flugdauer 5,8 Std.
Gewichte: Leergewicht 1576 kg; max. Startgewicht 3060 kg.
Zuladung: Pilot und zehn Passagiere, max. Nutzlast 1400 kg.
Entwicklungsstand: Der Prototyp fliegt seit Oktober 2004. Nach Erhalt der Zulassung im Juli 2007 begannen die Auslieferungen an Kunden im Dezember 2007. Wie viele Kodiaks bisher bestellt wurden ist nicht bekannt.
Bemerkungen: Die Kodiak wurde primär als sehr robustes und kostengünstiges Arbeitsflugzeug für Entwicklungsländer konzipiert. Sie ist in der Lage, auf kurzen und unvorbereiteten Flächen zu starten und zu landen. Bei der Entwicklung wirkten diverse karitative US-Organisationen mit, welche dieses Muster für Missionseinsätze verwenden wollen und sich an den Entwicklungskosten beteiligten. Drei Ausführungen sind erhältlich: Die Tundra mit einer hochdichten Bestuhlung für zehn Passagiere, die Timberline mit größerer Reichweite hauptsächlich für Business- und Freizeiteinsätze und die Summit mit einer achtplätzigen VIP-Inneneinrichtung. Auch eine Variante mit Schwimmern ist vorgesehen. Ausgerüstet mit einer Garmin G1000-Avionik kostet die Kodiak aktuell US$ 1,3 Mio.
Hersteller: Quest Aircraft Company, Sandpoint, Idaho, USA.

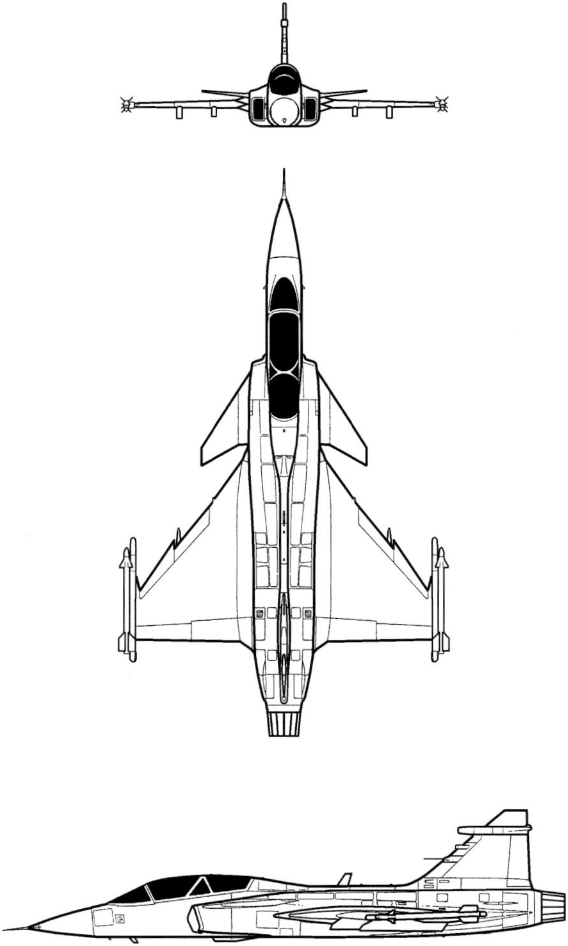

Abmessungen:
Spannweite 8,40 m
Länge (Einsitzer) 14,10 m, (Doppelsitzer) 14,80 m
Höhe 4,50 m
Flügelfläche 30 m²

SAAB JAS 39C/D GRIPEN

Ursprungsland: Schweden.
Kategorie: Ein- oder zweisitziger Mehrzweckjäger.
Triebwerke: Ein Mantelstromtriebwerk General Electric/Volvo Flygmotor RM12 von 5510 kp (54 kN) Standschub ohne und 8210 kp (80,5 kN) mit Nachbrenner.
Leistungen: Höchstgeschwindigkeit auf Meereshöhe 1470 km/h (Mach 1,2) bzw. Mach 2,0 auf 11000 m; Dienstgipfelhöhe 20000 m; Einsatzradius als Abfangjäger mit zwei Rb24 Sidewinder und Rb72 Sky Flash 800 km; Überführungsreichweite 3000 km.
Gewichte: Rüstgewicht (JAS 39C) 6622 kg, (JAS 39D) 7000 kg; max. Startgewicht 14000 kg.
Bewaffnung: Eine 27-mm-Kanone Mauser BK27. Sechs Flügelstationen (inkl. zwei an den Flügelspitzen) für bis zu vier Luft-Luft-Lenkwaffen AIM-120 AMRAAM bzw. Rb72 Sky Flash und zwei Rb24 Sidewinder. Unter den Flügeln lassen sich Luft-Boden- wie auch Schiffsbekämpfungslenkwaffen mitführen; max. Waffenlast 4200 kg.
Entwicklungsstand: Der erste Prototyp nahm am 9. Dezember 1988 die Flugerprobung auf. Das erste Serienflugzeug wurde der schwedischen Luftwaffe am 8. Juni 1993 übergeben. Bisher sind fast 180 Einheiten abgeliefert worden. Aktueller Bestellungsstand: Schweden 204 (JAS 39A,B,C,D; Kürzungen vorgesehen), Südafrika 19 JAS39C, 9 JAS 39D, Ungarn 12 JAS 39C, 2 JAS 39D, Tschechien 12 JAS 39C, 2 JAS 39D und neu Thailand 12 JAS 39C/D.
Bemerkungen: Das als JAS 39C bzw. Doppelsitzer JAS 39D bezeichnete dritte Los weist einige Verbesserungen auf, u.a. FADEC-Triebwerksteuerung, farbige Multifunktionsanzeigen und optionale Luftbetankungseinrichtung. 2007 wurde entschieden, eine wesentlich verbesserte Version zu entwickeln. Nebst stärkerem F414G-Triebwerk sind ein AESA-Radar sowie ein neues Fahrwerk vorgesehen. Weitere Verbesserungen betreffen die Avionik sowie das Waffen-Management-System. Diese Ausführung soll deutlich größere Reichweitenleistungen erbringen.
Hersteller: Saab-Scania Aktiebolag, Linköping, Schweden.

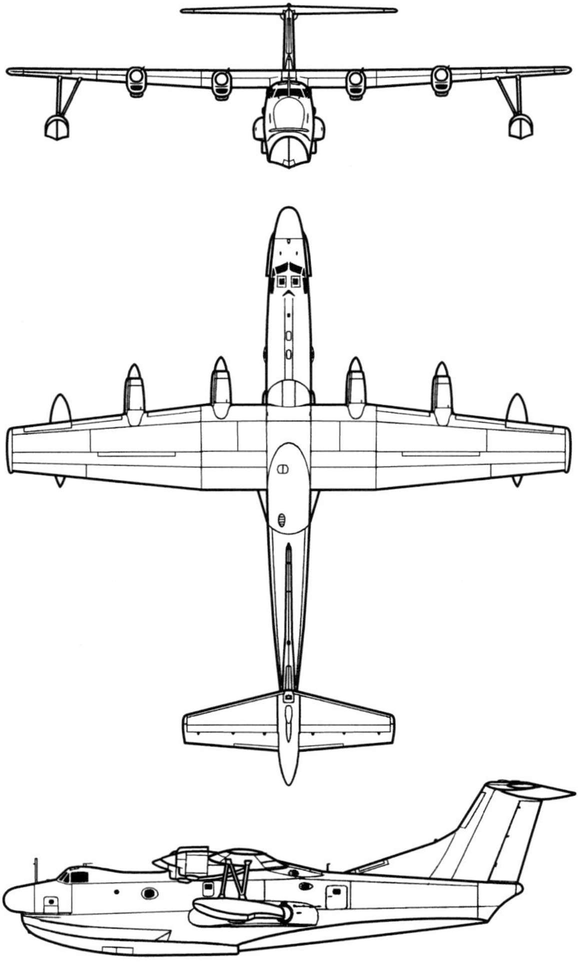

Abmessungen:
Spannweite 33,15 m
Länge 33,46 m
Höhe 9,80 m
Flügelfläche 135,82 m²

SHIN MAYWA US-2 KAI

Ursprungsland: Japan.
Kategorie: Amphibisches SAR-Flugzeug für Langstrecken.
Triebwerke: Vier Propellerturbinen Rolls-Royce AE2100J von je 4500 WPS (3356 kW) Leistung.
Leistungen: Höchstgeschwindigkeit 555 km/h; Reisegeschwindigkeit 425 km/h; Dienstgipfelhöhe 7195 m; Reichweite ab Landflughafen 3815 km, ab Wasser 5000 km.
Gewichte: Rüstgewicht 25630 kg; max. Startgewicht ab Wasser 43000 kg, ab Land 45000 kg.
Zuladung: Zwei Piloten und 20 Passagiere oder 12 Tragen.
Entwicklungsstand: Der erste von zwei Prototypen dieser Weiterentwicklung der ursprünglichen US-1 nahm am 18. Dezember 2003 die Flugerprobung auf, der zweite folgte Mitte 2004. Die japanische Marine plant ab 2008 14 Maschinen zu beschaffen. Sechs Serienmaschinen sind mittlerweile bestellt. Von der bisherigen Such- und Rettungsversion US-1 sind 19 gebaut worden und noch etwa 10 Einheiten befinden sich im Einsatz.
Bemerkungen: Nachdem die US-1 seit vielen Jahren im Dienst ist, soll die verbesserte Ausführung US-2 (früher als US-1A bezeichnet) die Nachfolge antreten. In wesentlichen Teilen handelt es sich dabei um eine Neukonstruktion. So werden die T64-Triebwerke von General Electric durch die wesentlich leistungsfähigeren von Rolls-Royce ersetzt, die mit sechsblättrigen Propellern aus Verbundwerkstoffen verbunden sind. Damit erzielt die US-2 deutlich bessere Flugleistungen im gesamten Spektrum. Die Startstrecke ab dem Wasser soll sich beispielsweise um 50% verkürzen lassen. Um diese Werte zu erreichen, ist zusätzlich ein Triebwerk Rolls Royce Honeywell CTS800-4K eingebaut, welches für die Reduktion von Luftwirbeln Teile der Flügel anbläst. Das Triebwerk-Management übernimmt ein FADEC-System. Die Flügel werden durch solche weitgehend aus Verbundwerkstoffen ersetzt, der Rumpf ist in einzelnen Teilen druckbelüftet. Neu sind ebenfalls das Cockpit mit Flachbildschirmen und die gesamte Avionik. Die US-2 erhält auch ein neues Suchradar Ocean Master von Thales. Shin Maywa versucht, eine zivile Version als Lösch- oder Passagierflugzeug zu vermarkten. Erstere hätte eine Wasserkapazität von 12000 l.
Hersteller: Shin Maywa Industries Ltd., Werk Konan, Chiyoda-ku, Tokyo, Japan.

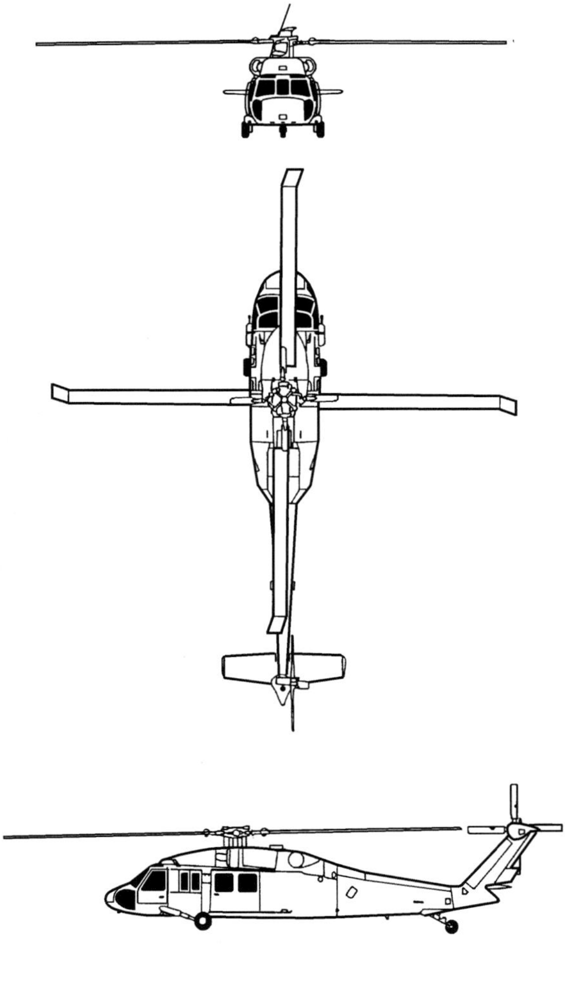

Abmessungen:
Rotordurchmesser 16,36 m
Rumpflänge 15,26 m
Höhe inkl. Rotormast 3,76 m

SIKORSKY UH-60M BLACKHAWK

Ursprungsland: USA.
Kategorie: Taktischer Transporthubschrauber.
Triebwerke: Zwei Gasturbinen General Electric T700-GE-701D von je 2215 WPS (1651 kW) Leistung.
Leistungen: Höchstgeschwindigkeit bei einem Gewicht von 7620 kg 281 km/h; vertikale Steiggeschwindigkeit 5,04 m/Sek; Dienstgipfelhöhe 5837 m; Schwebehöhe ohne Bodeneffekt 3390 m; Reichweite mit 30 Min. Reserven 637 km, mit zwei 870-l-Zusatztanks 1667 km.
Gewichte: Leer 5670 kg; max. Startgewicht 9980 kg, mit Außenlasten 10433 kg.
Zuladung: Drei Mann Besatzung und elf voll ausgerüstete Soldaten. Als Transporter bis zu 4100 kg Außenlasten am Frachthaken.
Entwicklungsstand: Die neueste Variante der mittlerweile umfangreichen S-70/H-70-Familie, die UH-60M flog erstmals am 17. September 2003. Zwischen 1200 und 1800 neue Hubschrauber beschafft die US Army in jährlichen Tranchen von etwa 80 Maschinen ab 2007. Neun UH-60M erhält Bahrain. Bis auf weiteres bleibt auch die UH-60L (siehe Ausgabe 2001) in Produktion. Gegen 2500 Blackhawks sind bisher an 26 militärische oder paramilitärische Organisationen, aber auch vereinzelt an Private in rund 26 Ländern geliefert worden. Neueste Nachbestellungen der UH-60L: Brasilien 6, Jordanien 8, Kolumbien 15, UAE 10.
Bemerkungen: Die UH-60M stellt eine wesentlich weiter entwickelte Ausführung der UH-60L dar. Durch verschiedene Verbesserungen steigt die Lebensdauer der Triebwerke an. Ihre Leistung konnte zudem um 4% verbessert werden. Weitere Merkmale der UH-60M sind die größere Treibstoffkapazität, breitere Rotorblätter und ein neues Glascockpit. Die Avionik umfasst auch ein GPS sowie einen neuen Autopiloten. Zudem musste die Struktur verstärkt werden. Später kommen vielleicht ein Fly-By-Wire-System und auch neue Triebwerke GE CT7-8C der Leistungsklasse 3000 WPS hinzu. Die US Army hat entschieden, auf den Umbau von älteren UH-60A/L in die Version M zu verzichten und ausschließlich neue Maschinen anzuschaffen.
Hersteller: Sikorsky Aircraft, Stratford, Connecticut, USA.

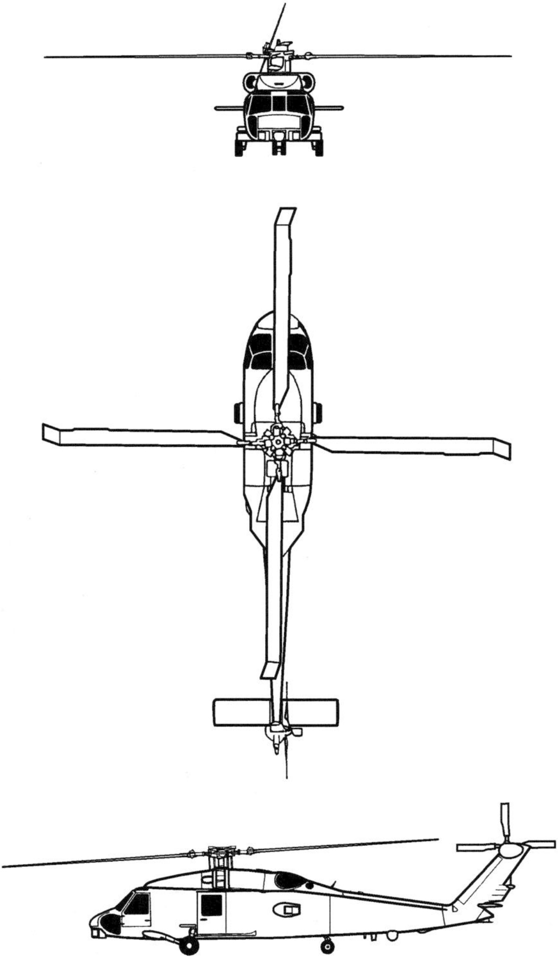

Abmessungen:
Rotordurchmesser 16,36 m
Rumpflänge 15,26 m
Höhe inkl. Rotormast 3,79 m

SIKORSKY MH-60R STRIKEHAWK

Ursprungsland: USA.
Kategorie: Bordgestützter U-Bootjäger- und Mehrzweckhubschrauber.
Triebwerke: Zwei Gasturbinen General Electric T700-GE-401C von je 1900 WPS (1417 kW) Leistung.
Leistungen: Höchstgeschwindigkeit 272 km/h auf Meereshöhe; max. Reisegeschwindigkeit 249 km/h auf 1525 m; Aufenthaltsdauer 3 Std. 50 Min. in 92 km bzw. 45 Min. in 483 km Entfernung vom Stützpunkt.
Gewichte: Leergewicht 6191 kg; max. Startgewicht 10700 kg.
Bewaffnung: Zwei Torpedos Mk.46 oder zwei Antischiffslenkwaffen Penguin sowie AGM-114 Hellfire-Panzerabwehrlenkwaffen und ein 7,62 mm-Maschinengewehr.
Entwicklungsstand: Eine aus einer SH-60B umgebaute MH-60R flog erstmals am 19. Juli 2001, die erste voll ausgerüstete Ausführung am 4. April 2002. 254 neue Strikehawks stellt die US Navy ab 2006 in Dienst. Rund 155 sind bestellt. Die erste Staffel hat im Oktober 2007 die Einsatzfähigkeit erlangt. Von den verschiedenen Versionen der SH/HH-60 wurden über 500 Einheiten an neun Marinen oder Küstenwachen geliefert. Die SH-60B wird weiterhin gebaut (siehe Foto).
Bemerkungen: Während die Grundstruktur der MH-60R gegenüber dem Ausgangsmuster in etwa gleich bleibt, stellt sie in vielen Bereichen eine Neukonstruktion dar. So verfügt sie u.a. über ein EFIS-Glascockpit, APS-147-Mehrzweckradar, AQS-22-Sonar, Akustik-Prozessor. FLIR-Sensor und ECM-Ausrüstung sind ebenfalls völlig neu. Später sollen neue Triebwerke der 3000 WPS-Klasse (2240 kW) eingebaut werden, welche sowohl die Flugleistungen als auch die Wirtschaftlichkeit verbessern. Die Ausrüstung der MH-60R ermöglicht es, mehrere Aufgaben der früheren SH-60B/SH-60F/HH-60H-Versionen in einem Muster zu vereinen. Die SH-60K der japanischen Marine ist eine verbesserte Ausführung der SH-60J mit einer der MH-60R ähnlichen Aufdatierung (bisher 23 bestellt, 21 weitere geplant).
Hersteller: Sikorsky Aircraft, Stratford, Connecticut, USA.

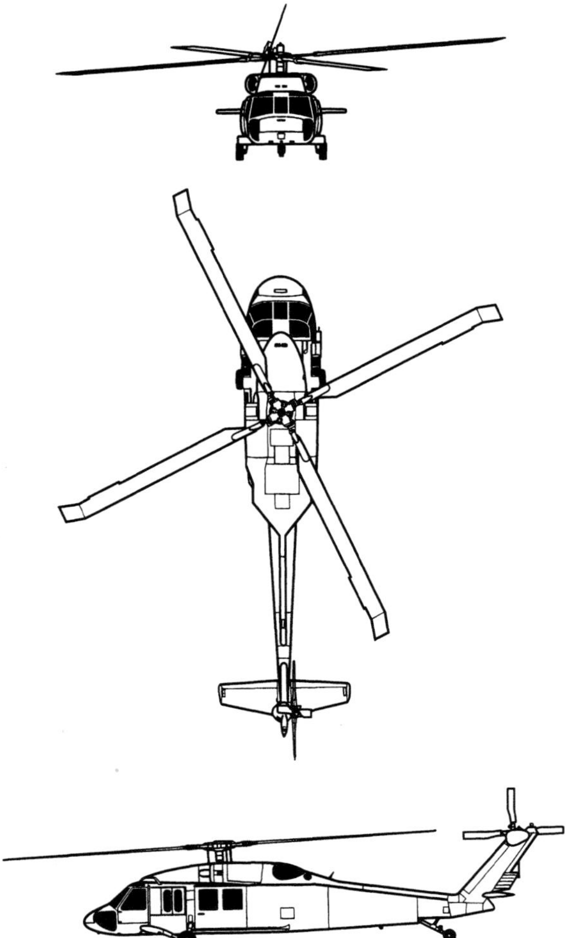

Abmessungen:
Rotordurchmesser 16,36 m
Rumpflänge 15,26 m
Höhe inkl. Rotormast 3,76 m

SIKORSKY MH-60S NIGHTHAWK

Ursprungsland: USA.
Kategorie: Mehrzweckhubschrauber und schiffsgestützter Flottenversorger.
Triebwerke: Zwei Gasturbinen General Electric T700-GE-701C von je 1947 WPS (1448 kW) Leistung.
Leistungen: Höchstgeschwindigkeit 295 km/h auf 610 m; max. Reisegeschwindigkeit 268 km/h auf 1225 m; Dienstgipfelhöhe 5837 m; Schwebehöhe ohne Bodeneffekt 3390 m; Reichweite mit 30 Min. Reserven 600 km, mit zwei 870-l-Zusatztanks 1630 km.
Gewichte: Leer 5225 kg; max. Startgewicht 9975 kg, mit Außenlasten 10433 kg.
Zuladung: Drei Mann Besatzung und 13 Personen. Als Transporter bis zu 1814 kg Innen- oder bis zu 4100 kg Außenlasten am Frachthaken.
Bewaffnung: Maschinengewehrbehälter, ungelenkte Lenkwaffen oder bis zu acht Panzerabwehr-Lenkwaffen Hellfire an Auslegern seitlich am Rumpf.
Entwicklungsstand: Der noch als CH-60S bezeichnete Prototyp der Nighthawk startete am 6. Oktober 1997 zum Erstflug, gefolgt vom ersten Serienmuster am 27. Januar 2000. Bei einem Gesamtbedarf der US Navy von 270 Hubschraubern sind bisher 130 Exemplare bestellt worden. Zudem werden 14 UH-60L der US Army in MH-60S umgebaut. Die erste Staffel HC-5 war im Frühjahr 2002 einsatzbereit. Rund 80 Einheiten sind bisher abgeliefert worden. Zwei Maschinen beschafft die thailändische Marine.
Bemerkungen: Diese Ausführung ist eine Kombination aus der UH-60L und der SH-60 für Marineeinsätze. Rumpf und Fahrwerk stammen von der Erstgenannten, während das dynamische System mit dem Faltmechanismus von der SH-60 übernommen wird. Zudem verfügt die MH-60S über ein EFIS-Glascockpit. Nebst dem Frachttransport zwischen den Schiffen der US Navy ist sie auch für SAR- und Versorgungseinsätze in der Kampfzone vorgesehen. Für Langstreckeneinsätze können an sog. ESSS-Trägern am Rumpf bis zu vier Zusatztanks mitgeführt werden. Als Ersatz des Minensuchhubschraubers MH-53E wird eine Weiterentwicklung der MH-60S beschafft (Erstflug 20. Juli 2003, Indienstellung im Januar 2007).
Hersteller: Sikorsky Aircraft, Stratford, Connecticut, USA.

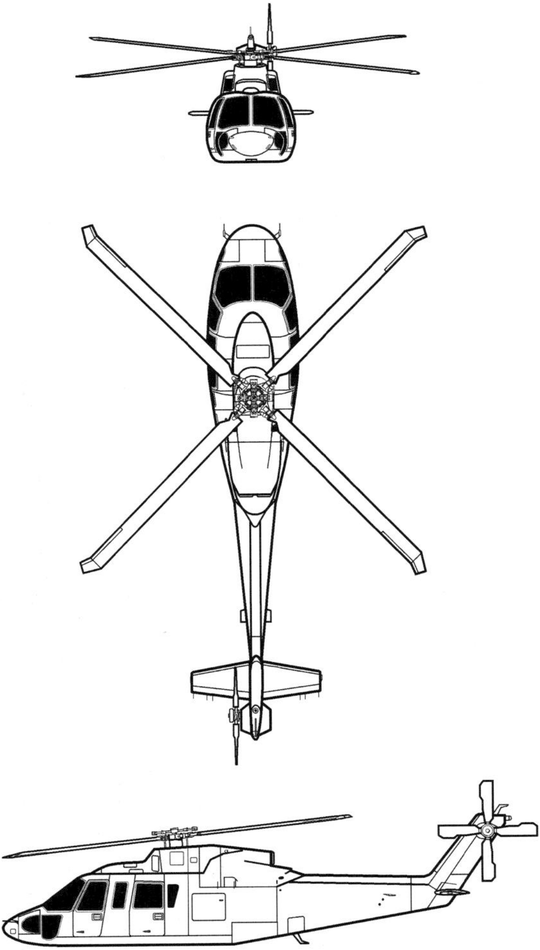

Abmessungen:
Rotordurchmesser 13,41 m
Rumpflänge 13,22 m
Höhe über Heckleitwerk 3,58 m

SIKORSKY S-76C++/D

Ursprungsland: USA.
Kategorie: Ziviler Mehrzweck- und Transporthubschrauber.
Triebwerke (S-76C++): Zwei Gasturbinen Pratt & Whitney PT6B-36A von je 981 WPS (723 kW) oder Turboméca Arriel 2S1 von je 856 WPS (638 kW) Leistung.
Leistungen (S-76C++): Höchstgeschwindigkeit 287 km/h auf Meereshöhe; max. Reisegeschwindigkeit ebenfalls 287 km/h; max. Schrägsteiggeschwindigkeit 8,2 m/Sek; Dienstgipfelhöhe 3871 m; Schwebehöhe mit bzw. ohne Bodeneffekt 2149 bzw. 1006 m; Reichweite mit normaler Treibstoffzuladung und 30 Min. Reserven 639 km.
Gewichte: Leer (Utility/Executive) 3177/3731 kg; max. Startgewicht 5306 kg.
Zuladung: Ein bis zwei Piloten und normal sechs, maximal 12 Passagiere; max. Nutzlast (Utility/Executive) 2129/1571 kg.
Entwicklungsstand: Der Prototyp der S-76C++ hob erstmals anfangs 2005 ab. Die Ablieferungen begannen Ende 2005. Von allen Versionen sind bisher über 650 Einheiten gebaut worden. Die neueste Ausführung S-76D wird im Laufe von 2008 erstmals fliegen und ab Ende 2009 erhältlich sein.
Bemerkungen: Die S-76C+ wurde in der Produktion von der S-76C++ (siehe Foto) abgelöst. Gegenüber der S-76C+ sind maßgebliche Änderungen vorgenommen worden. So sind leistungsstärkere Triebwerke eingebaut, die auf einem leiseren Getriebe laufen. Ein neues integriertes Cockpit mit LCD-Flachbildschirmen steht zur Verfügung. Schließlich erhielt die S-76C++ einen leiseren Heckrotor und ein vibrationsärmeres Interieur. Die S-76D wird mit verbrauchsgünstigeren Pratt & Whitney PW210-Triebwerken von je 1000 WPS (745 kW) und TopDeck-Avionik von Thales ausgerüstet. Sie zielt primär auf den VIP-Hubschraubermarkt und erhält eine dementsprechend komfortable Inneneinrichtung. Im Flug soll sie noch vibrations- und geräuschärmer sein.
Hersteller: Sikorsky Aircraft, Stratford, Connecticut, USA.

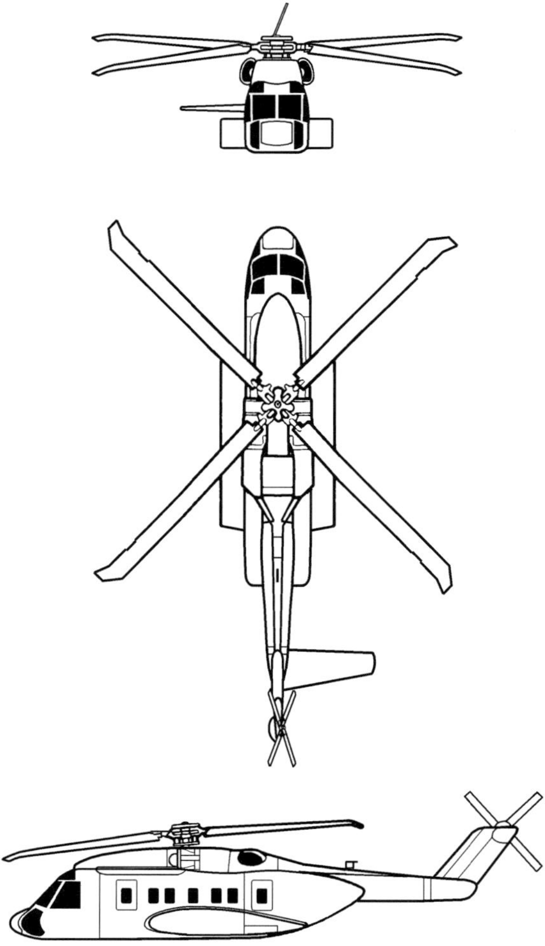

Abmessungen:
Rotordurchmesser 17,17 m
Rumpflänge 17,10 m
Höhe inkl. Rotorkopf 4,71 m

SIKORSKY S-92 HELIBUS/SUPERHAWK

Ursprungsland: USA.
Kategorie: Ziviler und militärischer Mehrzweckhubschrauber.
Triebwerke: Zwei Gasturbinen General Electric CT7-8 von je 2400 WPS (1790 kW) Leistung.
Leistungen: Höchstgeschwindigkeit 305 km/h; max. Reisegeschwindigkeit 280 km/h; normale Reisegeschwindigkeit 254 km/h; Dienstgipfelhöhe 4570 m; Schwebehöhe mit Bodeneffekt 3261 m, ohne Bodeneffekt 1942 m; Reichweite mit 19 Passagieren ohne Reserven 996 km, max. 1272 km.
Gewichte: Leergewicht 7212 kg; max. Startgewicht mit interner Nutzlast 11862 kg, mit externer Nutzlast 12837 kg.
Zuladung: Zwei Piloten und zwischen 19 und 22 Passagiere; max. externe Nutzlast 4535 kg.
Entwicklungsstand: Das erste von vier Erprobungsexemplaren S-92A startete am 23. Dezember 1998 zum Erstflug. Die Ablieferung an Kunden begann Mitte 2004. Bisher sind Bestellungen für über 100 Einheiten (+ Optionen) bekannt gegeben worden, darunter mehrere als Staatshubschrauber (Bahrain, Qatar, Südkorea, Thailand, Türkei, Turkmenistan). 28 Einheiten einer Mehrzweckversion CH-148 Cyclone erhält die Marine Kanadas. Taiwan beschafft drei S-92 als Such- und Rettungshubschrauber, die englische Küstenwache vier. Die bisher größten Besteller sind CHC Helicopters mit 30 und Bristow mit 18 Einheiten. Bis Ende 2007 waren über 40 S-92 abgeliefert.
Bemerkungen: Während der Rumpf eine völlige Neukonstruktion darstellt, sind die meisten dynamischen Komponenten (Haupt- und Heckrotor, Rotorkopf) von der S-70 übernommen. Die geräumige Kabine (Länge 5,67 m, Breite 2,00 m, Höhe 1,83 m) soll einen Komfort wie ein Linienflugzeug offerieren, so z.B. bezüglich Lärm und Vibration. Das Fahrwerk ist einziehbar. Zum besseren Beladen ist eine Heckladerampe vorhanden. Nebst der heute üblichen Elektronik verfügt die S-92 über die Besonderheit eines digitalen Flugkontrollsystems (AFCS), das den Hubschrauber auch im Schwebeflug automatisch steuert. Als Avionik gelangt die Collins Pro Line 21 zum Einbau. Die S-92 soll dank verschiedener Kits für eine Vielfalt von Aufgaben einsetzbar sein, u.a. Offshore-Einsätze, SAR-, ASW-Aufgaben sowie für VIP- und Commuterflüge.
Hersteller: Sikorsky Aircraft, Stratford, Connecticut, USA.

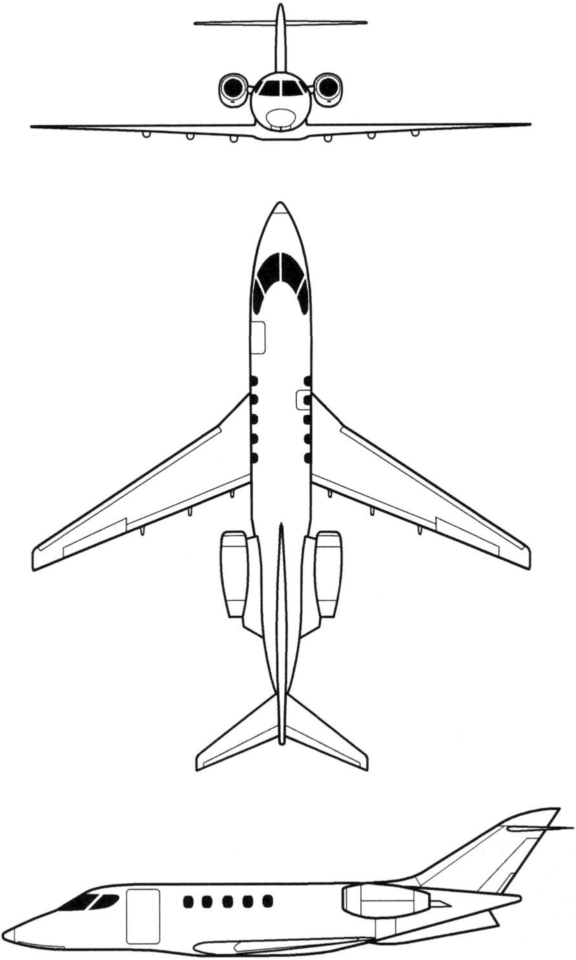

Abmessungen:
Spannweite 12,90 m
Länge 14,30 m
Höhe 4,34 m
Flügelfläche 17,72 m^2

SINO-SWEARINGEN SJ30-2

Ursprungsland: USA (Taiwan).
Kategorie: Firmenflugzeug.
Triebwerke: Zwei Mantelstromtriebwerke Williams/Rolls-Royce FJ44-2A von je 1043 kp (10,23 kN) Standschub.
Leistungen: Höchstgeschwindigkeit 900 km/h bzw. Mach 0,83; Langstrecken-Reisegeschwindigkeit 828 km/h; Dienstgipfelhöhe 14935 m; Reichweite mit IFR-Reserven 4630 km.
Gewichte: Rüstgewicht 3833 kg; max. Startgewicht 6327 kg.
Zuladung: Ein oder zwei Piloten und bis zu sechs Passagiere; max. Nutzlast 635 kg.
Entwicklungsstand: Die Weiterentwicklung JS30-2 fliegt seit 8. November 1996. Das erste von drei der Serienausführung entsprechende Muster nahm die Flugerprobung Ende 2000 auf. Rund 280 SJ30-2 sind bisher bestellt. Die Flugerprobung sowie die Auslieferung an die Kunden haben sich immer wieder verzögert. Anfang 2007 war es endlich so weit.
Bemerkungen: Das Projekt SJ30-2 hat eine lange Entwicklungszeit hinter sich, welche immer wieder, meist wegen Finanzmangel vorübergehend eingestellt wurde. Absicht war es, ein kostengünstiges Firmenflugzeug mit fortschrittlicher Technologie anzubieten, welches insbesondere mit Propellerturbinenflugzeugen der gleichen Klasse konkurrenzieren kann. In der Zwischenzeit wurde der Prototyp überarbeitet, erhielt u.a. einen um 13 cm verlängerten Rumpf und neue Triebwerke. Flügel und Fahrwerk wurden ebenfalls verändert. Diese Ausführung weist generell bessere Flugleistungen auf. Im Cockpit gelangt die Avionik Honeywell Primus Epic CDS zum Einbau. Der Anschaffungspreis beläuft sich auf etwa US$ 6,5 Mio.
Hersteller: Sino-Swearingen, Werk Martinsburg, West Virginia, San Antonio, Texas, USA und Taipeh, Taiwan.

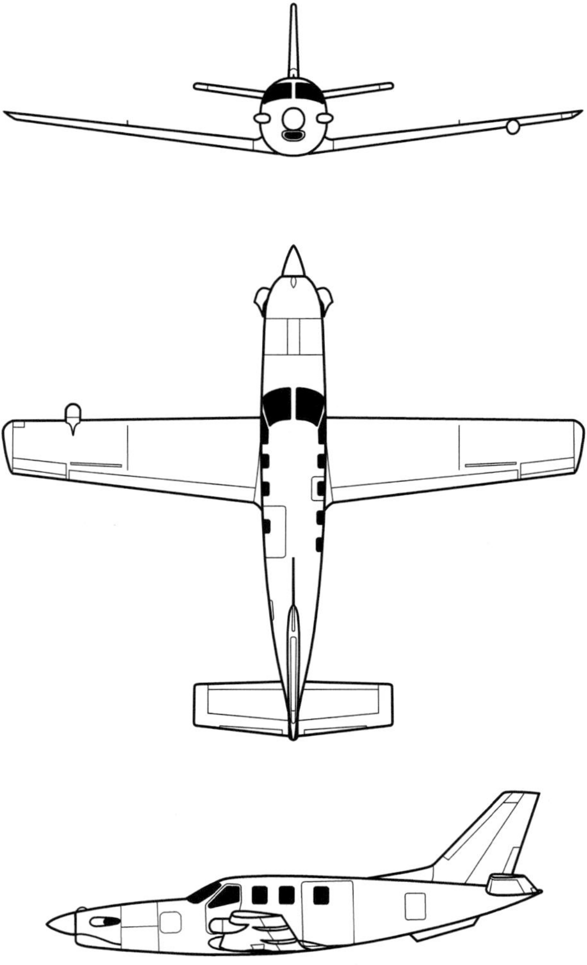

Abmessungen:
Spannweite 12,68 m
Länge 10,64 m
Höhe 4,35 m
Flügelfläche 18,00 m²

SOCATA TBM 850

Ursprungsland: Frankreich.
Kategorie: Leichtes Mehrzweckflugzeug.
Triebwerke: Eine Propellerturbine Pratt & Whitney Canada PT6A-66D von 850 WPS (633 kW) Leistung.
Leistungen: Höchstgeschwindigkeit 590 km/h auf 7925 m; normale Reisegeschwindigkeit 523 km/h auf 9145 m; Langstrecken-Reisegeschwindigkeit 452 km/h auf 9145 m; Anfangssteiggeschwindigkeit 11,7 m/Sek; Dienstgipfelhöhe 9449 m; Reichweite mit max. Nutzlast 2037 km, mit max. Treibstoffzuladung 2815 km.
Gewichte: Leer 2132 kg; max. Startgewicht 3370 kg.
Zuladung: Ein bis zwei Piloten und bis zu sechs Passagiere. »Club«-Version mit vier Passagiersitzen und Mittelgang. Nutzlast bei max. Reichweite 385 kg, max. Nutzlast 605 kg.
Entwicklungsstand: Der Prototyp der neuesten Version TBM 850 flog erstmals im Februar 2005, gefolgt vom ersten Serienflugzeug im Januar 2006. Gegen 150 Maschinen sind bisher bestellt worden, rund 90 davon wurden ausgeliefert. Die Jahresproduktion beläuft sich derzeit auf 50 Einheiten und soll ab 2008 auf 60 erhöht werden. Vom Ursprungsmuster TBM 700 hat Socata rund 320 gebaut.
Bemerkungen: Die TBM 850 ist eine weiter entwickelte Ausführung der Gemeinschaftsentwicklung TBM 700 von Socata und Mooney Aircraft. Dank der verbesserten Flugleistungen will man mit diesem Muster eine wirtschaftlichere Alternative zu den neu aufkommenden Ultraleicht-Düsengeschäftsflugzeugen bieten. Im Zusammenhang mit dem leistungsstärkeren Triebwerk wurden auch diverse Systeme überarbeitet und die Avionik aufdatiert. Sonst weist die TBM 850 keine Änderungen gegenüber der TBM 700 auf. Mit einer Standardausrüstung kostet sie rund $ 2,8 Mio. Im Rahmen eines Forschungsprojekts soll ein Rumpf der TBM 850 dank einer neuen »Infusionstechnik« in einem Stück vollständig aus Verbundwerkstoffen hergestellt werden.
Hersteller: Socata, Groupe Aérospatiale, Werk Tarbes, Suresnes, Frankreich.

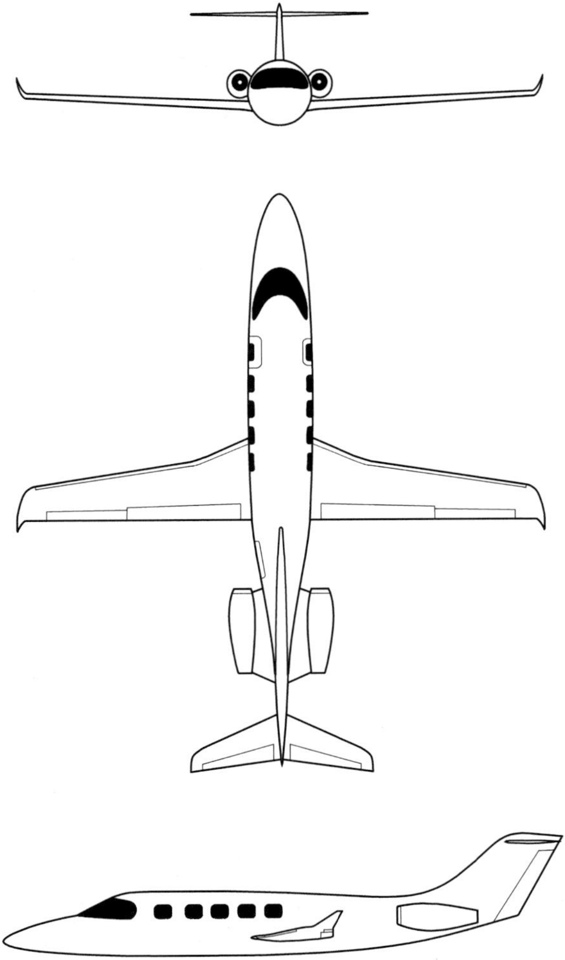

Abmessungen:
Spannweite (S-33) 12,80 m, (S-40) 13,20 m
Länge (S-33) 13,72 m, (S-40) 16,40 m
Höhe 3,56 m

SPECTRUM S-33 INDEPENDENCE/S-40 FREEDOM

Ursprungsland: USA.
Kategorie: Leichtes Firmenflugzeug.
Triebwerke: Zwei Mantelstromtriebwerke (S-33-Prototyp) Williams FJ33-4A-15 von je 711 kp (7,00 kN) bzw. (S-40) GE/Honda HF-120 von je 852 kp (8,40 kN) Standschub.
Leistungen (nach Angaben des Herstellers): Max. Reisegeschwindigkeit (S-33) 768 km/h, (S-40) 815 km/h (Mach 0,77); Anfangssteiggeschwindigkeit (S-40) 23,62 m/Sek; Dienstgipfelhöhe (S-40) 13716 m; Reichweite mit fünf Personen und IFR-Reserven (S-40) 3760 km, maximal (S-33) 3700 km, (S-40) 4170 km.
Gewichte: Leergewicht (S-40) 2195 kg; max. Startgewicht (S-33) 3310 kg, (S-40) 4332 kg.
Zuladung: Ein Pilot und je nach Innenausstattung bis zu (S-33) sieben bzw. (S-40) acht Passagiere; Nutzlast bei vollen Tanks (S-40) 517 kg, max. (S-33) 1000 kg, (S-40) 1089 kg.
Entwicklungsstand: Der Prototyp S-33 startete am 7. Januar 2006 zum Erstflug. Am 25. Juli 2006 stürzte er jedoch ab. Als nächstes soll die S-40 Anfang 2008 zum Erstflug starten. Die Indienststellung ist für 2010 geplant. Über den Auftragsbestand sind derzeit keine Angaben erhältlich.
Bemerkungen: Spectrum will zwei Ausführungen anbieten, die S-33 (siehe Fotomontage) sowie die etwas größere S-40 mit Honda-Triebwerken. Beide Muster decken das obere Ende des Angebots an sog. VLJ-Flugzeuge ab. So soll die Serienausführung der S-33 auch rund US$ 3,65 Mio. kosten. Gegenüber dem Prototyp erhalten die Serienflugzeuge einen überarbeiteten Rumpf von 5,50 Länge und mit leicht größerem Querschnitt von 1,50 m. Dank der etwas stärkeren Williams FJ33-A4-19-Triebwerke sollen auch die Flugleistungen etwas besser sein. Die S-40 Freedom ist eine größere Ausführung, mit einem 6,42 m langen Rumpf und mit einem kreisrunden Querschnitt von 1,83 m. Sie bietet dadurch wesentlich besseren Komfort an. Dank der Honda-Triebwerke sind alle Leistungsparameter etwas besser als bei der S-33. Die S-40 wird für US$ 6,20 Mio. angeboten. Bei beiden Modellen besteht die Struktur weitgehend aus Verbundwerkstoffen.
Hersteller: Spectrum Aeronautical, Carlsbad, Kalifornien, USA.

Abmessungen (Su-30MK):
Spannweite 14,70 m
Länge 21,93 m
Höhe 6,35 m
Flügelfläche 63,20 m²

SUCHOJ SU-30MKK/MK

Ursprungsland: Russland.
Kategorie: Zweisitziges Mehrzweckkampfflugzeug.
Triebwerke: Zwei Mantelstromtriebwerke Saturn (Lyulka) AL-31F von je 8100 kp (79,43 kN) Standschub ohne und 12500 kp (122,60 kN) mit Nachbrenner.
Leistungen (Su-30MK): Höchstgeschwindigkeit Mach 2,0 in großer Höhe; 1350 km/h auf Meereshöhe (Mach 1,1); Anfangssteiggeschwindigkeit 330 m/Sek; Dienstgipfelhöhe 17300 m; Einsatzradius im Tiefflug 1270 km, Reichweite in großen Höhen 3000 km, mit einer Flugbetankung 5200 km.
Gewichte (Su-30MKK): Leergewicht 17700 kg; Startgewicht norm. 26090 kg; max. 34500 kg.
Bewaffnung: Eine sechsläufige 30-mm-Revolverkanone und Waffen aller Art bis zu 8000 kg an zwölf Aufhängepunkten.
Entwicklungsstand: Die Mehrzweckversion Su-30M fliegt seit 30. Dezember 1989, gefolgt von der Su-30MKK 1993 und der Su-30MKI am 26. November 2000. Mehr als 200 Su-30MKK bzw. Su-30MK2 beschafft die chinesische Luftwaffe, 24 die Marine. Weitere Besteller: Algerien 28 Su-30MKI, Indien 50 (18 Su-30K, 32 Su-30MKI + neu 180 MKI im Lizenzbau), Indonesien 12 Su-30MK, Malaysia 18 Su-30MKM, Venezuela 24 Su-30MKV, Vietnam 4 Su-30MKK (+ Optionen).
Bemerkungen: Die doppelsitzige Ausführung Su-30M ist vorwiegend für Jagdbomber-Einsätze vorgesehen. Entsprechend dem Aufgabenspektrum wurden anstelle des Abfangradars ein neues Kampfelektroniksystem sowie ein Navigationssystem Loran eingebaut. Besonders die Heckpartie wurde überarbeitet und verstärkt. Eine Exportversion heißt Su-30MK und ist ebenfalls mit Vorflügeln und auf Wunsch mit zusätzlicher Vektorsteuerung (Su-30MKI) ausgerüstet. Ein weiterer Unterschied zur Su-30M besteht in der Kampfelektronik. 2002 wurde unter der Bezeichnung Su-30KN eine Weiterentwicklung mit digitalem Cockpit, neuem Missions-Computer und überarbeitetem Waffenkontrollsystem vorgestellt. Die russische Luftwaffe soll vorderhand sechs Exemplare erhalten. Ganz neu ist die Su-30MK2 für die Luftwaffe Chinas. Sie weist verbesserte Erdkampffähigkeiten auf und kann Präzisionswaffen neuester Generation mitführen.
Hersteller: Suchoj Design Bureau/KnAAPO, Werke Komsomolsk und Irkutsk, Moskau, Russland.

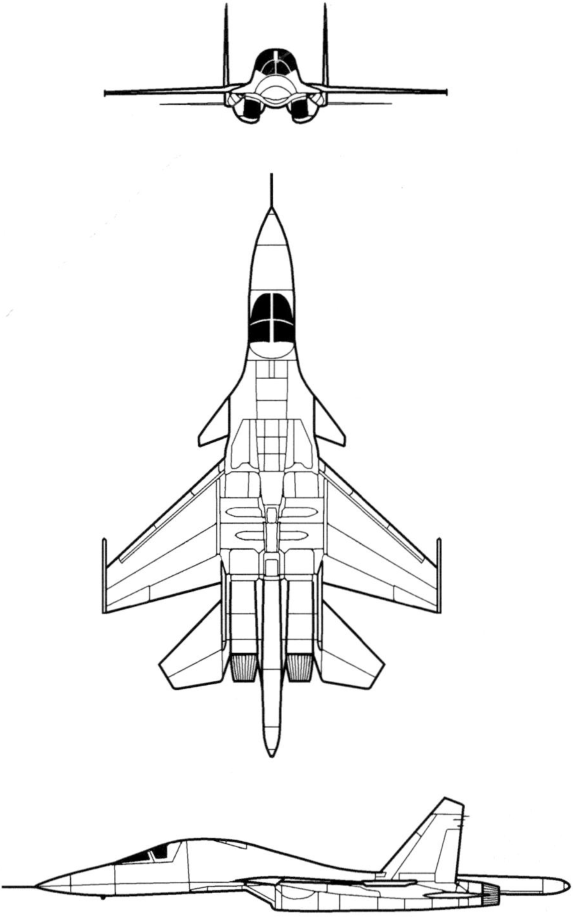

Abmessungen:
Spannweite 14,70 m
Länge 23,95 m
Höhe 6,10 m
Flügelfläche 62,00 m²

SUCHOJ SU-34

Ursprungsland: Russland.
Kategorie: Zweisitziger Jagdbomber.
Triebwerke: Zwei Mantelstromtriebwerke Saturn (Ljulka) AL-35F von je rund 14000 kp (137 kN) Standschub mit Nachbrenner.
Leistungen (geschätzt): Höchstgeschwindigkeit 2500 km/h auf 11000 m (Mach 2,35), auf Meereshöhe 1400 km/h (Mach 1,17); Dienstgipfelhöhe 14000+ m; max. Reichweite 4000 km.
Gewichte: Max. Startgewicht 44360 kg.
Bewaffnung: Zwei eingebaute 30-mm-Kanonen und eine Waffenlast von 8200 kg, z.B. Luft-Boden-Lenkwaffen Kh-25M, Kh-29, Kh-58, Antiradar-Lenkwaffen Kh-31P oder Antischiffs-Raketen Kh-31A oder Kh-35 sowie gelenkte und frei fallende Bomben aller Art. Zudem können Luft-Luft-Lenkwaffen R-73 oder RVV-Ae (R-77) mitgeführt werden.
Entwicklungsstand: Der als Su-27IB bezeichnete Prototyp startete am 13. April 1990 zum Erstflug. Im September 1993 folgte der erste von drei auf Su-34 umbenannte Serienprototyp. Die beschränkte Serienproduktion von sieben, zwischendurch wieder als Su-27IB bezeichnet, begann 1996. Neuerdings heißt der Typ wiederum Su-34. 57, später allenfalls sogar 200 davon beschafft die Luftwaffe Russlands. Die ersten wurden anfangs 2007 ausgeliefert.
Bemerkungen: Der augenfälligste Unterschied zum Ausgangsmuster Su-27 ist der völlig neu konstruierte Vorderrumpf mit Sitzen nebeneinander. Die Piloten verfügen über ein geräumiges, z.T. gepanzertes Cockpit. Die Su-34 ist mit kleinen Vorflügeln hinter dem Cockpit sowie mit bis an die Nase weiter gezogenen Vorflügelkanten ausgerüstet. Für den harten Erdkampfeinsatz ist sie zudem punktuell verstärkt und verfügt über ein neues Hauptfahrwerk mit Doppelrädern hintereinander. Gegenüber dem Prototypen wurde der Heckkonus vergrößert, um Platz für einen Bremsfallschirm und ein rückwärts gerichtetes Radar zu schaffen. Zudem ist das Seitenleitwerk etwas kleiner. Einem Prototypen wurde ein modernstes Mehrzweckradar Leninetz mit hochauflösender Kartendarstellung sowie ein Inertial-Navigationssystem mit GPS eingebaut. An den Flügelspitzen sind ECM-Pods Sorbtsiya-S montiert.
Hersteller: Suchoj Design Bureau, Werk Nowosibirsk, Moskau, Russland.

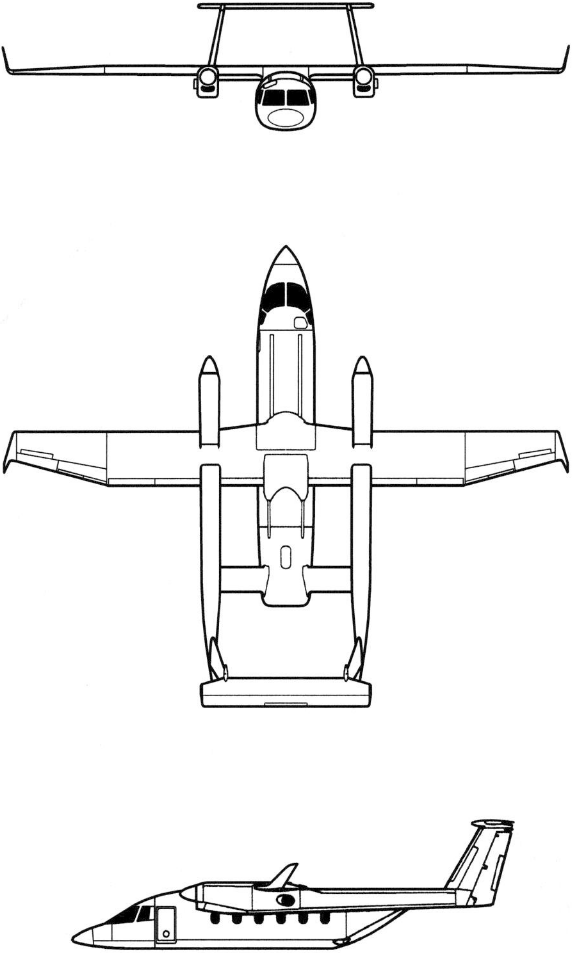

Abmessungen:
Spannweite 23,16 m
Länge 18,30 m
Höhe 5,70 m
Flügelfläche 44,40 m^2

SUCHOJ SU-80

Ursprungsland: Russland.
Kategorie: Leichtes Passagier- und Mehrzweckflugzeug.
Triebwerke: Zwei Propellerturbinen General Electric CT7 (Lizenzbau Rybinsk Motors) von je rund 1800 WPS (1341 kW) Leistung.
Leistungen (provisorisch): Höchstgeschwindigkeit 480 km/h; Reisegeschwindigkeit 400 km/h; Dienstgipfelhöhe 6000 m; Reichweite 2890 km.
Gewichte (provisorisch): Leergewicht 8350 kg; max. Startgewicht 12500 kg.
Zuladung: Zwei Piloten und bis (Prototyp) 26 (Vorserie) 30 Passagiere; max. Nutzlast 3500 kg.
Entwicklungsstand: Der Prototyp nahm nach langer Verzögerung am 4. September 2001 die Flugerprobung auf. Erst fünf Jahre später, nämlich am 28. Juni 2006, startete die erste Su-80 der Vorserie zum Erstflug. Russische Dienststellen haben unbestätigten Informationen zufolge 25 Einheiten bestellt.
Bemerkungen: Dieses leichte Mehrzweckflugzeug ist gedacht, die Nachfolge der noch zahlreich im Einsatz befindlichen An-24/26, An-28 sowie Yak-40 anzutreten und ist als Konkurrenzprodukt zur An-38 (siehe Ausgabe 2001) anzusehen. Der Prototyp ist eine kombinierte Passagier-/Frachtausführung. Bereits ab dem zweiten Erprobungsmuster ist der Rumpf um 1,40 m gestreckt worden. Der Verkaufspreis soll mit rund US$ 7 Mio. recht günstig sein. Für die heutige Zeit recht eigenwillig ist das Doppelrumpfleitwerk als Verlängerung der Triebwerkgondeln, welches aus Stabilitätsgründen mit dem Heck des Rumpfes durch große Verstrebungen verbunden ist. Voraussichtlich erhalten alle Su-80 eine Heckladerampe. Für die russische Grenzwacht soll eine Patrouillenversion Su-80PD abgeleitet werden, welche unter den Flügeln mit leichten Waffen (Maschinengewehr-Behälter, ungelenkte Raketen, Kurzstrecken-Luft-Luft-Lenkwaffen usw.) ausgerüstet werden kann. Im Bug ist ein Überwachungsradar eingebaut.
Hersteller: Suchoj Design Bureau/KnAPPO, Werk Komsomolsk-Amur, Moskau, Russland.

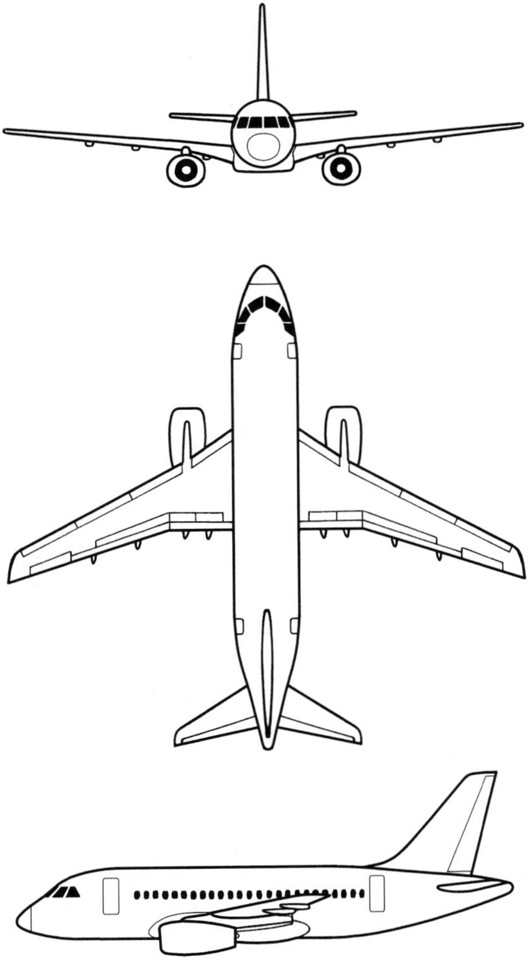

Abmessungen:
Spannweite 27,80 m
Länge (75-Sitzer) 23,87 m, (100-Sitzer) 29,83 m
Höhe 10,28 m
Flügelfläche 84,00 m²

SUCHOJ SUPERJET 100

Ursprungsland: Russland.
Kategorie: Kurz- und Mittelstrecken-Verkehrsflugzeug.
Triebwerke: Zwei Mantelstromtriebwerke Snecma/NPO Saturn SaM-146 von je (75-Sitzer) 6100 kp (59,80 kN) bzw. (75-/100-Sitzer) von je 6950 kp (68,10) Standschub.
Leistungen (nach Angaben des Herstellers): Max. Reisegeschwindigkeit Mach 0,78; Dienstgipfelhöhe 12497 m; Reichweite mit max. Nutzlast (75 Sitzer) 2900 km, (100-Sitzer) 2950 km, als Option bis zu 4550 km.
Gewichte: Leergewicht zwischen 21900 und 24715 kg; max. Startgewicht (75-Sitzer) 38800 bzw. (100-Sitzer) 42500 kg.
Zuladung: Zwei Mann Cockpitbesatzung und je nach Ausführung 75 bzw. 100 Passagiersitze in Viererreihen. Max. Nutzlast (75-Sitzer) 9130 kg und (100-Sitzer) 12250 kg.
Entwicklungsstand: Anfänglich als RRJ95 bezeichnet, soll der erste Superjet 100 nach Verspätung nun im zweiten Quartal 2008 die Flugerprobung aufnehmen. Bisher sind folgende Bestellungen eingegangen: Aeroflot 30, AIRUnion 15, Dalavia 6, FinanceLeasing 10+, ItAli Airlines 10 (+ 10 Optionen). Mit den Ablieferungen soll Ende 2008 begonnen werden.
Bemerkungen: Mit dieser neuen Familie von mittelgroßen Commuter-Flugzeugen versucht sich Russland im nationalen wie auch im internationalen Zivilflugzeugmarkt zu etablieren. Um dies zu erreichen, wurden mehrere internationale Kooperationen eingegangen. Beide Versionen des Superjets sind zu 95% baugleich. Besondere Merkmale dieses Typs sind u.a. die robuste, möglichst einfach gehaltene Grundkonstruktion, welche eine sehr große Bandbreite von Bedürfnissen abdeckt. Der Superjet ist mit einem Fly-By-Wire-Steuersystem mit Sidesticks ausgerüstet. Er kann auf nur teilweise vorbereiteten Pisten starten und landen. Daher ist das Hauptfahrwerk mit vier Rädern ausgerüstet, was in dieser Klasse von Flugzeugen unüblich ist. Auf die Wirtschaftlichkeit wurde besonderer Wert gelegt. Während ursprünglich vier Varianten vorgesehen waren, beschränkt man sich vorläufig auf zwei.
Hersteller: Sukhoj Civil Aircraft Company, Moskau, Werk KnAAPO, Komsomolsk-on-Amur, Russland.

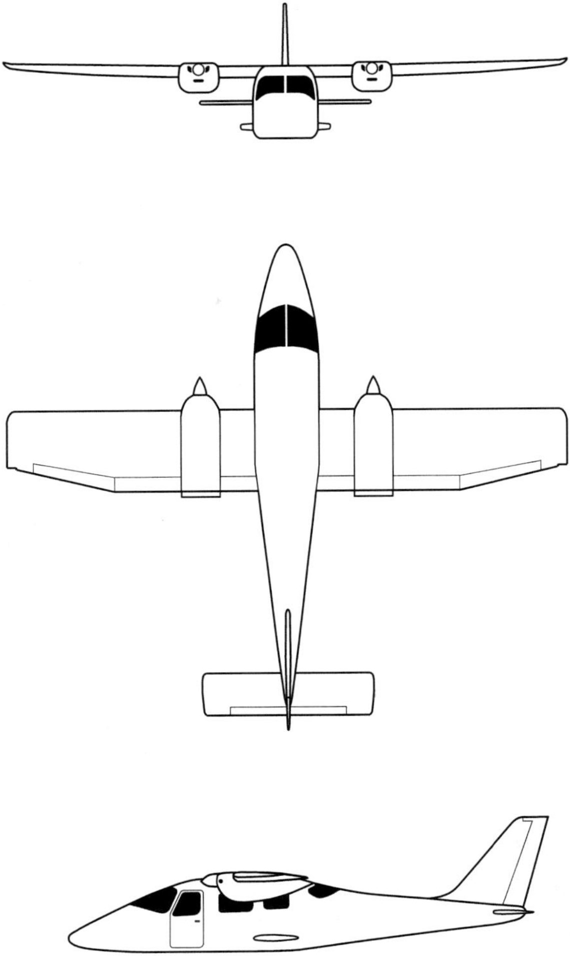

Abmessungen:
Spannweite 11,20 m
Länge 8,70 m
Höhe 2,85 m
Flügelfläche 14,80 m²

TECNAM P2006T

Ursprungsland: Italien.
Kategorie: Sport- und Reiseflugzeug.
Triebwerke: Zwei luftgekühlte Vierzylinder-Boxermotoren Rotax 912S von je 98 PS (73,50 kW) Leistung.
Leistungen (nach Angaben des Herstellers): Höchstgeschwindigkeit auf Meereshöhe 278 km/h; Reisegeschwindigkeit bei 65 % Leistung auf 3000 m 250 km/h; Anfangssteiggeschwindigkeit 5,8 m/Sek; Dienstgipfelhöhe 4220 m; Reichweite bei 65 % Leistung und IFR-Reserven 1315 km.
Gewichte: Rüstgewicht 760 kg; max. Startgewicht 1180 kg.
Zuladung: Pilot und drei Passagiere, max. Nutzlast inkl. Treibstoff 420 kg.
Entwicklungsstand: Der Prototyp nahm die Flugerprobung Anfang September 2007 auf. Bisher sollen rund 50 Einheiten bestellt worden sein. Mit den Auslieferungen will man 2008 beginnen.
Bemerkungen: Bei der P2006T handelt es sich um eine völlige Neuentwicklung. Die ganze Struktur ist aus Aluminium und soll besonders robust sein. Ungewöhnlich für ein so leichtes Flugzeug ist die Verwendung von zwei Triebwerken. Hierbei handelt es sich um Muster, welche bisher hauptsächlich für unbemannte Dronen verwendet wurden. Diese lassen sich sowohl mit Flugzeug- als auch mit Auto-Treibstoff versorgen, was die Versorgungslage erheblich verbessert. Damit verbunden sind ein sehr sparsamer Verbrauch und entsprechend geringe Betriebskosten. Die P2006T verfügt über ein Einziehfahrwerk. Wie heute üblich, ist auch in der P2006T ein Cockpit mit Flachbildschirmen vorhanden. Optional bestehen mehrere Aufrüstungsmöglichkeiten. Der Preis für die Basisausführung soll sich auf 260000 Euro belaufen. Derzeit wird geprüft, eine Version mit dem leistungsfähigeren Rotax 914-Motor anzubieten.
Hersteller: Costruzioni Aeronautiche Tecnam S.r.l., Werk Capua, Neapel, Italien.

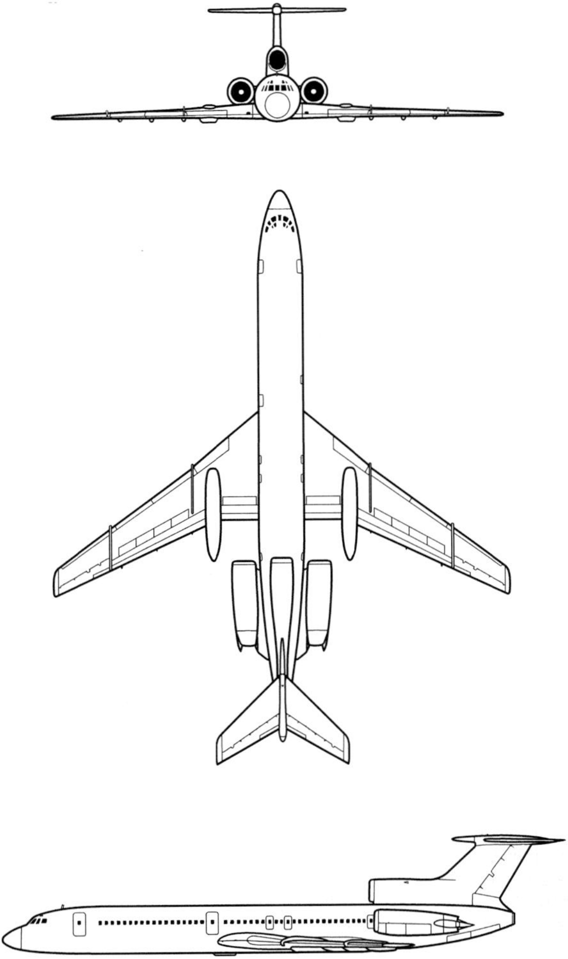

Abmessungen:
Spannweite 37,55 m
Länge 47,90 m
Höhe 11,40 m
Flügelfläche 201,45 m^2

TUPOLEW TU-154M

Ursprungsland: Russland.
Kategorie: Mittelstrecken-Verkehrsflugzeug.
Triebwerke: Drei Mantelstromtriebwerke Solowiew D-30KU-154 von je 10605 kp (104 kN) Standschub.
Leistungen: Max. Reisegeschwindigkeit 950 km/h, normale Reisegeschwindigkeit 850 km/h auf 9000 -13000 m; Dienstgipfelhöhe 13000 m; Reichweite mit 18000 kg Nutzlast 3700 km, max. Reichweite 6600 km.
Gewichte: Leergewicht 55300 kg; max. Startgewicht 104000 kg.
Zuladung: Drei Mann Cockpitbesatzung und je nach Innenausstattung zwischen 164 und 180 Passagiere, meist in Sechserreihen. Max. Nutzlast 20000 kg.
Entwicklungsstand: Die erste Tu-154 der Version M nahm 1982 die Flugerprobung auf. Von allen Varianten wurden bis 2002 915 Einheiten gebaut. Fast 600 davon befinden sich immer noch im Einsatz. 2007 hat man die Produktion angesichts der aufgetretenen Nachfrage in einer modifizierten Form wieder aufgenommen. Vorläufig baut Tupolew sechs Maschinen. Weitere sind geplant.
Bemerkungen: Offensichtlich ist die Tu-154M nach wie vor unverzichtbar und angesichts des im Vergleich mit Konkurrenzmustern geringeren Kapitaleinsatzes immer noch konkurrenzfähig. Um die höheren Anforderungen an Umwelt- und Lärmschutz zu erfüllen, hat Tupolew eine Weiterentwicklung lanciert, welche die sog. »Chapter 4-Auflagen« erfüllt. Für die Triebwerke wurden sog. »Hushkits« entwickelt, welche die Lärmentwicklung wesentlich reduziert. An den Flügelenden können Winglets angebracht werden, die eine Treibstoffersparnis von 2 bis 3 % ermöglichen. Zudem wurde das Abfluggewicht um 4000 kg erhöht. Schließlich ist die Avionik in einzelnen Teilen ersetzt. Bestehende Tu-154M können auf diesen Standard umgebaut werden.
Hersteller: Tupolew Joint Stock Company, Werk Samara, Moskau, Russland.

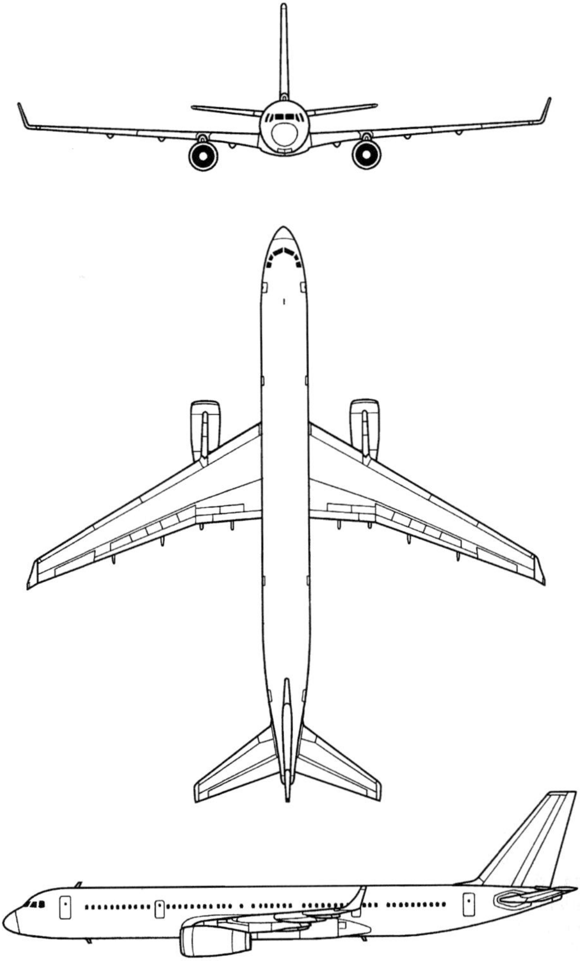

Abmessungen:
Spannweite 42,00 m
Länge (Tu-204-100/-120/-214) 46,10 m, (-300) 40,20 m
Höhe 13,90 m
Flügelfläche 184,1 m^2

TUPOLEW TU-204/TU-214

Ursprungsland: Russland.
Kategorie: Mittelstrecken- (Tu-204) bis Langstrecken-Verkehrsflugzeug (Tu-204-300).
Triebwerke: Zwei Mantelstromtriebwerke (Tu-204-100) Perm (Solowiew) PS-90 von je 16000 kp (156,9 kN) oder (Tu-204-120) Rolls Royce RB.211-535E4 von je 19580 kp (193 kN) Standschub.
Leistungen (Tu-204-100): Max. Reisegeschwindigkeit 850 km/h auf 10650 m; Dienstgipfelhöhe 12505 m; Reichweite mit max. Nutzlast 4900 km, (Tu-204-300) 9250 km.
Gewichte (T-204-100): Leer 56500 kg; max. Startgewicht 103000 kg.
Zuladung: Zwei Mann Cockpitbesatzung und normalerweise in Dreiklassenbestuhlung 170, max. jedoch bei nur einer Klasse 214 Passagiere in Sechserreihen; max. Nutzlast als Frachter 24840 kg.
Entwicklungsstand: Der erste Prototyp der Tu-204 flog am 2. Januar 1989. 1997 begann die Auslieferung an die ersten Kunden. Rund 70 Maschinen (+ Optionen) der verschiedenen Ausführungen sind bestellt und bisher über 30 abgeliefert worden. Der Erstflug des ersten Serienflugzeugs Tu-214 fand Anfang 2001 statt. Die neueste Ausführung Tu-204-300 fliegt seit August 2003, Ablieferung ab Mai 2005.
Bemerkungen: Nebst der Grundausführung Tu-204-100 werden weitere Varianten angeboten. Die Tu-214 ermöglicht dank höherem Startgewicht von 110000 kg größere Reichweiten. Wie die Tu-204 besitzt sie russische Avionik. Wahlweise kann sie aber auch mit Rolls Royce-Triebwerken und mit westlicher Avionik ausgerüstet geliefert werden. Weiter ist der Frachter Tu-204-120C (bisher sechs bestellt) erhältlich sowie die um fast 6 m verkürzte Ausführung Tu-204-300. Eine neue Version Tu-204-100SM mit IAE V2500-Triebwerken soll angeboten werden. Dank geringerem Strukturgewicht und neuem Zweimann-Cockpit soll primär die Wirtschaftlichkeit erhöht werden. Ein erstes Exemplar dürfte 2009 erstmals fliegen.
Hersteller: Tupolew Joint Stock Comp., Werke Ulyanovsk (Tu-204) und Kazan, Tatarstan (Tu-214), Moskau, Russland.

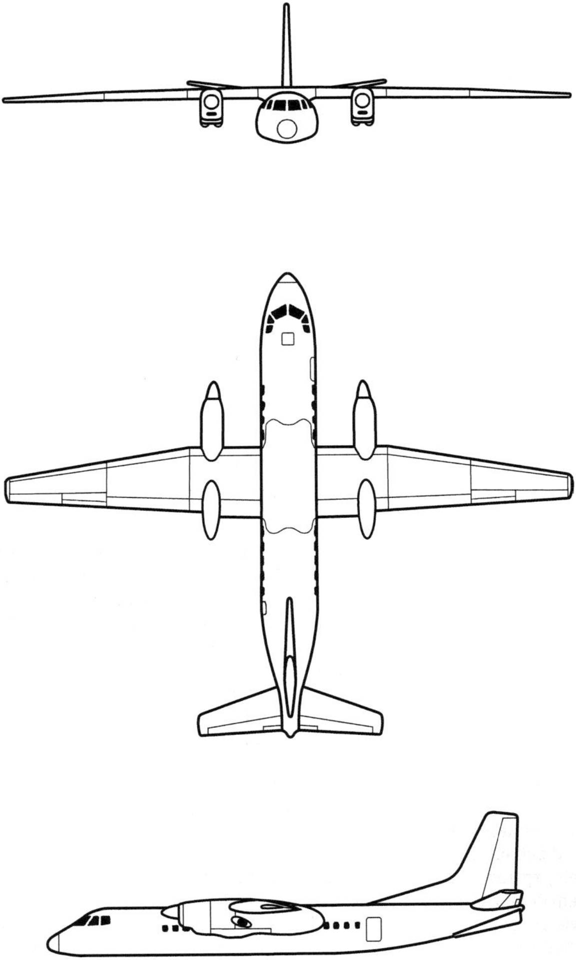

Abmessungen:
Spannweite (Y-7/MA60) 29,67/29,20 m
Länge je nach Version zwischen 24,22 und 24,71 m
Höhe 8,85 m
Flügelfläche 74,98 m²

XIAN Y-7/MA-60

Ursprungsland: Volksrepublik China.
Kategorie: Kurzstrecken-Passagier-, Kombi- und Frachtflugzeug.
Triebwerke (Y-7-200B): Zwei Propellerturbinen Dongan WJ5A-1 von je 2917 WPS (2175 kW) bzw. (MA60) Pratt & Whitney Canada PW127C von je 2750 WPS (2050 kW) Leistung.
Leistungen (MA60): Max. Reisegeschwindigkeit 459 km/h; Anfangssteiggeschwindigkeit 8,05 m/Sek; Dienstgipfelhöhe 7600 m; Reichweite mit 60 Passagieren 1600 km, mit max. Treibstofffüllung 2646 km.
Gewichte (MA60): Leergewicht 13700 kg; max. Startgewicht 21800 kg.
Zuladung: Zwei Piloten und normal 56 Passagiere oder bei dichter Bestuhlung 60 Passagiere; max. Nutzlast als Frachter 5500 kg.
Entwicklungsstand: Erstflug der Y7H-500 Ende 1988, der Y7-200A im 3. Quartal 1993. Von dieser Ausführung sind bisher 52 Maschinen von chinesischen Fluggesellschaften, diversen Luftwaffen aber auch Airlines von mehreren Entwicklungsländern bestellt worden.
Bemerkungen: Diese ursprünglich aus der damals sowjetischen An-24/26 abgeleitete Ausführung hat Xian in verschiedenen Etappen wesentlich weiterentwickelt. Derzeit werden folgende Varianten angeboten und gebaut: Passagier- bzw. Executiveversion Y7-100, Y7-100A mit Winglets, Y7-100C mit westlicher Avionik von Rockwell Collins und verlängertem Rumpf, die Commuterversion Y7-200A (nun als MA60 bezeichnet) sowie die zivilen und militärischen Frachter Y7-200B und Y7H-500 mit Heckladerampe. Alle -200-Ausführungen verfügen über ein EFIS-Cockpit, ein APU von AlliedSignal, ein leichteres Fahrwerk und Vierblattpropeller von Hamilton Standard. Dank des Triebwerks PWC127C resultiert eine Reduktion des spezifischen Treibstoffverbrauchs um 25%, die Nutzlast ist um 800 kg erhöht. Ganz neu und besonders auf den Exportmarkt zugeschnitten wurde die MA60 weiter verbessert und u.a. mit neuen Propellern und komfortablerer Inneneinrichtung ausgerüstet. Auch eine Frachtvariante dieser Ausführung ist geplant.
Hersteller: Xian Aircraft Company, Xian, Provinz Shaanxi, VR China.

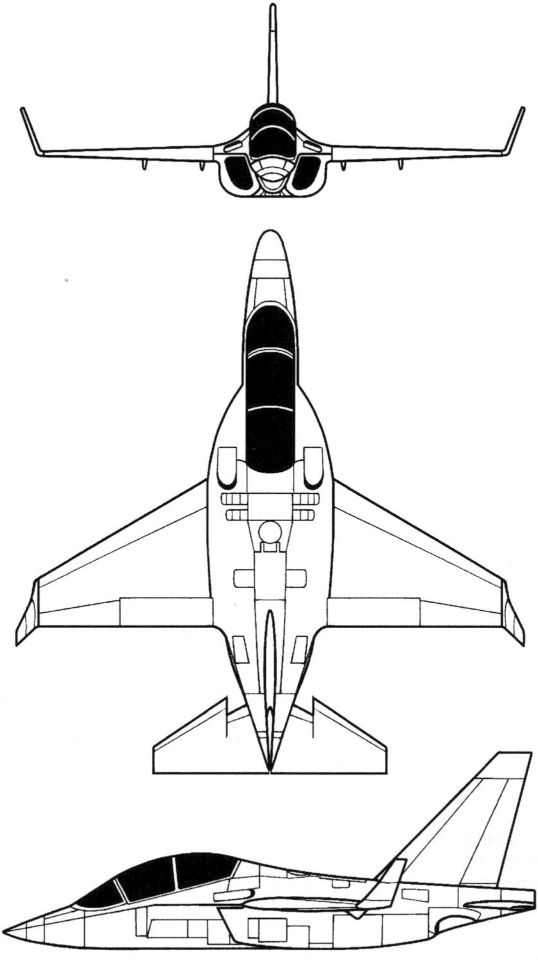

Abmessungen:
Spannweite 9,72 m
Länge 11,25 m
Höhe 4,76 m
Flügelfläche 23,50 m^2

YAKOWLEW YAK-130

Ursprungsland: Russland.
Kategorie: Zweisitziger Fortgeschrittenentrainer und leichtes Erdkampfflugzeug.
Triebwerke: Zwei Mantelstromtriebwerke Progress AI-222-25 von je 2500 kp (24,50 kN) Standschub.
Leistungen: Höchstgeschwindigkeit auf optimaler Höhe 1050 km/h; auf Meereshöhe 850 km/h+; Anfangssteiggeschwindigkeit 75 m/Sek; Dienstgipfelhöhe 12500 m; Aktionsradius mit zwei 500-kg-Bomben (Einsatzprofil hoch-tief-tief-hoch) 850 km; Überführungsreichweite 2000 km.
Gewichte: Leergewicht 4600 kg; normales Startgewicht 5700 kg; max. Startgewicht 9000 kg.
Bewaffnung: Waffen aller Art bis zu einem Gewicht von 3000 kg.
Entwicklungsstand: Ein Prototyp startete mit großer Verspätung am 25. April 1996 zum Erstflug. Das erste Serienmuster flog erstmals Ende 2003, das zweite im April 2005. Bisher sind 12 Yak-130 (+ 48 Optionen) bestellt, die ab 2008 zur Auslieferung gelangen. Der Gesamtbedarf beläuft sich auf 150 bis 200 Maschinen. Weitere 16 Maschinen bestellte Algerien, Libyen sechs.
Bemerkungen: Die Yak-130 soll die Nachfolge der heutigen Trainingsflugzeuge Aero L 29 Delfin und L 39 Albatros bei der russischen Luftwaffe antreten. Da sie besonders wendig ist, kann die Yak-130 alle wichtigen Flugmanöver der heutigen Kampfflugzeuggeneration Su-27 und MiG-29 ausführen. Die Konstruktion ist von konventioneller Art und besonders robust ausgelegt. Ungewöhnlich ist der komplexe Deltaflügel mit den ovalen Triebwerkeinläufen. Das Triebwerkmanagement (FADEC) ist vollständig digitalisiert, ebenso die übrige Avionik. Die Flugsteuerung stützt sich auf ein vierfach redundantes FBW-System ab. Das Cockpit umfasst u.a. drei große LCD-Bildschirme. Unter der Bezeichnung Yak-133 sind eine einsitzige Erdkampfversion sowie eine unbemannte Aufklärungsversion in Planung.
Hersteller: OKB Alexander S. Yakowlew, Werke Nizhniy Novgorod und Saratow, Russland.

VERZEICHNIS DER FLUGZEUGTYPEN

ABKüRZUNGEN IM TEXT

Aéronavale = Französische Marineluftwaffe
AEW/C = **A**irborne **E**arly **W**arning/**C**ommand, fliegende Radarfrühwarn- und Kommandoflugzeuge
ALAT = Aviation Légère de l'Armée de Terre, französische Heeresluftwaffe
Armée de l'Air = Französische Luftwaffe
ASTOR = **A**irborne **S**tand-**O**ff **R**adar
ASW = **A**nti-**S**ubmarine **W**arfare, U-Boot-Bekämpfung
AWACS = **A**irborne **W**arning **A**nd **C**ontrol **S**ystem, Frühwarnflugzeug
COMINT = **COM**munications **INT**elligence, Nachrichtenaufklärung
CTOL = **C**onventional **T**ake-**O**ff and **L**anding, Start und Landung konventionell
CRT = **C**athode-**R**ay-**T**ube, Kathodenröhren-Anzeigen
ECM = **E**lectronic **C**ounter **M**easures, Sammelbegriff für alle Maßnahmen zur Störung feindlicher Funk- und Radareinrichtungen auf elektronischem Weg
EFIS = **E**lectronic **F**light **I**nstrument **S**ystem, Elektronische Bildschirmanzeige-instrumente
Elint = **El**ectronics **Int**elligence, elektronische Aufklärung
FADEC = **F**ull **A**uthority **D**igital **E**ngine **C**ontrol, Digitales Triebwerkmanagement-System
FBW = **F**ly **B**y **W**ire, Steuerung des Flugzeuges mittels elektrischen Impulsen
FLIR = **F**orward-**L**ooking **I**nfra**R**ed, Infrarot-Nachtsichtgerät
GFK = **G**las**f**aserverstärkter **K**unststoff
GPS = **G**lobal **P**ositioning **S**ystem, präzise Navigationshilfe mittels Satelliten
HOTAS = **H**ands-**O**n-**T**hrottle-**A**nd-**S**tick, alle wichtigen Bedienungsfunktionen sind im Steuerknüppel vereinigt
HUD = **H**ead-**U**p **D**isplay, Blickfelddarstellungsgerät. Die wichtigsten Flugdaten werden auf die Frontscheibe projiziert
IFR = **I**nstrument **F**light **R**ules, Instrumentenflugregeln
LANTIRN = **L**ow-**A**ltitude **N**avigation **T**argeting **IR** for **N**ight, Tiefflugnavigations- und Infrarot- Angriffssystem für Nachteinsätze
MAD = **M**agnetic **A**nomaly **D**etection, Magnetometer, Gerät zum Aufspüren magnetischer Unregelmäßigkeiten (Einsatz zur U-Boot-Bekämpfung)
NVG = **N**ight **V**ision **G**oggles, Sammelbegriff für Nachtsichtgeräte/-brillen am Kopf des Piloten befestigt
RAAF = **R**oyal **A**ustralien **A**ir **F**orce, australische Luftwaffe
RAF = **R**oyal **A**ir **F**orce, britische Luftwaffe
RN = **R**oyal **N**avy, britische Marineluftwaffe
SAR = **S**earch **A**nd **R**escue, Such- und Rettungseinsätze
SAR = **S**ynthetic **A**perture **R**adar, Sythetisches Breitband-Aufklärungsradar
SIGINT = **SIG**nals **INT**ellingence, Funkaufklärung
STOL = **S**hort **T**ake-**O**ff and **L**anding, Kurzstart und -landung
STOVL = **S**hort **T**ake-**O**ff and **V**ertical **L**anding, Kurzstart und Senkrechtlandung
USAF = **U**nited **S**tates **A**ir **F**orce, Luftwaffe der USA
USCG = **U**nited **S**tates **C**oast **G**uard, Küstenwache der USA
USMC = **U**nited **S**tates **M**arine **C**orps, Marineinfanterie der USA
USN = **U**nited **S**tates **N**avy, Marine der USA
VFR = **V**isual **F**light **R**ules, Sichtflugregeln
VTOL = **V**ertical **T**ake-**O**ff and **L**anding, Senkrechtstart und -landung
WPS = **W**ellen-**PS**, Leistung einer Propeller- oder Gasturbine, gemessen an der Welle; der Restschub wird nicht berücksichtigt, Englisch: shp (Shaft Horse Power)